高等学校应用型本科创新人才培养计划指定教材

高等学校计算机类专业"十三五"课改规划教材

Java Web 程序设计及实践

青岛英谷教育科技股份有限公司　编著

西安电子科技大学出版社

内 容 简 介

本书系统地讲解了使用 Servlet、JSP、JSTL、AJAX 和 Web 服务等技术实现动态商业网站的方法，全面解析了 B/S 架构开发的基本技能。全书共分为 10 章，分别介绍了 Servlet 基础、Servlet 会话跟踪、JSP 基础、JSP 指令和动作、JSP 内置对象、EL 和 JSTL、监听和过滤、AJAX 技术、Web 服务概念和开发技术以及 SOAP、WSDL 和 UDDI 等概念。通过对本书的学习，读者可以掌握 Servlet 的生命周期及会话应用；熟练使用 JSP 脚本代码动态显示页面；通过 EL 表达式和 JSTL 标准库标签来简化 JSP 页面代码；掌握如何使用过滤和监听技术增强网站的完整性；使用 AJAX 技术增强页面交互性；使用 SOAP 开发 Web 服务。

本书重点突出、偏重应用，结合理论篇的实例和实践篇的案例讲解、剖析，读者可以迅速理解并掌握相关知识，全面提高动手能力。

本书适用面广，可作为本科计算机科学与技术、软件工程、网络工程、计算机软件、计算机信息管理、电子商务和经济管理等专业的程序设计课程的教材。

图书在版编目(CIP)数据

Java Web 程序设计及实践/青岛英谷教育科技股份有限公司编著.
—西安：西安电子科技大学出版社，2016.1(2020.5 重印)
高等学校计算机类专业"十三五"课改规划教材
ISBN 978-7-5606-3976-5

Ⅰ.① J… Ⅱ.① 青… Ⅲ.① JAVA 语言—程序设计 Ⅳ.① TP312

中国版本图书馆 CIP 数据核字(2016)第 002827 号

策　　划	毛红兵	
责任编辑	买永莲	
出版发行	西安电子科技大学出版社(西安市太白南路 2 号)	
电　　话	(029)88242885　88201467	邮　编　710071
网　　址	www.xduph.com	电子邮箱　xdupfxb001@163.com
经　　销	新华书店	
印刷单位	陕西天意印务有限责任公司	
版　　次	2016 年 1 月第 1 版　　2020 年 5 月第 5 次印刷	
开　　本	787 毫米×1092 毫米　1/16　印　张　27.5	
字　　数	654 千字	
印　　数	12 001～15 000 册	
定　　价	70.00 元	

ISBN 978-7-5606-3976-5/TP

XDUP 4268001-5

如有印装问题可调换

高等学校计算机类专业"十三五"课改规划教材编委会

主编 陈龙猛

编委 王　燕　　王成端　　薛庆文　　孔繁之
　　　　李　丽　　张　伟　　李树金　　高仲合
　　　　吴自库　　张　磊　　吴海峰　　郭长友
　　　　王海峰　　刘　斌　　禹继国　　王玉锋

❖❖❖ 前 言 ❖❖❖

本科教育是我国高等教育的基础，而应用型本科教育是高等教育由精英教育向大众化教育转变的必然产物，是社会经济发展的要求，也是今后我国高等教育规模扩张的重点。应用型创新人才培养的重点在于训练学生将所学理论知识应用于解决实际问题，这主要依靠课程的优化设计以及教学内容和方法的更新。

另外，随着我国计算机技术的迅猛发展，社会对具备计算机基本能力的人才需求急剧增加，"全面贴近企业需求，无缝打造专业实用人才"是目前高校计算机专业教育的革新方向。为了适应高等教育体制改革的新形势，积极探索适应 21 世纪人才培养的教学模式，我们组织编写了高等院校计算机类专业系列课改教材。

该系列教材面向高校计算机类专业应用型本科人才的培养，强调产学研结合，经过了充分的调研和论证，并参照多所高校一线专家的意见，具有系统性、实用性等特点，旨在帮助读者系统掌握软件开发知识，同时着重培养其综合应用能力和解决问题的能力。

该系列教材具有如下几个特色。

1. 以培养应用型人才为目标

本系列教材以培养应用型软件人才为目标，在原有体制教育的基础上对课程进行了改革，强化"应用型"技术的学习，使读者在经过系统、完整的学习后能够掌握如下技能：

- ❖ 掌握软件开发所需的理论和技术体系以及软件开发过程规范体系；
- ❖ 熟练地进行设计和编码工作，并具备良好的自学能力；
- ❖ 具备一定的项目经验，包括代码调试、文档编写、软件测试等内容；
- ❖ 达到软件企业的用人标准，做到学校学习与企业的无缝对接。

2. 以新颖的教材架构来引导学习

本系列教材采用的架构打破了传统的以知识为标准编写教材的方法，采用理论篇与实践篇相结合的组织模式，引导读者在学习理论知识的同时，加强实践动手能力的训练。

- ❖ 理论篇：学习内容的选取遵循"二八原则"，即，重点内容由企业中常用的 20%的技术组成。每个章节设有本章目标，明确本章学习重点和难点，章节内容结合示例代码，引导读者循序渐进地理解和掌握这些知识和技能，培养学生的逻辑思维能力，掌握软件开发的必备知识和技巧。
- ❖ 实践篇：集多点于一线，任务驱动，以完整的具体案例贯穿始终，力求使学生在动手实践的过程中，加深对课程内容的理解，培养学生独立分析和解决问题的能力，并配备相关知识的拓展讲解和拓展练习，拓宽学生的知识面。

另外，本系列教材借鉴了软件开发中的"低耦合，高内聚"的设计理念，组织结构上遵循软件开发中的 MVC 理念，即在保证最小教学集的前提下可以根据自身的实际情况对整个课程体系进行横向或纵向裁剪。

3. 提供全面的教辅产品来辅助教学实施

为充分体现"实境耦合"的教学模式，方便教学实施，该系列教材配备可配套使用的项目实训教材和全套教辅产品。

- ✧ 实训教材：集多线于一面，以辅助教材的形式，提供适应当前课程(及先行课程)的综合项目，遵循软件开发过程，进行讲解、分析、设计、指导，注重工作过程的系统性，培养读者解决实际问题的能力，是实施"实境"教学的关键环节。
- ✧ 立体配套：为适应教学模式和教学方法的改革，本系列教材提供完备的教辅产品，主要包括教学指导、实验指导、电子课件、习题集、实践案例等内容，并配以相应的网络教学资源。教学实施方面，本系列教材提供全方位的解决方案(课程体系解决方案、实训解决方案、教师培训解决方案和就业指导解决方案等)，以适应软件开发教学过程的特殊性。

本书由青岛农业大学、青岛英谷教育科技股份有限公司编写，参加编写工作的有陈龙猛、王燕、宁维巍、宋国强、何莉娟、杨敬熹、田波、侯方超、刘江林、方惠、莫太民、邵作伟、王千等。本书在编写期间得到了各合作院校专家及一线教师的大力支持与协作，在此衷心感谢每一位老师与同事为本书出版所付出的努力。

由于编者水平有限，书中难免有不足之处，欢迎大家批评指正！读者在阅读过程中发现问题，可以通过邮箱(yinggu@121ugrow.com)发给我们，以帮助我们进一步完善。

本书编委会

2015 年 9 月

目 录

理 论 篇

第1章　Servlet 概述 3
　1.1　动态网站技术概述 4
　　1.1.1　动态网站技术 4
　　1.1.2　B/S 架构 5
　1.2　Servlet 基本知识 5
　1.3　第一个 Servlet 7
　1.4　Servlet 的生命周期 9
　1.5　Servlet 数据处理 11
　　1.5.1　读取表单数据 11
　　1.5.2　处理 HTTP 请求报头 17
　　1.5.3　设置 HTTP 响应报头 20
　1.6　重定向和请求转发 22
　　1.6.1　重定向 22
　　1.6.2　请求转发 23
　本章小结 26
　本章练习 27

第2章　Servlet 会话跟踪 29
　2.1　会话跟踪基本知识 30
　2.2　Cookie 30
　　2.2.1　Cookie 的创建及使用 31
　　2.2.2　Cookie 示例 32
　2.3　Session 35
　　2.3.1　Session 的创建 35
　　2.3.2　Session 的使用 36
　　2.3.3　Session 的生命周期 37
　　2.3.4　Session 的演示 38
　2.4　URL 重写 41
　2.5　ServletContext 接口 42
　　2.5.1　ServletContext 的方法 42
　　2.5.2　ServletContext 的生命周期 43
　　2.5.3　ServletContext 示例 43
　　2.5.4　初始化参数和 ServletConfig 45
　本章小结 47
　本章练习 47

第3章　JSP 基础 49
　3.1　JSP 概述 50
　　3.1.1　JSP 的特点 50
　　3.1.2　JSP 与 Servlet 的比较 50
　　3.1.3　第一个 JSP 程序 51
　　3.1.4　JSP 执行原理 52
　3.2　JSP 基本结构 53
　　3.2.1　JSP 指令 53
　　3.2.2　JSP 声明 54
　　3.2.3　JSP 表达式 54
　　3.2.4　JSP 脚本 55
　　3.2.5　JSP 动作标签 56
　　3.2.6　JSP 注释 57
　本章小结 58
　本章练习 59

第4章　JSP 指令和动作 61
　4.1　JSP 指令 62
　　4.1.1　page 指令 62
　　4.1.2　include 指令 66
　　4.1.3　taglib 指令 68
　4.2　JavaBean 68
　　4.2.1　JavaBean 简介 68
　　4.2.2　JavaBean 的应用 69

4.3 JSP 标准动作 69
　　4.3.1 <jsp:useBean> 70
　　4.3.2 <jsp:setProperty> 71
　　4.3.3 <jsp:getProperty> 71
　　4.3.4 <jsp:include> 73
　　4.3.5 <jsp:forward> 74
　　4.3.6 <jsp:param> 74
本章小结 75
本章练习 75

第 5 章　JSP 内置对象 77
5.1 内置对象概述 78
5.2 常用内置对象 78
　　5.2.1 out 78
　　5.2.2 request 79
　　5.2.3 response 82
　　5.2.4 session 83
　　5.2.5 application 84
5.3 其他内置对象 84
　　5.3.1 page 84
　　5.3.2 pageContext 85
　　5.3.3 config 87
　　5.3.4 exception 88
本章小结 89
本章练习 89

第 6 章　EL 和 JSTL 91
6.1 EL 92
　　6.1.1 EL 基础语法 92
　　6.1.2 EL 使用 93
　　6.1.3 EL 隐含对象 94
　　6.1.4 EL 运算符 96
6.2 JSTL 98
　　6.2.1 JSTL 简介 98
　　6.2.2 核心标签库 100
　　6.2.3 I18N 标签库 107
　　6.2.4 EL 函数库 112
本章小结 114
本章练习 115

第 7 章　监听和过滤 117
7.1 监听器 118
　　7.1.1 监听器概述 118
　　7.1.2 上下文监听 118
　　7.1.3 会话监听 122
　　7.1.4 请求监听 124
7.2 过滤器 127
　　7.2.1 Filter 简介 127
　　7.2.2 实现 Filter 129
　　7.2.3 过滤器链 132
本章小结 133
本章练习 133

第 8 章　AJAX 基础 137
8.1 AJAX 简介 138
8.2 AJAX 工作原理 138
8.3 XMLHttpRequest 对象 139
　　8.3.1 XMLHttpRequest 对象简介 139
　　8.3.2 XMLHttpRequest 的方法和属性 140
　　8.3.3 XMLHttpRequest 对象的运行周期 . 141
8.4 AJAX 示例 142
　　8.4.1 时钟 142
　　8.4.2 动态更新下拉列表 144
　　8.4.3 工具提示 151
本章小结 157
本章练习 157

第 9 章　Web Service 概述 159
9.1 Web Service 简介 160
　　9.1.1 引言 160
　　9.1.2 Web Service 的特点 161
　　9.1.3 Web Service 的组成 162
　　9.1.4 Web Service 的优势与局限 163
9.2 Web Service 体系结构 165
　　9.2.1 Web Service 理论模型 165
　　9.2.2 Web Service 协议 167
　　9.2.3 Web Service 通信模型 169
　　9.2.4 实现 Web Service 170
本章小结 173

本章练习 174

第10章 SOAP、WSDL 和 UDDI 175
10.1 SOAP 176
10.1.1 SOAP 介绍 176
10.1.2 SOAP 消息结构 177
10.1.3 SOAP 消息交换模型 182
10.1.4 SOAP 应用模式 184
10.2 WSDL 186
10.2.1 WSDL 概述 186
10.2.2 WSDL 文档结构 187
10.2.3 WSDL 绑定 192
10.3 UDDI 193
10.3.1 UDDI 注册中心 194
10.3.2 UDDI 数据结构 194
10.3.3 UDDI API 196
10.3.4 WSDL 映射到 UDDI 198
本章小结 204
本章练习 205

实 践 篇

实践 1 Servlet 基础 209
实践指导 209
实践 1.1 209
实践 1.2 214
知识拓展 219
拓展练习 225

实践 2 Servlet 会话跟踪 226
实践指导 226
实践 2.1 227
实践 2.2 238
知识拓展 246
拓展练习 251

实践 3 JSP 基础 253
实践指导 253
实践 3.1 253
实践 3.2 261
实践 3.3 268
知识拓展 276
拓展练习 281

实践 4 JSP 指令和动作 282
实践指导 282
实践 4.1 282

实践 4.2 289
实践 4.3 303
知识拓展 309
拓展练习 311

实践 5 JSP 内置对象 312
实践指导 312
实践 5.1 312
实践 5.2 316
实践 5.3 318
实践 5.4 323
知识拓展 330
拓展练习 335

实践 6 EL 和 JSTL 336
实践指导 336
实践 6.1 336
实践 6.2 337
实践 6.3 348
实践 6.4 354
实践 6.5 360
知识拓展 361
拓展练习 365

实践 7 监听和过滤 366

实践指导 366
　　　　实践 7.1 366
　　　　实践 7.2 369
　　　　实践 7.3 373
　　　　实践 7.4 382
　　知识拓展 391
　　拓展练习 392

实践 8　AJAX 基础 393
　　实践指导 393
　　　　实践 8.1 393
　　　　实践 8.2 397
　　　　实践 8.3 402
　　　　实践 8.4 406
　　知识拓展 410
　　拓展练习 417

实践 9　SOAP 418
　　实践指导 418
　　　　实践 418
　　知识拓展 424
　　拓展练习 427

附录　常用的 Servlet API 428

理论篇

第1章　Servlet 概述

本章目标

- 了解动态网站开发技术
- 理解 Servlet 运行原理及生命周期
- 掌握 Servlet 的编写及部署
- 掌握 Servlet 对表单数据的处理
- 掌握 Servlet 对 HTTP 请求报头的处理

1.1 动态网站技术概述

在"Web 编程基础"课程中已经学习了使用 HTML、CSS、JavaScript 等相关的静态网站技术,静态网页文件的扩展名为".htm"或".html",这些页面不能直接与服务器进行数据交互。随着站点内容和功能需求的不断复杂化,单一的静态网站技术往往不能满足应用的要求。例如,静态网站无法将数据传输到服务器上进行处理并存储到数据库中,此时就需要动态网站技术。

1.1.1 动态网站技术

动态网站并不是指具有动画功能的网站,而是指基于数据库架构的网站,一般由大量的动态网页(如 JSP)、后台处理程序(如 Servlet)和用于存储内容的数据库组成。所谓的动态网页,本质上与网页上的各种动画、滚动字幕等视觉上的"动态效果"无关。动态网页可以是纯文字内容,也可以包含各种动画的内容,这些只是网页具体内容的表现形式;无论网页是否具有动态效果,采用动态网站技术生成的网页都称为动态网页。

动态网站一般具有以下几个特点:
- ◆ 交互性:网页会根据用户的要求和选择做出动态改变和响应。例如,用户在网页中填写表单信息并提交,服务器可以对数据进行处理并保存到数据库中,然后跳转到相应页面。因此,动态网站可以实现用户注册、信息发布、订单管理等功能。
- ◆ 自动更新:无需手动更新 HTML 文档,便会自动生成新的页面,大大节省工作量。例如,在论坛中发布信息时,后台服务器可以产生新的网页。
- ◆ 随机性:在不同的时间,不同的用户访问同一网页时可能产生不同的页面。

动态网站一般采用动静结合的原则:网站中内容频繁更新的可采用动态网页技术;网站中内容不需要更新的则可采用静态网页进行显示。通常一个网站既包含动态网页也包含静态网页。

动态网站技术在早期有 CGI(Common Gateway Interface,公用网关接口)技术。CGI 提供了一种机制,可以实现客户和服务器之间真正的双向交互。这种技术为在线用户支持和电子商务等新思想的实现铺平了道路,同时,因 CGI 技术可以使用不同的语言编写适合的 CGI 程序,如 Visual Basic、Delphi 或 C/C++等,并且功能强大,故被早期的很多网站采用。但由于其编程困难、效率低下、修改复杂,所以逐渐被新技术所取代。目前被广泛应用的动态网站技术主要有以下三种:
- ◆ PHP(Hypertext Preprocessor):超文本预处理器,其语法大量借鉴了 C、Java、Perl 等语言,只需要很少的编程知识就能使用 PHP 建立一个真正交互的 Web 站点。由于 PHP 开放源代码,并且是免费的,所以非常流行,是当今 Internet 上最为火热的脚本语言之一。

- ASP(Active Server Pages)：一种类似 HTML、Script 与 CGI 结合体的技术，它没有提供自己专门的编程语言，允许用户使用许多已有的脚本语言编写 ASP 应用程序。但 ASP 技术局限于微软的操作系统平台之上，主要工作环境为微软的 IIS 应用程序结构，而且 ASP 技术很难实现在跨平台 Web 服务器上工作，因此一般只适合一些中小型站点。但目前由 ASP 升级演变而来的 ASP.NET 可支持大型网站的开发。
- JSP(Java Server Pages)：基于 Java Servlet 以及整个 Java 体系的 Web 开发技术。JSP 是由 Sun 公司于 1999 年 6 月推出的新技术，它与 ASP 有一定的相似之处，但 JSP 能在大部分的服务器上运行，而且其应用程序易于维护和管理，安全性方面也被认为是这三种基本动态网站技术中最好的。

1.1.2 B/S 架构

在动态网站技术中，一般使用浏览器作为客户端，客户在浏览器中发出请求，Web 服务器得到请求后查找资源，然后向客户返回一个结果，这就是 B/S(Browser/Server)架构，如图 1-1 所示。

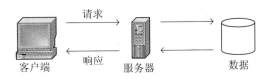

图 1-1 B/S 模型

在 B/S 架构中，用户的请求与 Web 服务器的响应需要通过 Internet 从一台计算机发送到另一台计算机，不同计算机之间是使用 HTTP(HyperText Transfer Protocol)协议进行通信的。HTTP 是超文本传输协议，包含命令和传输信息，不仅用于 Web 访问，也可以用于其他因特网/内联网应用系统之间的通信，从而实现各种资源信息的超媒体访问集成。

C/S 架构：即 Client/Server(客户机/服务器)结构，这种架构将任务合理分配到 Client 端和 Server 端。用户的程序主要是在客户端，服务器端程序主要提供数据管理、数据共享、数据及系统维护和并发控制等，客户端程序只需完成用户的具体业务。

1.2 Servlet 基本知识

Java EE 是基于分布式和多层结构的企业级应用开发规范和标准，Servlet 是 Java EE 架构中的关键组成。目前，在企业应用开发中不仅会使用传统的 Java EE 组件(例如 JDBC、Servlet、EJB 等)，还会使用一些轻量级的框架结构(例如 Struts、Hibernate 和 Spring)，以提高企业的开发效率。在 Java 企业级开发应用中会使用到的技术如图 1-2 所示。

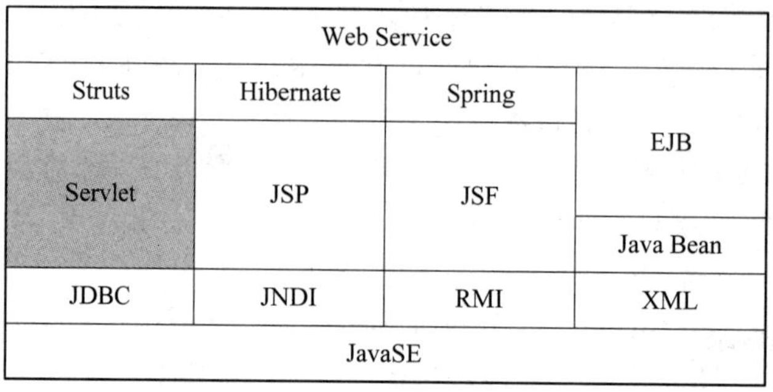

Web Service
Struts
Hibernate
Spring
EJB
Servlet
JSP
JSF
Java Bean
JDBC
JNDI
RMI
XML
JavaSE

图 1-2　Java EE 技术组成

Servlet 技术是 Sun 公司提供的一种实现动态网页的解决方案，它是基于 Java 编程语言的 Web 服务器端编程技术，主要用于在 Web 服务器端获得客户端的访问请求信息并动态生成对客户端的响应信息。此外，Servlet 技术也是 JSP 技术的基础。

Servlet 是 Web 服务器端的 Java 应用程序，它支持用户交互式地浏览和修改数据，生成动态的 Web 页面。比如，当浏览器发送一个请求到服务器时，服务器会把请求送往一个特定的 Servlet，这样 Servlet 就能处理请求并构造一个合适的响应(通常以 HTML 网页形式)返回给客户，如图 1-3 所示。

Servlet 运行于服务器端
请求
响应
客户端
服务器

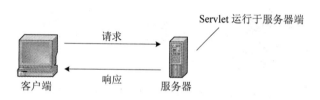

图 1-3　Servlet 的作用

Servlet 与普通 Java 程序相比，只是输入信息的来源和输出结果的目标不一样，例如，对于 Java 程序而言，用户一般通过 GUI 窗口输入信息，并在 GUI 窗口上获得输出结果，而对于 Servlet 程序而言，用户一般通过浏览器输入并获取响应结果。通常普通 Java 程序所能完成的大多数任务，Servlet 程序都可以完成。Servlet 程序具有以下特点：

✧ 高效。在传统的 CGI 中，如果有 N 个并发的对同一 CGI 程序的请求，则该 CGI 程序的代码在内存中重复装载 N 次；而对于 Servlet，处理请求的是 N 个线程，只需要一份 Servlet 类代码。在性能优化方面，Servlet 也比 CGI 有着更多的选择，比如缓冲以前的计算结果，保持数据库连接的活动等。

✧ 方便。Servlet 提供了大量的实用工具例程，例如自动解析和解码 HTML 表单数据、读取和设置 HTTP 头、处理 Cookie、跟踪会话状态等。

✧ 功能强大。在 Servlet 中，许多使用传统 CGI 程序很难完成的任务都可以轻松地完成。例如，Servlet 能够直接和 Web 服务器交互，而普通的 CGI 程序不能。Servlet 还能够在各个程序之间共享数据，轻松实现数据库连接池之类的功能。

✧ 良好的可移植性。Servlet 是用 Java 语言编写的，所以具备 Java 的可移植性特点。此外，Servlet API 具有完善的标准，支持 Servlet 规范的容器都可以运

第 1 章 Servlet 概述

行 Servlet 程序，例如 Tomcat、Resin 等。

1.3 第一个 Servlet

编写 Servlet 需要遵循以下规范：
- 创建 Servlet 时，需要继承 HttpServlet 类。同时需要导入 Servlet API 的两个包：javax.servlet 和 javax.servlet.http。javax.servlet 包提供了控制 Servlet 生命周期所必需的 Servlet 接口，是编写 Servlet 时必须实现的；javax.servlet.http 包提供了从 Servlet 接口派生出的专门用于处理 HTTP 请求的抽象类和一般的工具类。
- 根据数据的发送方式，覆盖 doGet()、doPost()方法之一或全部。doGet()和 doPost()方法都有两个参数，分别为 HttpServletRequest 和 HttpServletResponse 类型。这两个参数分别用于表示客户端的请求和服务器端的响应。通过 HttpServletRequest，可以从客户端中获得发送过来的信息；通过 HttpServletResponse，可以让服务器端对客户端做出响应，最常用的就是向客户端发送信息。关于这两个参数，将在后续内容中详细讲解。

 如果在浏览器中直接输入地址来访问 Servlet 资源，属于使用 Get 方式访问。

【示例 1.1】 使用 Servlet 输出 "Hello World" 页面。

创建一个类文件 HelloServlet.java，编写代码如下：

```java
//创建一个Servlet类，继承HttpServlet
public class HelloServlet extends HttpServlet
{
    // 重写doGet()
    public void doGet(HttpServletRequest request,
            HttpServletResponse response)
            throws ServletException, IOException {
        //设置响应到客户端的文本类型为HTML
        response.setContentType("text/html");
        //获取输出流
        PrintWriter out = response.getWriter();
        out.println("Hello World");
    }
}
```

上述代码会向客户端浏览器中打印 "Hello World" 信息。通过 response 对象的 getWriter()方法可以获取向客户端输出信息的输出流：

```java
PrintWriter out = response.getWriter();
```

调用输出流的 println()方法可以在客户端浏览器中打印消息。例如：

```
out.println("Hello World");
```

 Servlet 代码中，没有关闭 PrintWriter 的代码，即 "out.close()"，通常情况下，任何输入输出流用完后都是需要关闭的，否则会发生内存溢出，但是在 Servlet 中不是一定要关闭的，因为 response 会做关闭操作。而且如果工程中有过滤器，则需要考虑过滤器中是否有影响。

在 web.xml 中配置 Servlet，注册此 Servlet 信息的代码如下：

```xml
<servlet>
    <display-name>Hello</display-name>
    <!-- Servlet的名称 -->
    <servlet-name>Hello</servlet-name>
    <!-- 所配置的Servlet类的完整类路径 -->
    <servlet-class>com.dh.ch01.HelloServlet</servlet-class>
</servlet>
<servlet-mapping>
    <!-- 前面配置的Servlet名称-->
    <servlet-name>Hello</servlet-name>
    <!-- 访问当前Servlet的URL -->
    <url-pattern>/hello</url-pattern>
</servlet-mapping>
```

上述配置信息中，需要注意以下几个方面：

◇ Servlet 别名，即：<servlet-name>…</servlet-name>之间的命名可以随意命名，但要遵循命名规范。

◇ <servlet>和<servlet-mapping>元素可以配对出现，通过 Servlet 别名进行匹配。<servlet>元素也可以单独出现，通常用于初始化操作。

◇ URL 引用，即<url-pattern>…</url-pattern>之间的命名通常以 "/" 开头。

启动 Tomcat，在 IE 中访问 http://localhost:8080/ch01/hello，运行结果如图 1-4 所示。

图 1-4 运行结果

 关于 Web 应用的开发过程及配置，可参考后面的实践 1.2 的指导部分。上述示例中的访问 URL 为 "http://localhost:8080/ch01/hello"，其中 http 为超文本传输协议，localhost 代表要访问的机器 IP，因为是本机，所以可以写为 localhost，8080 代表 Tomcat 绑定的端口号，ch01 代表 Servlet 所在的工程部署名称，/hello 对应 Servlet 配置的 url-pattern。

1.4 Servlet 的生命周期

Servlet 是运行在服务器上的，其生命周期由 Servlet 容器负责。Servlet 生命周期是指 Servlet 实例从创建到响应客户请求直至销毁的过程。

Servlet API 中定义了关于 Servlet 生命周期的 3 个方法：

- ◆ init()：用于 Servlet 初始化。当容器创建 Servlet 实例后，会自动调用此方法。
- ◆ service()：用于服务处理。当客户端发出请求时，容器会自动调用此方法进行处理，并将处理结果响应到客户端。service()方法有 2 个参数，分别接受 ServletRequest 接口和 ServletResponse 接口的对象来处理请求和响应。
- ◆ destroy()：用于销毁 Servlet。当容器销毁 Servlet 实例时自动调用此方法，释放 Servlet 实例，清除当前 Servlet 所持有的资源。

Servlet 生命周期概括为以下几个阶段：

（1）装载 Servlet：该项操作一般是动态执行的，有些服务器提供了相应的管理功能，可以在启动的时候就装载 Servlet。

（2）创建一个 Servlet 实例：容器创建 Servlet 的一个实例对象。

（3）初始化：容器调用 init()方法对 Servlet 实例进行初始化。

（4）服务：当容器接收到对此 Servlet 的请求时，将调用 service()方法响应客户的请求。

（5）销毁：容器调用 destroy()方法销毁 Servlet 实例。

在 Servlet 生命周期的这几个阶段中，初始化 init()方法仅执行一次，是在服务器装载 Servlet 时执行的，以后无论有多少客户访问此 Servlet，都不会重复执行 init()。即此 Servlet 在 Servlet 容器中只有单一实例；当多个用户访问此 Servlet 时，会分为多个线程访问此 Servlet 实例对象的 service()方法。在 service()方法内，容器会对客户端的请求方式进行判断，如果是 Get 方式提交，则调用 doGet()进行处理；如果是 Post 方式提交，则调用 doPost()进行处理。Servlet 生命周期的不同阶段如图 1-5 所示。

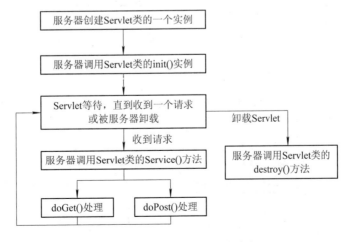

图 1-5　Servlet 生命周期的不同阶段

例如，创建类文件 ServletLife.java，演示 Servlet 的生命周期，代码如下：

```java
public class ServletLife extends HttpServlet {
    /**
     * 构造方法
     */
    public ServletLife() {
        super();
    }
    /**
     * 初始化方法
     */
    public void init(ServletConfig config) throws ServletException {
        System.out.println("初始化时，init()方法被调用!");
    }
    protected void doGet(HttpServletRequest request,
        HttpServletResponse response)
        throws ServletException, IOException {
        System.out.println("处理请求时，doGet()方法被调用。");
    }
    protected void doPost(HttpServletRequest request,
        HttpServletResponse response)
        throws ServletException, IOException {
        System.out.println("处理请求时，doPost()方法被调用。");
    }
    /**
     * 用于释放资源
     */
    public void destroy() {
        super.destroy();
        System.out.println("释放系统资源时,destroy()方法被调用!");
    }
}
```

启动 Tomcat，在 IE 浏览器中访问 http://localhost:8080/ch01/ServletLife，观察控制台输出信息，如图 1-6 所示。

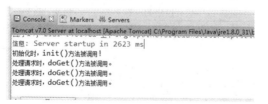

图 1-6　Servlet 的生命周期

打开多个 IE 窗口，访问此 Servlet，观察控制台输出信息，会发现 init()方法只运行一次，而 service()方法会对每次请求都做出响应。

1.5 Servlet 数据处理

Servlet 数据处理主要包括读取表单数据、处理 HTTP 请求报头和设置 HTTP 响应报头的。

1.5.1 读取表单数据

当访问 Internet 网站时，在浏览器地址栏中会经常看到如下字符串：

http://host/path?usr=tom&dest=ok

该字符串问号后面的部分为表单数据(Form Data)或查询数据(Query Data)，这些数据是以"name=value"形式通过 URL 传送的，多个数据使用"&"分开，这种形式也称为"查询字符串"。查询字符串紧跟在 URL 中的"?"后面，所有"名/值"对会被传递到服务器，这是服务器获取客户端信息所采用的最常见的方式。

表单数据可以通过 Get 请求方式提交给服务器，此种方式将数据跟在问号后附加到 URL 的结尾(查询字符串形式)；也可以采用 Post 请求方式提交给服务器，此种方式将在地址栏看不到表单数据信息，可用于大量的数据传输，并且比 Get 方式更安全。

在学习处理 Form 表单数据前，先回顾 Web 编程基础中学过的关于表单的基本知识。

(1) 使用 Form 标签创建 HTML 表单。使用 action 属性指定对表单进行处理的 Servlet 或 JSP 页面的地址，可以使用绝对或相对 URL。例如：

<form action="...">...</form>

如果省略 action 属性，那么数据将提交给当前页面对应的 URL。

(2) 使用输入元素收集用户数据。将这些元素放在 form 标签内，并为每个输入元素赋予一个 name。文本字段是最常用的输入元素，其创建方式如下：

<input type="text" name="..."/>

(3) 在接近表单的尾部放置提交按钮。例如：

<input type="submit"/>

单击"提交"按钮时，浏览器会将数据提交给表单 action 对应的服务器端程序。

1. Form 表单数据

通过 HttpServletRequest 对象可以读取 form 标签中的表单数据。HttpServletRequest 接口在 javax.servlet.http 包中定义，它扩展了 ServletRequest，并定义了描述一个 HTTP 请求的方法。当客户端请求 Servlet 时，一个 HttpServletRequest 类型的对象会被传递到 Servlet 的 service()方法，进而传递到 doGet()或 doPost()方法中。doGet()和 doPost()方法分别对应浏览器的两种访问方式，Get 方式和 Post 方式，这两种访问方式的区别如下：

Get 方式：提交表单时，form 元素的 method 属性值为 Get，或者没有配置 method 属性，或者直接在浏览器地址栏输入要访问的地址发送请求。这些请求在发送时，所有请求参数会转换为一个字符串，并附加在原 URL 后面，因此可以在地址栏中看到请求参数名和值，但不能传递大量的数据。

Post 方式：提交表单时，form 元素的 method 属性值为 Post，或者使用 JavaScript 的

AJAX 请求(需要单独配置访问方式为 Post)。当需要传递大量数据时需要使用 Post 方式，通常认为 Post 请求参数不受限制，但往往取决于服务器端程序或配置的限制，Post 方式发送的请求参数以及对应的值放在 HTML HEADER 中传递，用户在浏览器地址栏中看不到对应的请求参数，安全性比 Get 方式要高。

此对象中封装了客户端的请求扩展信息，包括 HTTP 方法(即 Get 或 Post)、Cookie、身份验证和表单数据等信息。

如表 1-1 所示，列出了 HttpServletRequest 接口中用于读取表单数据的方法。

表 1-1　HttpServletRequest 接口中读取表单数据的方法

方法	说明
getParameter(String name)	单值读取，返回与指定参数相应的值。参数区分大小写，参数没有相应的值则返回空 String，如果没有该参数则返回 null。对于多个同一参数名，则返回首次出现的值
getParameterValues(String name)	多个值的读取，返回字符串的数组。对于不存在的参数名，返回值为 null。如果参数只有单一的值，则返回只有一个元素的数组
getParammeterNames()	返回 Enumeration 的形式参数名列表。如果当前请求中没有参数，返回空的 Enumeration(不是 null)
getReader()/getInputStream()	获得输入流。如果以这种方法读取数据，不能保证可以同时使用 getParameter()。当数据来自于上载的文件时，可以用此方法

默认情况下，request.getParameter()使用服务器的当前字符集解释输入。要改变这种默认行为，需要使用 setCharacterEncoding(String env)方法来设置字符集，例如：

request.setCharacterEncoding("GBK");

【示例 1.2】　使用 Servlet 处理表单数据，当用户提交的数据正确(用户名为 admin，密码为 123456)时，输出"登录成功！"，否则提示"登录失败！"。

(1) 编写静态页面，用于接收用户信息。

```
//index.html
<html>
<head>
<meta http-equiv="Content-Type" content="text/html; charset=gbk">
<title>登录</title>
<script language="javascript" type="">
        function LoginSubmit(){
                var user=document.Login.loginName.value;
                var pass=document.Login.password.value;
                if(user==null||user==""){
                        alert("请填写用户名");
                }
                else if(pass==null||pass==""){
                        alert("请填写密码");
                }
                else document.Login.submit();
```

```
            }
</script>
</head>
<body>
<form method="POST" name="Login" action="LoginServlet">
  <p align="left">
  用户名:<input type="text" name="loginName" size="20"></p>
  <p align="left">
  密 码:<input type="password" name="password" size="20"></p>
  <p align="left">
  <input type="button" value="提交" name="B1" onclick="LoginSubmit()">
  <input type="reset" value="重置" name="B2"></p>
</form>
</body>
</html>
```

上述 HTML 代码中,使用 JavaScript 对用户表单进行初始验证,验证成功后才提交给 LoginSevlet 进行处理。

(2) 编写 Servlet 处理用户提交的表单数据。

```
//LoginServlet.java
public class LoginServlet extends HttpServlet {
        public LoginServlet() {
                super();
        }
public void doGet(HttpServletRequest request, HttpServletResponse response)
        throws ServletException, IOException {
                doPost(request, response);
        }
public void doPost(HttpServletRequest request,
        HttpServletResponse response)
        throws ServletException, IOException {
                //设置请求的编码字符为GBK(中文编码)
                request.setCharacterEncoding("GBK");
                //设置响应的文本类型为html,编码字符为GBK
                response.setContentType("text/html;charset=GBK");
                //获取输出流
                PrintWriter out = response.getWriter();
                //获取表单数据
                String pass = request.getParameter("password");
                String user = request.getParameter("loginName");
                if ("admin".equals(user) && "123456".equals(pass)) {
```

```
                out.println("登录成功!");
        } else {
                out.println("登录失败!");
        }
    }
}
```

上述代码中,在 doGet()方法中调用了 doPost()方法,这样不管用户以什么方式提交,处理过程都一样。因为页面中使用了中文,为了防止出现中文乱码问题,所以需要设置请求和响应的编码字符集,使之能够支持中文,代码如下:

request.setCharacterEncoding("GBK");
response.setContentType("text/html;charset=GBK");

获取表单中数据时,使用 getParameter()方法通过参数名获得参数值。例如:

String pass = request.getParameter("password");

上面语句通过参数名"password"来获取该参数的值。

    如果 index.html 中表单的提交方式为 GET 方式,则在浏览器地址栏中会出现查询字符串形式的表单数据(如 password=123456&user=admin),但在 LoginServlet 中获取参数值的方式完全相同。

(3) 在 web.xml 中注册该 Servlet。

```xml
//web.xml
<servlet>
        <display-name>LoginServlet</display-name>
        <servlet-name>LoginServlet</servlet-name>
        <servlet-class>com.dh.ch01.LoginServlet</servlet-class>
</servlet>
<servlet-mapping>
        <servlet-name>LoginServlet</servlet-name>
        <url-pattern>/LoginServlet</url-pattern>
</servlet-mapping>
```

上述代码中,注册了一个名为"LoginServlet"的 Servlet,当请求的相对 URL 为"/LoginServlet"时,Servlet 容器会将请求交给该 Servlet 进行处理。

(4) 启动 Tomcat,在 IE 中访问 http://localhost:8080/ch01/index.html,运行结果如图 1-7 所示。

图 1-7 index.html 页面

在用户名的文本栏中输入"admin",密码栏中输入"123456",然后单击"提交"按钮,显示结果如图 1-8 所示。

当输入错误的用户名或密码时,则显示"登录失败!",如图 1-9 所示。

图 1-8　LoginServlet 验证成功

图 1-9　LoginServlet 验证失败

Form 表单数据中除了普通的表单项之外,在实际开发中会广泛应用到隐藏域。隐藏域是隐藏的 HTML 表单变量,可以用来存储状态信息,操作起来与一般的 HTML 输入域(比如文本输入域、复选框和单选按钮)类似,同样会被提交到服务器。隐藏域与普通的 HTML 输入域之间的不同之处就在于客户端不能看到或修改隐藏域的值。

隐藏域可以用来在客户端和服务器之间透明地传输状态信息,创建 HTML 文件 hidden.html,代码如下:

```html
<html>
<head>
<title>隐藏域</title>
</head>
<body bgcolor="blue">
<form method="post" action="nameservlet">
<p>请输入用户名:<br>
<input type="text" name="uname"><br>
<input type="hidden" name="bcolor" value="blue"><br>
<input type="submit" value="submit">
</form>
</body>
</html>
```

上述代码中使用隐藏域将用户所喜欢的背景色传递给服务器。在服务器端获取隐藏域的数据与表单其他元素一样,都是使用 getParameter()方法通过参数名获取其数据值。

2. 查询字符串

查询字符串是表单数据的另一种情况,它们实质上是相同的。同样,服务器端的 Servlet 也是通过 HttpServletRequest 对象的 getParameter()或者 getParameterValues()方法读取 URL 中查询字符串的信息,然后根据信息进行查询,把查询的结果再返回。

例如,创建 HTML 文件 querystr.html,用于演示查询字符串的应用,代码如下:

```html
<html>
<head>
```

```
<meta http-equiv="Content-Type" content="text/html; charset=GBK">
<title>查询字符串</title>
</head>
<body>
<a href="TestURL?id=2010">下一页</a>
</body>
</html>
```

上述代码中,在超链接的 URL 中使用查询字符串,在"?"后添加了"id=2010",该语句传递了一个参数 id,其值为 2010。创建源代码文件 TestURL.java 处理请求,代码如下:

```
public class TestURL extends HttpServlet {
    public TestURL() {
        super();
    }
    protected void doGet(HttpServletRequest request,
        HttpServletResponse response)
        throws ServletException, IOException {
        doPost(request, response);
    }
    protected void doPost(HttpServletRequest request,
        HttpServletResponse response)
        throws ServletException, IOException {
        response.setContentType("text/html;charset=GBK");
        PrintWriter out = response.getWriter();
        String id = request.getParameter("id");
        out.println("URL参数值是:" + id);
    }
}
```

上述代码中,使用 request 对象的 getParameter()方法获取 URL 的参数值,并输出。

启动 Tomcat,在 IE 中访问 http://localhost:8080/ch01/querystr.html,显示结果如图 1-10 所示。单击"下一页"超链接,显示结果如图 1-11 所示。

图 1-10　index.html

图 1-11　TestURL 结果

1.5.2 处理 HTTP 请求报头

客户端浏览器向服务器发送请求的时候，除了用户输入的表单数据或者查询数据之外，通常还会在 GET/POST 请求行后面加上一些附加的信息；而在服务器向客户端的请求做出响应的时候，也会自动向客户端发送一些附加的信息。这些附加信息被称为 HTTP 报头，信息附加在请求信息后面称为 HTTP 请求报头，而附加在响应信息后则称为 HTTP 响应报头。在 Servlet 中可以获取或设置这些报头的信息。

报头信息的读取比较简单：只需将报头的名称作为参数，调用 HttpServletRequest 的 getHeader 方法；如果当前的请求中提供了对应的报头信息，则返回一个 String，否则返回 null。

另外，这些报头的参数名称不区分大小写，也就是说，也可以通过 getHeader("user-agent")来获得 User-Agent 报头。常用的 HTTP 请求报头如表 1-2 所示。

表 1-2 常用 HTTP 请求报头

请求报头名称	说 明
Accept	浏览器可接受的 MIME(Multipurpose Internet Mail Extension)类型
Accept-Charset	浏览器可接受的字符集
Accept-Encoding	浏览器能够进行解码的数据编码方式
Accept-Language	浏览器所希望的语言种类。当服务器能够提供一种以上的语言版本时要用到这个报头信息，特别是在有国际化要求的应用中，需要通过这个信息以确定应该向客户端显示何种语言的界面
Authorization	授权信息。通常出现在对服务器发送的 WWW-Authenticate 头的应答中
Connection	表示是否需要持久连接。如果它的值为"Keep-Alive"，或者该请求使用的是 HTTP 1.1(HTTP 1.1 默认进行持久连接)，它就可以利用持久连接的优点。当页面包含多个元素时(例如 Applet、图片)，下载所需要的时间将显著地减少
Content-Length	表示请求消息正文的长度
Cookie	向服务器返回服务器之前设置的 cookie 信息
Host	初始 URL 中的主机和端口。可以通过这个信息获得提出请求的机器主机名称和端口号
Referer	包含一个 URL。用户从该 URL 代表的页面出发访问当前请求的页面，也就是说，是从哪个页面进入到这个 Servlet 的
User-Agent	浏览器相关信息，如果 Servlet 返回的内容与浏览器类型有关，则该值非常有用
If-Modified-Since	只有当所请求的内容在指定的日期之后又经过修改才返回它，否则返回 304 "Not Modified"应答，这样浏览器就可以直接使用缓存中的内容而不需要再次从服务器下载。和它相反的一个报头是"If-Unmodified-Since"
Pragma	指定"no-cache"值，表示不使用浏览器的缓存，即使它是代理服务器而且已经有了页面的本地拷贝

尽管 getHeader()方法是读取输入报头的通用方式，但由于几种报头的应用很普遍，故而 HttpServletRequest 为它们提供了专门的访问方法，如表 1-3 所示。

表 1-3　HttpServletRequest 获取报头信息的方法

方法名	描　述
getAuthType()	描述了客户采用的身份验证方案
getContentLength()	返回请求中 Content-Length HTTP 标题的值上下文长度
getContentType()	返回请求中 Content-Type HTTP 标题的值上下文长度
getHeader()	返回指定标题域的值
getHeaderNames()	返回一个包含所报头名称的 Enumeration 类型的值
getPathInfo()	返回 servlet 路径以后的查询字符串以前的所有路径信息
getPathTranslated()	检索 servlet(不包括查询字符串)后面的路径信息，并把它转交成一个真正的路径
getRequesURI()	返回 URL 中主机和端口之后、表单数据之前的部分
getQueryString()	返回一个 URL 查询字符串
getRemoteAddr()	返回远程服务器地址
getRemoteHost()	返回远程服务器名
getRemoteUser()	返回由 HTTP 身份验证提交的用户名
getMethod()	返回请求中使用的 Http 方法
getServerName()	返回服务器名
getServerPort()	返回服务器端口号
getProtocol()	返回服务器协议名
getCookies()	返回 Cookie 对象数组

【示例 1.3】　演示报头信息的读取方式。

创建源代码文件 HttpHeadServlet.java，代码如下：

```
public class HttpHeadServlet extends HttpServlet {
    protected void doGet(HttpServletRequest request,
        HttpServletResponse response)
        throws ServletException, IOException {
        doPost(request, response);
    }
    protected void doPost(HttpServletRequest request,
        HttpServletResponse response)
        throws ServletException, IOException {
        response.setContentType("text/html;charset=gbk");
        PrintWriter out = response.getWriter();
        StringBuffer buffer = new StringBuffer();
        buffer.append("<!DOCTYPE HTML PUBLIC \"-//W3C//DTD HTML 4.0 "
```

```
                    + "Transitional//EN\">");
            buffer.append("<html>");
            buffer.append("<head><title>");
    String title = "请求表头信息";
            buffer.append(title);
            buffer.append("</title></head>");
            buffer.append("<body>");
            buffer.append("<h1 align='center'>" + title + "</h1>");
            buffer.append("<b>Request Method: </b>");
            buffer.append(request.getMethod() + "<br/>");
            buffer.append("<b>Request URL: </b>");
            buffer.append(request.getRequestURI() + "<br/>");
            buffer.append("<b>Request Protocol: </b>");
            buffer.append(request.getProtocol() + "<br/>");
            buffer.append("<b>Request Local: </b>");
            buffer.append(request.getLocale() + "<br/><br/>");
            buffer.append("<table border='1' align='center'>");
            buffer.append("<tr bgcolor='#FFAD00'>");
            buffer.append("<th>Header Name</th><th>Header Value</th>");
            buffer.append("</tr>");
    Enumeration<String> headerNames = request.getHeaderNames();
    while (headerNames.hasMoreElements()) {
            String headerName = (String) headerNames.nextElement();
            buffer.append("<tr>");
            buffer.append("<td>" + headerName + "</td>");
            buffer.append("<td>" + request.getHeader(headerName) +
                "</td>");
            buffer.append("</tr>");
        }
            buffer.append("</body>");
            buffer.append("</html>");
            out.println(buffer.toString());
        }
}
```

上述代码中，通过调用 request 对象中的 getMethod()方法来获取用户请求方式；调用 getRequestURI()方法来获取用户请求路径；调用 getHeaderNames()方法返回所有请求报头名称的集合，遍历此集合并使用 getHeader()提取报头信息并显示。

启动 Tomcat，在 IE 中访问 http://localhost:8080/ch01/HttpHeadServlet，运行结果如图 1-12 所示。

图 1-12 请求报头信息

1.5.3 设置 HTTP 响应报头

在 Servlet 中，可以通过 HttpServletResponse 的 setHeader()方法来设置 HTTP 响应报头，它接收两个参数，用于指定响应报头的名称和对应的值，语法格式如下：

setHeader(String headerName,String headerValue)

常用的 HTTP 响应报头如表 1-4 所示。

表 1-4 常用的 HTTP 响应报头

响应报头名称	说 明
Content-Encoding	用于标明页面在传输过程中的编码方式
Content-Type	用于设置 servlet 输出的 MIME 类型。在 Tomcat 安装目录下的 conf 目录下，有一个 web.xml 文件，里面列出了几乎所有的 MIME 类型和对应的文件扩展名。正式注册的 MIME 类型格式为 maintype/subtype，如 text/html、text/javascript 等；而未正式注册的类型格式为 maintype/x-subtype，如 audio/x-mpeg 等
Content-Language	用于标明页面所使用的语言，例如 en、en-us 等
Expires	用于标明页面的过期时间。可以使用这个来在指定的时间内取消页面缓存（cache）
Refresh	这个报头表明浏览器自动重新调用最新的页面

一些旧版本的浏览器只支持 HTTP 1.0 的报头，所以，为了保证程序具有良好的兼容性，应该慎重地使用这些报头，或者使用 HttpServletRequest 的 getRequestProtocol()方法获得 HTTP 的版本后再做选择。

除了 setHeader()方法，还有两种方法用于设置日期或者整型数据格式报头的方法：
setDateHeader(String headerName, long ms)
和
setIntHeader(String headerName, int headerValue)

此外，对于一些常用的报头，在 API 中也提供了更方便的方法来设置它们，如表 1-5 所示。

表 1-5　HttpServletResponse 响应方法

响应方法	说　　明
setContentType(String mime)	该方法用于设置 Content-Type 报头。使用这种方法可以设置 Servlet 的 MIME 类型，甚至字符编码(Encoding)，特别是在需要将 Servlet 的输出设置为非 HTML 格式的时候
setContentLength(int length)	设置 Content-Length 报头
addCookie(Cookie c)	设置 Set-Cookie 报头(有关 Cookie 的内容请参见第 2 章)
sendRedirect(String location)	设置 Location 报头，让 Servlet 跳转到指定的 url

【示例 1.4】　通过设置响应报头，实现动态时钟。

创建源代码文件 DateServlet.java，代码如下：

```java
public class DateServlet extends HttpServlet {
    public void doPost(HttpServletRequest request,
        HttpServletResponse response)
        throws ServletException, IOException {
        //设置响应的MIME类型
        response.setContentType("text/html; charset=GBK");
        PrintWriter out = response.getWriter();
        out.println("<html>");
        out.println("<body>");
        response.setHeader("Refresh", "1"); //设置Refresh 的值
        out.println("现在时间是:");
        SimpleDateFormat sdf =
            new SimpleDateFormat("yyyy-mm-dd hh:mm:ss");
        out.println("<br/>" + sdf.format(new Date()));
        out.println("</body>");
        out.println("</html>");
    }
    public void doGet(HttpServletRequest request,
        HttpServletResponse response)
        throws ServletException, IOException {
        doPost(request, response);
    }
}
```

上述代码中，通过设置响应报头，使得客户端每隔一秒钟访问一次当前 Servlet，从而在客户端能够动态地观察时钟的变化。实现每隔一秒钟动态刷新的功能代码如下：

```
response.setHeader("Refresh", "1");
```

其中，Refresh 为响应头部信息；1 是时间间隔值，以秒为单位。

启动 Tomcat，在 IE 中访问 http://localhost:8080/ch01/DateServlet，运行结果如图 1-13 所示。

图 1-13 动态时钟

 在示例 1.4 中，通过不断地刷新当前页面来访问 DateServlet，从而实现了动态时钟，在本书第 8 章将通过 Ajax 技术实现无刷新时钟，读者可以通过观察显示效果对这两种方式进行比较。

1.6 重定向和请求转发

重定向和请求转发是 Servlet 处理完数据后进行页面跳转的两种主要方式。

1.6.1 重定向

重定向是指页面重新定位到某个新地址，之前的 Request 失效，进入一个新的 Request，且跳转后浏览器地址栏内容将变为新的指定地址。重定向是通过 HttpServletResponse 对象的 sendRedirect() 来实现，该方法用于生成 302 响应码和 Location 响应头，从而通知客户端去重新访问 Location 响应头中指定的 URL，其语法格式如下：

```
pubilc void sendRedirect(java.lang.String location) throws java.io.IOException
```

其中，location 参数指定了重定向的 URL，它可以是相对路径也可是绝对路径。

sendRedirect() 不仅可以重定向到当前应用程序中的其他资源，还可以重定向到其他应用程序中的资源，例如：

```
response.sendRedirect("/ch01/index.html");
```

上面语句重定向到当前站点(ch01)的根目录下的 index.html 界面。

【示例 1.5】 使用请求重定向方式，使用户自动访问重定向后的页面。

创建源代码文件 RedirectServlet.java，代码如下：

```java
public class RedirectServlet extends HttpServlet {
    public void doGet(HttpServletRequest request,
        HttpServletResponse response)
        throws ServletException, IOException {
        response.setContentType("text/html; charset=GBK");
        System.out.println("重定向前");
```

```
                response.sendRedirect(request.getContextPath() + "/myservlet");
                System.out.println("重定向后");
        }
}
```

在 web.xml 配置文件中配置 RedirectServlet 的<url-pattern>为"/redirect"。

其中，myservlet 对应的 Servlet 代码如下：

```
public class MyServlet extends HttpServlet {
    public void doGet(HttpServletRequest request,
        HttpServletResponse response)
        throws ServletException, IOException {
        //设置响应到客户端的文本类型为HTML
        response.setContentType("text/html; charset=GBK");
        //获取输出流
        PrintWriter out = response.getWriter();
        out.println("重定向和请求转发");
    }
}
```

在 web.xml 配置文件中配置 MyServlet 的<url-pattern>为"/myservlet"。

启动 Tomcat，在 IE 中访问 http://localhost:8080/ch01/redirect，显示 MyServlet 输出网页中的内容，这时浏览器地址栏中的地址变成了 MyServlet 的 URL "http://localhost:8080/ch01/myservlet"。结果如图 1-14 所示。

图 1-14 重定向地址栏变化

1.6.2 请求转发

请求转发是指将请求再转发到另一页面，此过程依然在 Request 范围内，转发后浏览器地址栏内容不变。请求转发使用 RequestDispatcher 接口中的 forward()方法来实现，该方法可以把请求转发到另外一个资源，并让该资源对浏览器的请求进行响应。

RequestDispatcher 接口有两个方法：

- forward()方法：请求转发，可以从当前 Servlet 跳转到其他 Servlet。
- include()方法：引入其他 Servlet。

RequestDispatcher 是一个接口，通过使用 HttpRequest 对象的 getRequestDispatcher()方法可以获得该接口的实例对象，例如：

```
RequestDispatcher rd = request.getRequestDispatcher(path);
```

rd.forward(request,response);

【示例 1.6】 使用请求转发方式，使用户自动访问请求转发后的页面。

创建源代码文件 ForwardServlet.java，代码如下：

```java
//请求转发
public class ForwardServlet extends HttpServlet {
    public void doGet(HttpServletRequest request,
        HttpServletResponse response)
        throws ServletException, IOException {
        response.setContentType("text/html; charset=GBK");
        System.out.println("请求转发前");
        RequestDispatcher rd =
            request.getRequestDispatcher("/myservlet");
        rd.forward(request, response);
        System.out.println("请求转发后");
    }
}
```

在 IE 浏览器中访问 http://localhost:8080/ch01/forward，浏览器中显示出了 MyServlet 输出网页中的内容，这时浏览器地址栏中的地址不会发生改变，结果如图 1-15 所示。

图 1-15 请求转发地址栏变化

通过上述 ForwardServlet 和 RedirectServlet 的运行结果可以看出，转发和重定向两种方式在调用后地址栏中的 URL 是不同的，前者的地址栏不变，后者地址栏中的 URL 变成目标 URL。

此外，转发和重定向最主要的区别是：转发前后共享同一个 request 对象，而重定向前后不在一个请求中。

为了验证请求转发和重定向的区别，在示例中会用到 HttpServletRequest 的存储/读取属性值的两个方法：

- getAttribute(String name)：取得 name 的属性值，如果属性不存在则返回 null。
- setAttribute(String name,Object value)：将 value 对象以 name 名称绑定到 request 对象中。

 除 HttpServletRequest 接口外，HttpSession 和 ServletContext 接口也拥有 getAttribute()和 setAttribute()方法，分别用来存储/读取这两类对象中的属性值。

【示例 1.7】 通过请求参数的传递来验证 forward()方法和 sendRedirect()方法在

request 对象共享上的区别。

(1) 改写 RedirectServlet.java，在 sendRedirect()方法中加上查询字符串：

```
public class RedirectServlet extends HttpServlet {
    public void doGet(HttpServletRequest request,
            HttpServletResponse response)
            throws ServletException, IOException {
        response.setContentType("text/html; charset=GBK");
        request.setAttribute("test","helloworld");
        System.out.println("重定向前");
        response.sendRedirect(request.getContextPath() + "/myservlet ");
        System.out.println("重定向后");
    }
}
```

上述代码中，调用了 setAttribute()方法把 test 属性值 helloworld 存储到 request 对象中。

(2) 改写 MyServlet.java，获取 request 对象中的 test 属性值。

```
public class MyServlet extends HttpServlet {
    public void doGet(HttpServletRequest request,
            HttpServletResponse response)
            throws ServletException, IOException {
        //设置响应到客户端的文本类型为HTML
        response.setContentType("text/html; charset=GBK");
        String test =(String)request.getAttribute("test");
        //获取输出流
        PrintWriter out = response.getWriter();
        out.println("重定向和请求转发");
        out.println(test);
    }
}
```

上述代码中，从 request 对象中获取 test 属性值。

启动 Tomcat，在 IE 浏览器中访问 http://localhost:8080/ch01/redirect，运行结果如下：

重定向和请求转发 null

由此可知，在 MyServlet 中的 request 对象中并没有获得 RedirectServlet 中 request 对象设置的值。

(3) 改写 ForwardServlet.java，获取 request 对象中的 test 属性值。

```
public class ForwardServlet extends HttpServlet {
    public void doGet(HttpServletRequest request,
            HttpServletResponse response)
            throws ServletException, IOException {
        response.setContentType("text/html; charset=GBK");
```

```
            request.setAttribute("test","helloworld");
            System.out.println("请求转发前");
            RequestDispatcher rd =
                    request.getRequestDispatcher("/myservlet");
            rd.forward(request, response);
            System.out.println("请求转发后");
    }
}
```

上述代码中，从 request 对象中获取 test 属性值。

启动 Tomcat，在 IE 浏览器中访问 http://localhost:8080/ch01/forward，运行结果如下：

重定向和请求转发 helloworld

由此可知，在 MyServlet 的 request 对象中获得了 ForwardServlet 的 request 对象设置的值。

通过对上述示例的运行结果进行比较，forward()和 sendRedirect()两者的区别总结如下：

- ✧ forward()方法只能将请求转发给同一个 Web 应用中的组件，而 sendRedirect 方法不仅可以重定向到当前应用程序中的其他资源，还可以重定向到其他站点的资源。如果传给 sendRedirect()方法的相对 URL 以"/"开头，则它是相对于整个 Web 站点的根目录；如果创建 RequestDispatcher 对象时指定的相对 URL 以"/"开头，则它是相对于当前 Web 应用程序的根目录。
- ✧ sendRedirect()方法重定向的访问过程结束后，浏览器地址栏中显示的 URL 会发生改变，由初始的 URL 地址变成重定向的目标 URL；而调用 forward()方法的请求转发过程结束后，浏览器地址栏保持初始的 URL 地址不变。
- ✧ forward()方法的调用者与被调用者之间共享相同的 request 对象和 response 对象，它们属于同一个请求和响应过程；而 sendRedirect()方法的调用者和被调用者使用各自的 request 对象和 response 对象，它们属于两个独立的请求和响应过程。

本 章 小 结

通过本章的学习，学生能够学会：

- ✧ 动态网站开发技术有 Servlet、JSP、PHP、ASP、ASP.NET 和 CGI 等。
- ✧ Servlet 是运行在服务器端的 Java 程序，内嵌 HTML。
- ✧ Servlet 生命周期的三个方法分别是：init()、service()和 destroy()。
- ✧ Servlet 处理 Get/Post 请求时分别使用 doGet()/doPost()方法进行处理。
- ✧ HttpServletRequest 的 getParameter("参数名称")获取表单、URL 参数值。
- ✧ HttpServletResponse 的 getWriter()获取向客户端发送信息的输出流。
- ✧ HttpServletRequest 的 getHeader("报头名称")获取相关报头信息。
- ✧ 请求转发和重定向都可以使浏览器获得另外一个 URL 所指向的资源。

- 请求转发通常由 RequestDispatcher 接口的 forward()方法实现，转发前后共享同一个请求对象。
- 重定向由 HttpServletResponse 接口的 sendRedirect()方法实现，重定向不共享同一个请求对象。

本 章 练 习

1. 下列选项中属于动态网站技术的是_____。(多选)
   A. PHP
   B. ASP
   C. JavaScript
   D. JSP

2. 下列关于 Servlet 的说法正确的是_____。(多选)
   A. Servlet 是一种动态网站技术
   B. Servlet 运行在服务器端
   C. Servlet 针对每个请求使用 1 个进程来处理
   D. Servlet 与普通的 Java 类一样，可以直接运行，不需要环境支持

3. 下列关于 Servlet 的编写方式正确的是_____。(多选)
   A. 必须是 HttpServlet 的子类
   B. 通常需要覆盖 doGet()和 doPost()方法或其中之一
   C. 通常需要覆盖 service()方法
   D. 通常需要在 web.xml 文件中声明<servlet>和<servlet-mapping>两个元素

4. 下列关于 Servlet 生命周期的说法正确的是_____。(多选)
   A. 构造方法只会调用一次，在容器启动时调用
   B. init()方法只会调用一次，在第一次请求此 Servlet 时调用
   C. service()方法在每次请求此 Servlet 时都会被调用
   D. destroy()方法在每次请求完毕时会被调用

5. 下列方式中可以执行 TestServlet(路径为 /test)的 doPost()方法的是_____。(多选)
   A. 在 IE 中直接访问 http://localhost:8080/网站名/test
   B. <form action="/网站名/test"> 提交此表单
   C. <form action="/网站名/test" method="post"> 提交此表单
   D. <form id="form1">，在 JavaScript 中执行下述代码：

document.getElementById("form1").action="/网站名/test";
document.getElementById("form1").method="post";
document.getElementById("form1").submit();

6. 针对下述 JSP 页面，在 Servlet 中需要得到用户选择的爱好的数量，最合适的代码是_____。

<input type="checkbox" name="aihao" value="1"/>游戏
<input type="checkbox" name="aihao" value="2"/>运动

```
<input type="checkbox" name="aihao" value="3"/>棋牌<br/>
<input type="checkbox" name="aihao" value="4"/>美食<br/>
```

  A. request.getParameter("aihao").length

  B. request.getParameter("aihao").size()

  C. request.getParameterValues("aihao").length

  D. request.getParameterValues("aihao").size()

7. 用户使用 POST 方式提交的数据中存在汉字(使用 GBK 字符集)，在 Servlet 中需要使用下述_____语句处理。

  A. request.setCharacterEncoding("GBK");

  B. request.setContentType("text/html;charset=GBK");

  C. response.setCharacterEncoding("GBK");

  D. response.setContentType("text/html;charset=GBK");

8. 简述 Servlet 的生命周期。Servlet 在第一次和第二次被访问时，其生命周期方法的执行有何区别？

9. 简述转发和重定向两种页面跳转方式的区别，在 Servlet 中分别使用什么方法实现？

第 2 章 Servlet 会话跟踪

本章目标

- 掌握会话跟踪的相关技术
- 理解 Cookie 的原理
- 掌握 Cookie 的读写及方法的使用
- 理解 Session 的原理
- 理解 Session 的生命周期
- 熟练掌握 Session 方法的使用
- 掌握 ServletContext 方法的使用

2.1 会话跟踪基本知识

HTTP 是一种无状态的协议,这就意味着 Web 服务器并不了解同一用户以前请求的信息,即当浏览器与服务器之间的请求、响应结束后,服务器上不会保留任何客户端的信息。但对于现在的 Web 应用而言,往往需要记录特定客户端的一系列请求之间的联系,以便于对客户的状态进行追踪。比如,在购物网站,服务器会为每个客户配置一个购物车,购物车需要一直跟随客户,以便于客户将商品放入购物车中,而且各个客户之间的购物车也不会混淆。这就是本章将讲到的会话跟踪技术。

会话跟踪技术的方案包括以下几种:
- Cookie 技术;
- Session 技术;
- URL 重写技术;
- 隐藏表单域技术。

由于隐藏表单域技术是将会话 ID 添加到隐藏域中,实现起来较为繁琐,因此在实际应用中不推荐使用该技术,本章也不做讲解。

2.2 Cookie

Cookie 是服务器发给客户端(一般是浏览器)的一小段文本,保存在浏览器所在客户端的内存或磁盘上。一般来说,Cookie 通过 HTTP Headers 从服务器端返回到客户端,首先,服务器端在响应中利用 Set-Cookie header 来创建一个 Cookie,然后,客户端在它的请求中通过 Cookie header 包含这个已经创建的 Cookie,并且把它返回至服务器,客户端会自动在计算机的 Cookie 文件中添加一条记录。客户端创建了一个 Cookie 记录后,对于每个针对该网站的请求,都会在 Header 中带着这个 Cookie,不过,对于其他应用的请求,Cookie 是不会一起发送的。服务器可以从客户端读出这些 Cookie。通过 Cookie,客户端和服务器端建立起一种联系,也就是说,Cookie 是一种可以让服务器对客户端信息进行保存和获取的机制,从而大大扩展了基于 Web 的应用功能。

Cookie 是会话跟踪的一种解决方案,最典型的应用如判断用户登录状态。在需要登录的网站,用户第一次输入用户名和密码后,可以将其利用 Cookie 保存在客户端,当用户下一次访问这个网站的时候,就能直接从客户端读出该用户名和密码来,用户就不需要每次都重新输入了。另一个重要应用场合是"购物车"之类的处理。用户可能在某一段时间内在同一家网站的不同页面中选择不同的商品,这些信息都会写入 Cookie,以便在最后付款时提取信息。另外,也可以根据需要让用户定制自己喜欢的内容,用户可以选择自己喜欢的新闻、显示的风格、显示的顺序等,这些相关的设置信息都保存在客户端的 Cookie 中,当用户每次访问该网站时,就可以按照他预设的内容进行显示。

当然,因为 Cookie 需要将信息保存在客户端的计算机上,所以,从 Cookie 诞生之日起，有关它所可能带来的安全问题就一直是人们所关注的焦点。但截至目前，还没有发生因为 Cookie 所带来的重大安全问题，这主要也是由 Cookie 的安全机制所决定的：

- ◇ Cookie 不会以任何方式在客户端被执行；
- ◇ 浏览器会限制来自同一个网站的 Cookie 数目；
- ◇ 单个 Cookie 的长度是有限制的；
- ◇ 浏览器限制了最多可以接受的 Cookie 数目。

基于这些安全机制，客户端就不必担心硬盘被这些 Cookie 占用太大的空间。虽然 Cookie 不太可能带来安全问题，但可能会带来一些隐私问题，因此通常情况下，不要将敏感的信息保存到 Cookie 中，特别是一些重要的个人资料如信用卡账号、密码等。另外，浏览器可以设置成拒绝 Cookie，因此 Web 开发中不要使程序过度依赖 Cookie，因为一旦用户关闭了浏览器的 Cookie 功能，就可能造成程序无法正确运行。

2.2.1 Cookie 的创建及使用

通过 Cookie 类的构造方法可以创建该类的实例。Cookie 的构造方法带有两个 String 类型的参数，分别用于指定 Cookie 的属性名称和属性值，例如：

```
Cookie userCookie = new Cookie("uName",username);
```

Cookie 类提供了一些方法，常用方法如表 2-1 所示。

表 2-1 Cookie 类的常用方法

方　　法	说　　明
getMaxAge()/setMaxAge()	读取/设置 Cookie 的过期时间。如果使用 setMaxAge()方法设置了一个负值，表示这个 Cookie 在用户退出浏览器后马上过期；如果 setMaxAge()指定一个 0 值，表示删除此 Cookie
getValue()/setValue()	读取/设置 Cookie 属性值
getComment()/setComment()	读取/设置注释

创建完成的 Cookie 对象，可以使用 HttpServletResponse 的 addCookie()方法将其发送到客户端。addCookie()方法接收一个 Cookie 类型的值，例如：

```
//将userCookie发送到客户端
response.addCookie(userCookie);
```

使用 HttpServletRequest 的 getCookies()方法可以从客户端获得这个网站的所有的 Cookie，该方法返回一个包含本站所有 Cookie 的数组，遍历该数组可以获得对应的 Cookie。例如：

```
Cookie[] cookies = request.getCookies();
```

默认情况下，Cookie 在客户端是保存在内存中的，如果浏览器关闭，Cookie 也就失效了。如果想要让 Cookie 长久地保存在磁盘上，可通过使用表 2-1 中的 setMaxAge()方法设置其过期时间，如将客户端的 Cookie 的过期时间设置为 1 周，代码如下：

```
//在客户端保存一周
userCookie.setMaxAge(7*24*60*60);
```

Cookie 的保存位置在不同的操作系统下是不同的，其中 Windows XP 系统下其保存位置是在 C:\Documents and Settings\当前系统用户名\Local Settings\temporary internet files 文件中的 Cookies 文件夹中。使用和禁用 Cookie：用户可以改变浏览器的设置，以使用或者禁用 Cookie，不同的浏览器设置方法各不相同。

2.2.2 Cookie 示例

【示例 2.1】 使用 Cookie 保存用户名和密码，当用户再次登录时，在相应的文本栏显示上次登录时输入的信息。

（1）编写用于接收用户输入的文件，在该例中，没有使用 HTML 文件而是用一个 Servlet 来完成此功能，这是因为需要通过 Servlet 去读取客户端的 Cookie，而 HTML 文件无法完成此功能。Servlet 命名为 LoginServlet，代码如下：

```java
public class LoginServlet extends HttpServlet {
    public void doGet(HttpServletRequest request,
        HttpServletResponse response)
        throws ServletException, IOException {
        String cookieName = "userName";
        String cookiePwd = "pwd";
        // 获得所有cookie
        Cookie[] cookies = request.getCookies();
        String userName = "";
        String pwd = "";
        String isChecked = "";
        //如果cookie数组不为null，说明曾经设置过
        //也就是曾经登录过，那么取出上次登录的用户名、密码
        if (cookies != null && cookies.length>0) {
            //如果曾经设置过cookie，checkbox状态应该是checked
            isChecked = "checked";
            for (int i = 0; i < cookies.length; i++) {
                //取出登录名
                if (cookies[i].getName().equals(cookieName)) {
                    userName = cookies[i].getValue();
                }
                //取出密码
                if (cookies[i].getName().equals(cookiePwd)) {
                    pwd = cookies[i].getValue();
                }
            }
        }
```

```
            response.setContentType("text/html;charset=GBK");
            PrintWriter out = response.getWriter();
            out.println("<html>\n");
            out.println("<head><title>登录</title></head>\n");
            out.println("<body>\n");
            out.println("<center>\n");
            out.println("<form action='CookieTest'" +
                    " method='post'>\n");
            out.println("姓名：<input type='text'" +
                    " name='UserName' value='"   + userName + "'><br/>\n");
            out.println("密码：<input type='password' name='Pwd' value='" +
                    pwd+ "'><br/>\n");
            out.println("保存用户名和密码<input type='checkbox'"
                    + "name='SaveCookie' value='Yes' " + isChecked + ">\n");
            out.println("<br/>\n");
            out.println("<input type=\"submit\">\n");
            out.println("</form>\n");
            out.println("</center>\n");
            out.println("</body>\n");
            out.println("</html>\n");
    }
    public void doPost(HttpServletRequest request,
            HttpServletResponse response)
            throws ServletException, IOException {
            doGet(request, response);
    }
}
```

上述代码中，首先使用 request.getCookies()获取客户端 Cookie 数组；再遍历该数组，找到对应的 Cookie，取出用户名和密码；最后将信息显示在相应的表单控件中。

（2）新建 CookieTest.java 类，代码如下：

```
public class CookieTest extends HttpServlet {
        public void doGet(HttpServletRequest request,
                HttpServletResponse response)
                throws ServletException, IOException {
            Cookie userCookie = new Cookie("userName",
                    request.getParameter("UserName"));
            Cookie pwdCookie = new Cookie("pwd",
                    request.getParameter("Pwd"));
            if (request.getParameter("SaveCookie") != null &&
```

```java
                    request.getParameter("SaveCookie").equals("Yes")) {
                userCookie.setMaxAge(7 * 24 * 60 * 60);
                pwdCookie.setMaxAge(7 * 24 * 60 * 60);
            } else {
                //删除客户端对应的Cookie
                userCookie.setMaxAge(0);
                pwdCookie.setMaxAge(0);
            }
            response.addCookie(userCookie);
            response.addCookie(pwdCookie);
            PrintWriter out = response.getWriter();
            out.println("Welcome," + request.getParameter("UserName"));
        }
        public void doPost(HttpServletRequest request,
            HttpServletResponse response)
            throws ServletException, IOException {
            doGet(request, response);
        }
}
```

上述代码中，首先创建两个 Cookie 对象，分别用来储存表单中传递过来的登录名和密码，然后根据客户端的"SaveCookie"元素的值，决定是否向客户端发送 Cookie，或者删除以前存储的 Cookie。

启动 Tomcat，在 IE 中访问 http://localhost:8080/ch02/LoginServlet，运行结果如图 2-1 所示。

图 2-1　第一次访问 LoginServlet

输入姓名和密码，选中保存复选框，单击"提交查询内容"按钮，显示结果如图 2-2 所示。当再次登录时，用户名和密码已显示，如图 2-3 所示。

图 2-2　CookieTest 结果

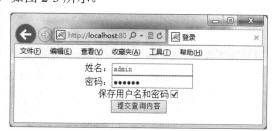

图 2-3　再次访问 LoginServlet

2.3 Session

使用 Cookie 可以将请求的状态信息传递到下一次请求中(如例 2.1)，但是如果传递的状态信息较多，将极大地降低网络传输效率，并且会增大服务器端程序的处理难度，为此各种服务器端技术都提供了一种将会话状态保存在服务器端的方案，即 Session(会话)技术。

Session 是在 Java Servlet API 中引入的一个非常重要的机制，用于跟踪客户端的状态，即在一段时间内，单个客户端与 Web 服务器之间的一连串的交互过程称为一个会话。

HttpSession 是 Java Servlet API 中提供的对 Session 机制的实现规范，它仅仅是个接口，Servlet 容器必须实现这个接口。当一个 Session 开始时，Servlet 容器会创建一个 HttpSession 对象，并同时在内存中为其开辟一个空间，用来存放此 Session 对应的状态信息。Servlet 容器为每一个 HttpSession 对象分配一个唯一的标识符，称为 SessionID，同时将 SessionID 发送到客户端，由浏览器负责保存此 SessionID。这样，当客户端再次发送请求时，浏览器会同时发送 SessionID，Servlet 容器可以从请求对象中读取 SessionID，根据 SessionID 的值找到相应的 HttpSession 对象。每个客户端对应于服务器端的一个 HttpSession 对象，这通过 SessionID 区分，如图 2-4 所示。

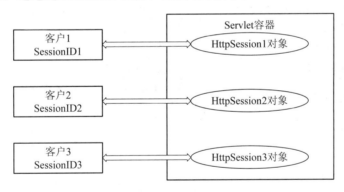

图 2-4 Session 机制

> 通常服务器借助于 Cookie 把 SessionID 存储在浏览器进程中，在该浏览器进程下一次访问服务器时，服务器就可以从请求中的 Cookie 里获取 SessionID。此外，Session 还可以借助 URL 重写的方式在客户端保存 SessionID。

2.3.1 Session 的创建

Servlet 容器根据 HttpServletRequest 对象中提供的 SessionID，可以找到对应的 HttpSession 对象。在 HttpServletRequest 中提供了以下两种方法来获取 HttpSession：

- ◇ getSession()方法：取得请求所在的会话，如果该会话对象不存在，则创建一个新会话。

- getSession(boolean create)方法：返回当前请求的会话。如果当前请求不属于任何会话，而且 create 参数为 true，则创建一个会话。此后所有来自同一个浏览器的同一个请求都属于这个会话；如果当前请求不属于任何会话，而且 create 参数为 false 时，则返回 null。

例如，可以使用下面两种方式获取当前 Session：

HttpSession session=request.getSession();//获取当前Session

或

HttpSession session=request.getSession(true);//获取当前Session

2.3.2 Session 的使用

HttpSession 中的常用方法如表 2-2 所示。

表 2-2 HttpSession 中的常用方法列表

方法名	描述
public void setAttribute(String name,Object value)	将 value 对象以 name 名称绑定到会话
public object getAttribute(String name)	获取指定 name 的属性值，如果属性不存在，则返回 null
public void removeAttribute(String name)	从会话中删除 name 属性，如果不存在不会执行，也不会抛出错误
public Enumeration getAttributeNames()	返回和会话有关的枚举值
public void invalidate()	使会话失效，同时删除属性对象
public Boolean isNew()	用于检测当前客户是否为新的会话
public long getCreationTime()	返回会话创建时间
public long getLastAccessedTime()	返回在会话时间内 web 容器接收到客户最后发出的请求的时间
public int getMaxInactiveInterval()	返回在会话期间客户请求的最长时间，以秒为单位
public void setMasInactiveInterval(int seconds)	允许客户请求的最长时间
ServletContext getServletContext()	返回当前会话的上下文环境，ServletContext 对象可以使 Servlet 与 web 容器进行通信
public String getId()	返回会话期间的识别号

其中，用于存取数据的方法有：

- setAttribute()方法：用于在 Session 对象中保存数据，数据以 Key/Value 映射形式存放。
- getAttribute()方法：从 Session 中提取指定 Key 对应的 Value 值。

向 Session 对象中保存数据的示例代码如下：

//将username保存到Session中，并指定其引用名称为uName
session.setAttribute("uName", username);

从 Session 中提取存放的信息，则代码如下：

//取出数据，注意：因该方法的返回数据类型为Object，所以需要转换数据类型
String username = (String)session.getAttribute("uName");

用于销毁 Session 的方法是 invalidate()，调用此方法可以同时删除 HttpSession 对象和数据。使用 invalidate()销毁 Session 的示例代码如下：

//销毁Session(常用于用户注销)
session.invalidate();

 有 2 种情况可以销毁 Session：调用 HttpSession 的 invalidate()；两次访问时间间隔大于 Session 定义的非活动时间间隔。

2.3.3 Session 的生命周期

Session 的生命周期如下：

(1) 客户端向服务器第一次发送请求的时候，request 中并无 SessionID。

(2) 此时服务器会创建一个 Session 对象，并分配一个 SessionID。Session 对象保存在服务器端，此时为新建状态，调用 session.isNew()返回 true；

(3) 当服务器端处理完毕后，会将 SessionID 通过 response 对象传回到客户端，浏览器负责保存到当前进程中。

(4) 当客户端再次发送请求时，会同时将 SessionID 发送给服务器。

(5) 服务器根据传递过来的 SessionID 将这次请求(request)与保存在服务器端的 Session 对象联系起来。此时 Session 已不处于新建状态，调用 session.isNew()返回 false。

(6) 循环执行过程(3)~(5)，直到 Session 超时或销毁。

Session 的生命周期和访问范围如图 2-5 所示。

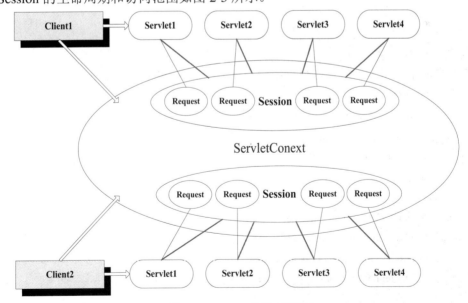

图 2-5 Session 的访问范围

在图 2-5 中，每个客户(如 Client1)可以访问多个 Servlet，但是一个客户的多个请求将共享一个 Session，同一 Web 应用下的所有 Servlet 共享一个 ServletContext，即 Servlet 上下文。有关 ServletContext 在本章 2.5 节将详细介绍。

2.3.4 Session 的演示

【示例 2.2】 用户在初始化页面中输入一个值，单击"提交"按钮，会进入第一个 Servlet；第一个 Servlet 将输入的值分别保存到 request 和 Session 中；在第二个 Servlet 中从 request 和 Session 对象中提取信息并显示。

(1) 编写 session.html 页面，代码如下：

```html
<html>
<head>
<meta http-equiv="Content-Type" content="text/html; charset=GBK">
<title>Session示例</title>
</head>
<body>
<center>
<form method="POST" action="s1">
<table>
    <tr>
        <td>输入数据: <input type="text" name="count"></td>
    </tr>
</table>
<center><input type="submit" value="提交"></center>
</form>
</center>
</body>
</html>
```

在此页面中，将表单信息提交给第一个名为 FirstServlet 的 Servlet 处理。因为第一个 Servlet 的<url-pattern>是"/s1"，因此表单的 action 属性值为"s1"。

(2) 编写 FirstServlet.java，处理页面请求，代码如下：

```java
public class FirstServlet extends HttpServlet {
    public FirstServlet() {
        super();
    }
    protected void doGet(HttpServletRequest request,
        HttpServletResponse response)
        throws ServletException, IOException {
        doPost(request, response);
    }
    protected void doPost(HttpServletRequest request,
        HttpServletResponse response)
        throws ServletException, IOException {
```

```
        //设置请求的编码字符为GBK
        request.setCharacterEncoding("GBK");
        //设置响应的文本类型为html,编码字符为GBK
        response.setContentType("text/html; charset=GBK");
        PrintWriter out = response.getWriter();
        //获取表单数据
        String str = request.getParameter("count");
        request.setAttribute("request_param", str);
        HttpSession session = request.getSession();
        session.setAttribute("session_param", str);
        out.println("<a href='s2'>下一页</a>");
    }
}
```

上述代码中，首先提取表单数据，并分别保存在 request 和 session 对象中。再通过下面语句

```
out.println("<a href='s2'>下一页</a>")
```

在客户端浏览器中显示一个超链接，单击此超链接，可以连接到第二个 Servlet(第二个 Servlet 的<url-pattern>设置为 "/s2")。

(3) 创建源代码文件 SecondServlet.java，代码如下：

```
public class SecondServlet extends HttpServlet {
    protected void doGet(HttpServletRequest request,
        HttpServletResponse response)
        throws ServletException, IOException {
        doPost(request, response);
    }
    protected void doPost(HttpServletRequest request,
        HttpServletResponse response)
        throws ServletException, IOException {
        Object obj = request.getAttribute("request_param");
        String request_param = null;
        if (obj != null) {
            request_param = obj.toString();
        } else {
            request_param = "null";
        }
        HttpSession session = request.getSession();
        Object obj2 = session.getAttribute("session_param");
        String session_param = null;
        if (obj2 != null) {
            session_param = obj2.toString();
```

```
        } else {
              session_param = "null";
        }
        response.setContentType("text/html; charset=GBK");
        PrintWriter out = response.getWriter();
        out.println("<html>");
        out.println("<body >");
        out.println("<h2>请求对象中的参数是 :" + request_param +
        "</h2>");
        out.println("<h2>Session对象中的参数是 :" + session_param
                  + "</h2></body></html>");
    }
}
```

上述代码中，分别从 request 和 session 对象中获取数据并输出。

启动 Tomcat，在 IE 中访问 http://localhost:8080/ch02/session.html。

在文本框中输入数据，如图 2-6 所示，单击"提交"按钮，提交给 FirstServlet 处理，运行结果如图 2-7 所示。单击"下一页"超链接，进入 SecondServlet，运行结果如图 2-8 所示。

图 2-6　session.html

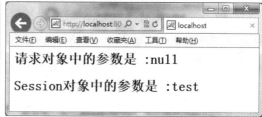

图 2-7　FirstServlet 运行结果　　　　　图 2-8　SecondServlet.java 运行结果

如图 2-8 所示，保存在 request 对象中的数据变为 null，而保存在 Session 对象中的数据是正确的。因为在单击"下一页"链接后进入第二个 Servlet 时，上一次的 request 已经结束，此时是一个新的请求，该 request 对象中并未保存数据，因此提取的数据只能为 null；而这两次请求位于同一个会话中，Session 的生命周期并未结束，因此能够获取 Session 中保存的数据。

在上述的执行过程中，服务器在处理客户端的请求时创建了新的 HttpSession 对象，将会话标识号(SessionID)作为一个 Cookie 项加入到响应信息中返回给客户端。浏览器再次发送请求时，服务器程序从 Cookie 中找到 SessionID，就可以检索到已经为该客户端创建的 HttpSession 对象,而不必再创建新的对象了。通过这种方式就实现了对同一个客户端的会话状态跟踪。

使用 Cookie 实现 Session 跟踪时,默认情况下 Cookie 保存在浏览器进程使用的内存中,并没有保存到磁盘上,因此浏览器关闭后,Cookie 内容消失,相应的 SessionID 也就不再存在,所以再次打开浏览器发送请求时,已无法发送上次的 SessionID,也就无法在服务器端关联上次的 HttpSession 对象了。

2.4 URL 重写

有时,用户由于某些原因禁止了浏览器的 Cookie 功能,Servlet 规范中还引入了一种补充的会话管理机制,它允许不支持 Cookie 的浏览器也可以与 Web 服务器保持连续的会话。这种补充机制要求在需要加入同一会话的每个 URL 后附加一个特殊参数,其值为会话标识号(SessionID)。当用户单击响应消息中的超链接发出下一次请求时,如果请求消息中没有包含 Cookie 头字段,Servlet 容器则认为浏览器不支持 Cookie,它将根据请求 URL 参数中的 SessionID 来实施会话跟踪。将 SessionID 以参数形式附加在 URL 地址后的技术称为"URL 重写"。

HttpServletResponse 接口中定义了两个用于完成 URL 重写的方法:

◇ encodeURL()方法:用于对超链接或 Form 表单的 action 属性中设置的 URL 进行重写;

◇ encodeRedirectURL()方法:用于对要传递给 HttpServletResponse.sendRedirect() 方法的 URL 进行重写。

encodeURL()和 encodeRedirectURL()方法根据请求消息中是否包含 Cookie 头字段来决定是否进行 URL 重写。

下述步骤用于实现:基于示例 2.2,通过 URL 重写来实现 Session 会话技术。

(1) 修改示例 2.2 中 FirstServlet.java 代码,使用 encodeURL()方法对下述代码进行重写:

out.println("<a href='s2'>下一页</a>");

改为

out.println("<a href=" + response.encodeURL("s2") + ">下一页</a>");

(2) 禁用 IE 的 Cookie 功能,重新启动 IE,访问 http://localhost:8080/ch02/ session.html,查看网页源文件,可以观察到超链接内容如下:

<a href=s2;jsessionid=EE7406414267CAC832A2A08B2FCC1A7E>下一页</a>

通过单击 URL 重写后的超链接,服务器能够识别同一浏览器发出的请求,从而实现了会话功能。

使用 URL 重写应该注意以下几点:

◇ 如果使用 URL 重写,应该在应用程序的所有页面中,对所有的 URL 编码,包括所有的超链接和表单的 action 属性。

◇ 应用程序的所有页面都应该是动态的,因为不同的用户具有不同的会话 ID,因此在静态 HTML 页面中无法在 URL 上附加会话 ID。

◆ 所有静态的 HTML 页面必须通过 Servlet 运行，在它发送给客户时会重写 URL。

 由于 Tomcat 发送给浏览器的 SessionID 的 Cookie 名称为 jsessionid，因此，Tomcat 服务器中的 URL 重写就是在 URL 中附加了 jsessionid 参数，其值为 SessionID 的值。

2.5 ServletContext 接口

Servlet 上下文是运行 Servlet 的逻辑容器。同一个上下文中的所有 Servlet 共享存于其中的信息和属性。在 Servlet API 中定义了一个 ServletContext 接口，用于存取 Servlet 运行的环境或者上下文信息。ServletContext 对象可以通过使用 ServletConfig 对象的 getServletContext()方法获得，在 Servlet 中提供的 getServletContext()方法也可以直接获得 ServletContext 对象。

2.5.1 ServletContext 的方法

ServletContext 接口中定义了许多有用的方法，如表 2-3 所示。

表 2-3 ServletContext 方法列表

方法名	描 述
public object getAttribute(String name)	取得 name 的属性值，如果属性不存在，则返回 null
public Enumeration getAttributes()	取得包含在 servletContext 中的所有属性值，如果属性不存在，则返回一个空的 Enumeration
public ServletContext getContext(String urlpath)	返回一个与给定 URL 路径相关的 ServletContext 对象
public Enumeration getInitParameterNames()	返回所有 servlet 的初始化参数的名称
public String getInitParameter(String name)	返回指定初始化参数的值
public int getMajorVersion()	返回 servlet 容器支持的 Servlet API 的主要版本号
public String getMimeType(String file)	返回指定文件的 MIME 类型
public RequestDispatcher getNameDispatcher(String name)	返回符合指定 servlet 名称的 RequestDispatcher 对象
public String getRealPath(String path)	返回相应于指定虚拟路径的物理路径
public RequestDispatcher getRequestDispatcher(String path)	返回一个与给定路径相关的 RequestDispatcher 对象
public URL getReSource(String path) throws MalformedURLException	返回 URL 对象，该对象提供对指定资源的访问
public InputStream getResourceAsStream(String path)	将一个输入流返回到指定资源
public String getServerInfo()	返回以名称/格式包含 servlet 容器的名称和版本
public void log(String msg)	将指定的消息写到 servlet 日志文件中
public void setAttribute(String name,Object value)	将 value 对象以 name 名称绑定到会话
public void removeAttribute(String name)	从会话中删除 name 属性，如果不存在不会执行，也不会抛出错误

其中，getAttribute()、setAttribute()、removeAttribute()和 getInitParameter()是在 Web 开发中比较常用的方法，具体的使用方法会在本章后续示例中讲解。

2.5.2　ServletContext 的生命周期

ServletContext 的生命周期如下：
(1) 新 Servlet 容器启动的时候，服务器端会创建一个 ServletContext 对象。
(2) 在容器运行期间，ServletContext 对象一直存在。
(3) 当容器停止时，ServletContext 的生命周期结束。

2.5.3　ServletContext 示例

【示例 2.3】　使用 Servlet 上下文保存访问人数。
(1) IndexServlet 是所有客户端访问网站时首先需要访问的 Servlet。每当有一个客户访问该 Servlet 时，人数将加 1，并且保存到 Servlet 上下文中，这样，在此应用中的任何程序都可以访问到该计数器的值，IndexServlet.java 代码如下：

```java
public class IndexServlet extends HttpServlet {
    public void doGet(HttpServletRequest request,
        HttpServletResponse response)
        throws ServletException, IOException {
        ServletContext ctx = this.getServletContext();
        synchronized (this) {
            Integer counter = (Integer) ctx.getAttribute("UserNumber");
            int tmp = 0;
            //如果counter为null，
            //说明servlet上下文中还没有设置UserNumber属性
            //此次访问为第一次访问
            if (counter == null) {
                counter = new Integer(1);
            } else {
                //取出原来计数器的值加上1
                tmp = counter.intValue() + 1;
                counter = new Integer(tmp);
            }
            ctx.setAttribute("UserNumber", counter);
        }
        response.setContentType("text/html;charset=GBK");
        PrintWriter out = response.getWriter();
        out.println("<HTML>");
        out.println("<HEAD><TITLE>首页</TITLE></HEAD>");
```

```
            out.println("<BODY>");
            out.println("这是第一页<BR>");
            out.println("<a href='UserNumber'>人数统计</a>");
            out.println("</BODY></HTML>");
        }
    }
```

在上述代码中，首先通过 HttpServlet 的 getServletContext() 方法获得对应的 ServletContext 对象。然后，通过 ServletContext 的 getAttribute() 方法读取名为 "UserNumber" 的属性值，如果这个属性值不存在(返回值为 null)，说明 "UserNumber" 还没有被设置，此次访问为第一次访问；否则，将其中的计数值读取出来加上 1，再写回到上下文中。另外，为了防止多个客户同时访问这个 Servlet 而引起数据不同步的问题，此处使用 synchronized 进行了同步控制。

(2) 在另一个 Servlet 程序 UserNumber.java 中读取保存在 Servlet 上下文中的数据，代码如下：

```
public class UserNumber extends HttpServlet {
    public void doGet(HttpServletRequest request,
        HttpServletResponse response)
        throws ServletException, IOException {
        ServletContext ctx = this.getServletContext();
        Integer counter = (Integer) ctx.getAttribute("UserNumber");
        response.setContentType("text/html;charset=GBK");
        PrintWriter out = response.getWriter();
        out.println("<HTML>");
        out.println("<HEAD><TITLE>访问人数统计</TITLE></HEAD>");
        out.println("<BODY>");
        if (counter != null) {
            out.println("已经有" + counter.intValue()
                + "人次访问本网站！");
        } else {
            out.println("你是第一个访问本网站的！");
        }
        out.println("</BODY></HTML>");
    }
}
```

在上述代码中，也是先通过 HttpServlet 的 getServletContext() 方法获得对应的 Servlet 上下文对象；然后通过 ServletContext 对象的 getAttribute() 方法来获得计数器的值，并且将它输出到客户端。

启动 Tomcat，在 IE 浏览器中访问 http://localhost:8080/ch02/IndexServlet，运行结果如图 2-9 所示。

单击 "人数统计" 超链接，查看人数，运行结果如图 2-10 所示。

图 2-9 访问 IndexServlet

图 2-10 访问统计

再打开两个新的 IE 进程窗口，进行访问，运行结果如图 2-11 所示。

图 2-11 访问统计

2.5.4 初始化参数和 ServletConfig

ServletContext 中除了存取和 Web 应用全局相关的属性外，还可以通过 getInitParameter()方法获得设置在 web.xml 中的初始化参数。

【示例 2.4】 访问 web.xml 中的初始化参数信息。

(1) 在 web.xml 中设置参数信息。

在 Web.xml1 中配置初始化参数，代码如下：

```
<web-app>
<!-- 初始化参数 -->
    <context-param>
        <!-- 参数名 -->
        <param-name>serverName</param-name>
        <!-- 参数值 -->
        <param-value>localhost</param-value>
    </context-param>
    <context-param>
        <param-name>dbInstance</param-name>
        <param-value>nitpro</param-value>
    </context-param>
    <context-param>
        <param-name>userName</param-name>
        <param-value>system</param-value>
```

```xml
        </context-param>
        <context-param>
            <param-name>userPwd</param-name>
            <param-value>manager</param-value>
        </context-param>
<!--其他配置-->
</web-app>
```

在该 web.xml 中，设置了四个全局初始化参数，它们的名字分别为"serverName"、"dbInstance"、"userName"和"userPwd"。

(2) 在 InitParamServlet 中访问 web.xml 初始化参数，并输出，代码如下：

```java
public class InitParamServlet extends HttpServlet {
    public void doGet(HttpServletRequest request,
        HttpServletResponse response)
        throws ServletException, IOException {
        response.setContentType("text/html;charset=GBK");
        PrintWriter out = response.getWriter();
        //获得ServletContext对象
        ServletContext ctx = this.getServletContext();
        //获得web.xml中设置的初始化参数
        String serverName = ctx.getInitParameter("serverName");
        String dbInstance = ctx.getInitParameter("dbInstance");
        String userName = ctx.getInitParameter("userName");
        String password = ctx.getInitParameter("userPwd");
        out.println("<HTML>");
        out.println("<HEAD><TITLE>");
        out.println("读取初始化参数</TITLE></HEAD>");
        out.println("<BODY>");
        out.println("服务器：" + serverName + "<br>");
        out.println("数据库实例：" + dbInstance + "<br>");
        out.println("用户名称：" + userName + "<br>");
        out.println("用户密码：" + password + "<br>");
        out.println("</BODY></HTML>");
    }
}
```

在上述代码中通过使用 ServletContext 对象的 getInitParameter()方法获得在 web.xml 中设置的初始化参数。

启动 Tomcat，在 IE 中访问 http://localhost:8080/ch02/InitParamServlet，运行结果如图 2-12 所示。

图 2-12　读取初始化参数

获得初始化参数也可以通过使用 ServletConfig 对象中的 getInitParameter()方法来获得，例如：

ServletConfig sc = getServletConfig();
name = sc.getInitParameter("userName ");

注意

Servlet 容器初始化一个 Servlet 对象时，会为该 Servlet 对象分配一个 ServletConfig 对象。ServletConfig 对象包含 Servlet 的初始化参数信息，它与 ServletContext 关联。ServletConfig 和 ServletContext 主要区别如下：ServletConfig 作用于某个特定的 Servlet；ServletContext 作用于整个 Web 应用，是所有 Servlet 的上下文环境。

本 章 小 结

通过本章的学习，学生能够学会：
- Cookie 是保存在客户端的小段文本。
- 通过请求可以获得 Cookie，通过响应可以写入 Cookie。
- Session 是浏览器与服务器之间的一次通话，它包含浏览器与服务器之间的多次请求、响应过程。
- Session 可以在用户访问一个 Web 站点的多个页面时共享信息。
- 在 Servlet 中通过 request.getSession()获取当前 Session 对象。
- 关闭浏览器、调用 Session 的 invalidate()方法或者等待 Session 超时都可以使 Session 失效。
- HttpSession 使用 getAttribute()和 setAttribute()方法读写数据。
- ServletContext 是运行 Servlet 的容器。
- 在 Servlet 中可通过 getServletContext()方法获取 ServletContext 实例。
- ServletContext 使用 getAttribute()和 setAttribute()方法读写数据。

本 章 练 习

1. 下列关于 Cookie 的说法正确的是_____。(多选)

   A．Cookie 保存在客户端

   B．Cookie 可以被服务器端程序修改

   C．Cookie 中可以保存任意长度的文本

D. 浏览器可以关闭 Cookie 功能

2. 写入和读取 Cookie 的代码分别是_____。

   A. request.addCookies()和 response.getCookies()

   B. response.addCookie()和 request.getCookie()

   C. response.addCookies()和 request.getCookies()

   D. response.addCookie()和 request.getCookies()

3. Tomcat 的默认端口号是_____。

   A. 80

   B. 8080

   C. 8088

   D. 8000

4. HttpServletRequest 的_____方法可以得到会话。(多选)

   A. getSession()

   B. getSession(boolean)

   C. getRequestSession()

   D. getHttpSession()

5. 下列选项中可以关闭会话的是_____。(多选)

   A. 调用 HttpSession 的 close()方法

   B. 调用 HttpSession 的 invalidate()方法

   C. 等待 HttpSession 超时

   D. 调用 HttpServletRequest 的 getSession(false)方法

6. 在 HttpSession 中写入和读取数据的方法是_____。

   A. setParameter()和 getParameter()

   B. setAttribute()和 getAttribute()

   C. addAttribute()和 getAttribute()

   D. set()和 get()

7. 下列关于 ServletContext 的说法正确的是_____。(多选)

   A. 一个应用对应一个 ServletContext

   B. ServletContext 的范围比 Session 的范围要大

   C. 第一个会话在 ServletContext 中保存了数据，第二个会话读取不到这些数据

   D. ServletContext 使用 setAttribute()和 getAttribute()方法操作数据

8. 关于 HttpSession 的 getAttribute()和 setAttribute()方法，正确的说法是_____。(多选)

   A. getAttribute()方法返回类型是 String

   B. getAttribute()方法返回类型是 Object

   C. setAttribute()方法保存数据时如果名字重复会抛出异常

   D. setAttribute()方法保存数据时如果名字重复会覆盖以前的数据

9. 使 HttpSession 失效的三种方式是_____、_____、_____。

10. 测试在其他浏览器下 session 的生命周期，如 Firefox、chrome 等。

第 3 章　JSP 基础

本章目标

- 了解 JSP 的概念及特点
- 理解 JSP 和 Servlet 的区别与联系
- 理解 JSP 的执行过程及原理
- 掌握 JSP 页面的常用元素
- 熟练使用 JSP 声明
- 熟练使用 JSP 表达式
- 熟练使用 JSP 脚本

3.1 JSP 概述

JSP(Java Server Page)是由 Sun 公司倡导、多家公司参与编写的一种动态网页技术标准。JSP 是 Servlet 的扩展，与 Servlet 一样，JSP 是一种基于 Java 的服务器端技术，其目的是简化建立和管理动态网站的工作。在传统的 HTML 文件(*.html，*.htm)中插入 Java 程序片段(Scriptlet)和 JSP 标签，就构成了 JSP 页面，其中，JSP 页面文件以".jsp"作为扩展名。

3.1.1 JSP 的特点

JSP 主要有如下几个特点：

◆ 简单快捷

JSP 在原来的 HTML 结构中，通过添加 Java 程序片段，并通过标签技术的使用，从而简化了页面开发。相对于 Java，JSP 要简单得多，所以即使不熟悉 Java 语言的开发人员也能够快速掌握 JSP 的使用。通过开发或扩展 JSP 标签库，Web 页面开发人员能够使用类似 HTML 标签的组件来完成工作。

◆ 动态内容的生成和显示相分离

使用 JSP 技术，Web 页面开发人员可以采用 HTML 或者 XML 来设计页面，使用 JSP 的标签或者 Java 脚本来生成页面上的动态内容。所有的 Java 脚本都在服务器端运行，客户端得到的是 JSP 的最终运行结果，这就保证了任何基于 HTML 的 Web 浏览器都可以正确显示 JSP 页面。

◆ 组件重用

绝大多数 JSP 页面依赖可重用的 JavaBean 组件来执行复杂的业务处理，这些组件能够在多个 JSP 之间共享，由此加速了总体开发过程，方便维护和优化。

◆ 易于部署、升级和维护

JSP 容器能够对 JSP 的修改进行检测，自动翻译和编译修改后的 JSP 文件，无需手动编译。同时，作为 B/S 架构的应用技术，JSP 项目更加易于部署、升级和维护。

3.1.2 JSP 与 Servlet 的比较

JSP 是一种服务器端脚本语言，它降低了 Servlet 的使用难度。JSP 在本质上就是 Servlet，它提供了 Servlet 能够实现的所有功能。实际上 JSP 是首先被翻译成 Servlet 后才编译并运行的，所以 JSP 几乎拥有 Servlet 的所有优点。与 Servlet 相比，JSP 更加适合制作动态页面，因为单纯使用 Servlet 开发动态页面是相当繁琐的，需要在 Java 代码中使用大量的 "out.println()" 语句来输出字符串形式的 HTML 代码，这种方法难调试，易出错；而 JSP 通过标签库等机制能很好地与 HTML 结合，即使不了解 Servlet 的开发人员同样可以使用 JSP 开发动态页面。对于不熟悉 Java 语言的开发人员，会觉得 JSP 开发更加方便快捷。可以这样理解，Servlet 是在 Java 中嵌入了 HTML，而 JSP 是在 HTML 中嵌入了 Java，如图 3-1 所示，从结构上对 JSP 和 Servlet 进行了区别。

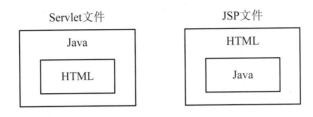

图 3-1　JSP 与 Servlet 的区别

3.1.3　第一个 JSP 程序

【示例 3.1】　编写一个 JSP 页面 showTime.jsp，显示服务器的当前系统时间。

```
<%@ page language="java" contentType="text/html; charset=GBK"%>
<html>
    <head>
            <title>第一个JSP页面</title>
    </head>
    <body>
            <h1 align="center">欢迎！</h1>
            <%
                java.util.Date now = new java.util.Date();
                out.println("当前时间是：" + now);
            %>
    </body>
</html>
```

上述代码中，使用"<% %>"声明了一段 Java 脚本，在代码片段中新建了一个 Date 对象用来封装系统当前时间，然后使用 out 对象在页面中输出时间。

JSP 文件开头通常使用"<%@ page %>"指令进行页面的设置。在该指令中，language 属性指定所用语言，contentType 属性指定页面的 MIME 类型和字符集。此外，Java 脚本在"<% %>"之内进行声明，用于完成特定的逻辑处理。

 关于 page 指令和 out 对象会在后续章节详细介绍。

启动 Tomcat，在 IE 浏览器中访问 http://localhost:8080/ch03/showTime.jsp，显示结果如图 3-2 所示。

图 3-2　showTime.jsp 显示结果时的运行过程

3.1.4　JSP 执行原理

同 Servlet 一样，JSP 运行在 Servlet/JSP 容器(如 Tomcat)中，其运行过程如下：
(1) 客户端发出请求(request)。
(2) 容器接收到请求后检索对应的 JSP 页面，如果该 JSP 页面是第一次被请求，则容器将其翻译成一个 Java 文件，即 Servlet。
(3) 容器将翻译后的 Servlet 源代码编译形成字节码，即 .class 文件，并加载到内存执行。
(4) 最后把执行结果即响应(response)发送回客户端。

整个运行过程即 JSP 第一次被请求时的执行过程如图 3-3 所示。

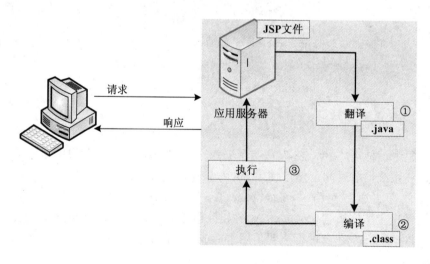

图 3-3　JSP 第一次被请求时的执行过程

当这个 JSP 页面再次被请求时，只要该 JSP 文件没有发生过改动，JSP 容器就直接调用已装载的字节码文件，而不会再执行翻译和编译步骤，这样大大提高了服务器的性能。再次请求 JSP 时的运行过程如图 3-4 所示。

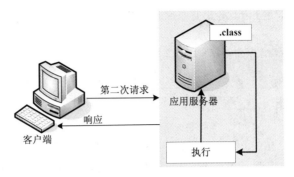

图 3-4 再次请求 JSP 时的运行过程

  JSP 文件修改后，容器能够检测到并自动重新进行翻译和编译，当然这需要一些运行上的开销，通常容器会提供相应的选项来开启和关闭此项功能。

3.2 JSP 基本结构

JSP 文件由 6 类基本元素组成：
- ◇ JSP 指令；
- ◇ JSP 声明；
- ◇ JSP 表达式；
- ◇ JSP 脚本；
- ◇ JSP 动作；
- ◇ JSP 注释。

3.2.1 JSP 指令

JSP 指令用来向 JSP 容器提供编译信息。指令并不向客户端产生任何输出，所有的指令都只在当前页面中有效。

JSP 指令的语法格式如下：

```
<%@ 指令名 属性="值" 属性="值"%>
```

常用的三种指令为：
- ◇ page 指令；
- ◇ include 指令；
- ◇ taglib 指令。

下面的语句展示了 page 指令的简单用法：

```
<%@ page language="java" contentType="text/html; charset=gbk"%>
```

其中：
- ◇ language 属性用来设置 JSP 页面中的脚本语言，目前此属性值只能是"java"。
- ◇ contentType 属性用来设置页面类型及编码，"text/html; charset=gbk"指明了

JSP 页面文本是 html 格式并且采用 GBK 中文字符集。

 本书将在后续章节中详细介绍这三种指令。

3.2.2 JSP 声明

JSP 声明用于在 JSP 页面中定义变量和方法。JSP 声明通过"<%! %>"定义。一个 JSP 页面可以有多个声明，并且每个声明中可以同时定义多个变量或方法，其中，每个 JSP 声明只在当前 JSP 页面中有效。

JSP 声明的语法格式如下：

```
<%! 声明的内容 %>
```

例如：

```
<%!
    //全局方法和变量
    private String str = "全局变量";
    void setStrParam(String param) {
        str = param;
    }
%>
```

上述代码声明了一个变量和一个方法，类似于在类中声明属性和方法。

 JSP 会被翻译成 Servlet，而 JSP 声明中的变量和方法实际上就是定义在翻译成的 Servlet 中的，所以本质上就是类的属性和方法。该 JSP 声明的内容位于 Servlet 的成员变量和方法中，所以该声明可以使用 public、static 等修饰符，但不能使用 abstract 修饰符，因为抽象方法将导致 JSP 翻译后的 Servlet 变成抽象类，从而无法实例化。

3.2.3 JSP 表达式

JSP 表达式用于将 Java 表达式的运行结果输出在页面中。JSP 表达式通过"<%= %>"定义。在 JSP 表达式中可以包含任何一个有效的 Java 表达式。当请求 JSP 页面时，表达式会被运行并将结果转化成字符串插入到该表达式所在的位置上。

JSP 表达式的语法格式如下：

```
<%=表达式%>
```

示例：

```
<%=1+1%>
```

 表达式后不能加分号，%和=之间不能有空格。

【示例 3.2】 使用 JSP 声明和表达式来显示两个数中的最大值。

创建 JSP 文件 max.jsp，代码如下：

```jsp
<%@ page language="java" contentType="text/html; charset=GBK"%>
<%!
    private int a = 34;
    private int b = 40;
    public int max(int num1, int num2) {
        return num1 > num2 ? num1 : num2;
    }
%>
<html>
<head>
<title>最大数</title>
</head>
<body>
<%=a%>和<%=b%>中最大的数是<%=max(a, b)%>
</body>
</html>
```

上述代码中，使用 JSP 声明定义了两个变量 a、b，并定义了求最大值的方法 max()，最后使用 JSP 表达式分别输出了 a、b 的值和 max()运算的结果。

启动 Tomcat，在 IE 浏览器中访问 http://localhost:8080/ch03/max.jsp，max.jsp 的运行结果如图 3-5 所示。

图 3-5　max.jsp 的运行结果

3.2.4　JSP 脚本

JSP 脚本用于在 JSP 页面中插入 Java 代码，JSP 脚本通过"<% %>"定义，其中可以包含任何符合 Java 语法的代码，但由于 JSP 脚本最终会被翻译成 Servlet 方法中的代码，而且 Java 语法不允许在方法里定义方法，所以不能在 JSP 脚本里定义方法。JSP 脚本在服务器端执行，当 JSP 页面被请求时，页面上的 JSP 脚本会从上到下依次执行。

JSP 脚本的语法格式如下：

```
<% Java代码 %>
```

例如：

```
<%
java.util.Date now = new java.util.Date();
out.println("当前时间是：" + now);
%>
```

【示例 3.3】 使用 JSP 脚本循环输出 10 个整数及其总和。

创建 JSP 文件 number.jsp，代码如下：

```jsp
<%@ page language="java" contentType="text/html; charset=GBK"%>
<html>
<head>
<title>十个数</title>
</head>
<body>
<%
    int sum = 0;
    for (int i = 1; i <= 10; i++) {
        sum += i;
        out.println(i + "  ");
    }
    out.println("<br>这十个数的和为：" + sum);
%>
</body>
</html>
```

上述代码中，使用 for 循环求 1 到 10 的和，并在 HTML 页面中打印输出结果。

启动 Tomcat，在 IE 浏览器中访问 http://localhost:8080/ch03/number.jsp，number.jsp 的运行结果如图 3-6 所示。

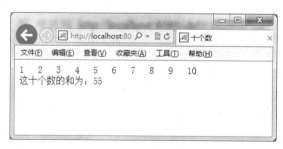

图 3-6 number.jsp 的运行结果

3.2.5 JSP 动作标签

JSP 中可以使用内置的动作标签实现一些常见的特定功能，其语法格式如下：

`<jsp:动作名>   </jsp:动作名>`

例如：

第 3 章 JSP 基础

```
<jsp:include page="welcome.jsp">
</jsp:include>
```

上述代码使用 include 动作将 welcome.jsp 页面包含到当前 JSP 页面中。

本书将在后续章节中详细介绍 JSP 动作标签。

3.2.6 JSP 注释

在 JSP 页面中可以使用 "<%--   --%>" 的方式来注释。服务器编译 JSP 时会忽略 "<%--" 和 "--%>" 之间的内容，所以生成的注释在客户端是看不到的。

JSP 注释的语法格式如下：

```
<%--注释内容--%>
```

例如：

```
<%--此处为隐藏注释，客户端不可见--%>
```

除了上述 JSP 特有的注释方式外，在 JSP 页面中还可以使用 HTML 的注释，即 "<!-- -->" 的方式，来对 HTML 标签进行注释，这种方式的注释在客户端可以查看到。此外，在 JSP 的声明和脚本中，也可以使用 Java 语言的单行和多行注释方式。

【示例3.4】 JSP 指令、声明、脚本、表达式以及注释的使用方法。

创建 JSP 文件 color.jsp，代码如下：

```jsp
<%@ page language="java" contentType="text/html; charset=GBK"%>
<html>
<head>
<title>颜色</title>
</head>
<body>
<%--声明两种颜色全局变量--%>
<%!
private String color1 = "EBEBEB";
    private String color2 = "F8F8F8";
%>
<!-- Table表格 -->
<table border="1" align="center">
        <%
            for (int i = 11; i < 16; i++) {
                String color = "";
                if (i % 2 == 0) {
                    color = color1;
                } else {
                    color = color2;
```

```
                    }
        %>
                    <tr bgcolor="<%=color%>">
                        <td>姓名<%=i%></td>
                        <td><%=i%></td>
                    </tr>
        <%
            }
        %>
</table>
</body>
</html>
```

此 JSP 中先声明两种颜色，分别设置到表格中的奇偶行，使颜色交替显示。

启动 Tomcat，在 IE 浏览器中访问 http://localhost:8080/ch03/color.jsp，color.jsp 的运行结果如图 3-7 所示。

图 3-7　color.jsp 的运行结果

本 章 小 结

通过本章的学习，学生能够学会：

◇　JSP 是一种在 HTML 中嵌入 Java 代码的动态网页技术。

◇　与 Servlet 相比，JSP 更偏重于将数据展示在 HTML 中，更适合制作动态页面。

◇　JSP 的执行过程需要经过翻译、编译、执行三个步骤。

◇　JSP 页面的构成元素有指令、声明、表达式、脚本、动作标签和注释。

◇　JSP 指令用来向 JSP 容器提供编译信息。

◇　JSP 声明用于在 JSP 中定义变量和方法。

◇　JSP 表达式用于将 Java 表达式的运行结果输出到页面中。

◇　JSP 脚本用于在 JSP 页面中插入 Java 代码。

◇ JSP 提供了很多动作标签实现特定的功能。

本 章 练 习

1. 下列关于 JSP 执行过程的说法，正确的是_____。(多选)
   A. JSP 在容器启动时会被翻译成 Servlet，并编译为字节码文件
   B. JSP 在第一次被请求时会被翻译成 Servlet，并编译为字节码文件
   C. 在第二次请求时，将不再执行翻译步骤
   D. 如果 JSP 页面有错误，将不执行翻译步骤

2. 下列不属于 JSP 构成元素的是_____。
   A. 脚本
   B. 声明
   C. 表达式
   D. JavaScript

3. 下列注释方式可以在 JSP 中使用并且客户端无法查看到的是_____。
   A. <!-- 注释 -->
   B. <% 注释 %>
   C. <%-- 注释 --%>
   D. <%! 注释 %>

4. 下列 JSP 表达式的写法正确的是_____。(多选)
   A. <%="abcdefg".length()%>
   B. <%="abcdefg" + 123%>
   C. <%=new java.util.Date()%>
   D. <%=this%>

5. 在 JSP 页面中有下述代码，第二次访问此页面的输出是_____。
```
<%!
    int x = 0;
%>
<%
    int y = 0;
%>
<%=x++%>,<%=y++%>
```
   A. 0,0
   B. 0,1
   C. 1,0
   D. 1,1

6. 找出下述代码中的错误。
```
<%!
    int x;
```

```
        int method1() {
                return x++;
        }
%>
<%
        int x = method1();
        int y;
%>
<%=method1();%>
```

7. 编写 JSP 页面,输出 100 以内的质数。

第 4 章　JSP 指令和动作

📖 本章目标

- 掌握 page 指令的使用及其属性的设置
- 掌握 include 指令的使用及其属性的设置
- 掌握 taglib 指令的使用及其属性的设置
- 掌握 JavaBean 的定义和使用
- 掌握在 JSP 页面中使用 JavaBean 的方式
- 掌握 JSP 页面常用的动作标签

4.1 JSP 指令

JSP 指令用来向 JSP 引擎提供编译信息。JSP2.0 规范中有三种指令：page 指令、include 指令和 taglib 指令。

4.1.1 page 指令

page 指令用于设置页面的各种属性，如导入包、指明输出内容类型、控制 Session 等。page 指令一般位于 JSP 页面的开头部分，一个 JSP 页面可包含多条 page 指令。page 指令中的属性如表 4-1 所示。

表 4-1 page 指令属性

属性名	说明
language	设定 JSP 页面使用的脚本语言，默认为 java，目前只可使用 java 语言
extends	此 JSP 页面生成的 Servlet 的父类
import	指定导入的 java 软件包或类名列表。如果是多个类，中间用逗号隔开
session	设定 JSP 页面是否使用 Session 对象，值为 "true|false"，默认为 true
buffer	设定输出流是否有缓冲区，默认为 8KB，值为 "none	sizekb"
autoFlush	设定输出流的缓冲区是否要自动清除。缓冲区满了会产生异常，值为 "true	false"，默认值为 true
isThreadSafe	设定 JSP 页面生成的 Servlet 是否实现 SingleThreadModel 接口。值为 "true	false"，默认为 true，当值为 false 时，JSP 生成的 Servlet 会实现 SingleThreadModel 接口
info	主要表示此 JSP 网页的相关信息
errorPage	设定 JSP 页面发生异常时重新指向的页面 URL
isErrorPage	指定此 JSP 页面是否为处理异常错误的网页，值为 "true	false"，默认为 false
contentType	指定 MIME 类型和 JSP 页面的编码方式
pageEncoding	指定 JSP 页面的编码方式
isELIgnored	指定 JSP 页面是否忽略 EL 表达式，值为 "true|false"，默认值为 false

1. import 属性

import 属性可以在当前 JSP 页面中引入 JSP 脚本代码中需要用到的其他类。如果需要引入多个类或包，可以在中间使用逗号隔开或使用多个 page 指令。例如：

<%@page import="com.dh.db.DBOper,java.sql.*"%>

也可以分开写到两个 page 指令中：

<%@page import="com.dh.db.DBOper"%>
<%@page import=" java.sql.*"%>

【示例 4.1】 基于示例 3.1，使用 import 属性在 JSP 页面中导入 java.util.Date，来演示该属性的用法。

创建 JSP 文件 ImportDate.jsp，代码如下：

```
<%@ page import="java.util.Date" contentType="text/html; charset=gbk"%>
<html>
<head>
<title>Hello Time</title>
</head>
<body>
现在时间是：<%=new Date()%>
</body>
</html>
```

上述代码中，通过 import 属性导入了 java.util.Date，所以在 JSP 页面上使用 Date 类时，不再需要指定包名。

import 是 page 指令中唯一一个可以在同一个 JSP 页面中多次出现的属性。

2. contentType 和 pageEncoding 属性

contentType 用于指定 JSP 输出内容的 MIME 类型和字符集。MIME 类型通常由两部分组成，前面一部分表示 MIME 类型，后面为 MIME 子类型。例如，在 contentType 属性的默认值"text/html;charset=ISO-8859-1"中，"html"即 text 的子类型。

通过设置 contentType 属性，可以改变 JSP 输出的 MIME 类型，从而实现一些特殊的功能。例如，可以将输出内容转换成 Microsoft Word 格式或将输出的表格转换成 Microsoft Excel 格式，也可以向客户端输出生成的图像文件等。

【示例 4.2】 实现将 JSP 数据输出成 Excel 表格的功能。

创建 JSP 文件 Excel.jsp，代码如下：

```
<%@ page contentType="application/vnd.ms-excel; charset=GBK" language="java" %>
<HTML>
<HEAD><TITLE>JSP生成Excel表格</TITLE></HEAD>
<BODY>
<table>
    <tr>
        <td>姓名</td>
        <td>年龄</td>
        <td>性别</td>
    </tr>
    <tr>
        <td>豆豆</td>
        <td>25</td>
        <td>女</td>
```

```
            </tr>
            <tr>
                <td>大武</td>
                <td>26</td>
                <td>男</td>
            </tr>
</table>
</BODY>
</HTML>
```

上述代码第一行，使用 contentType 属性指定该 JSP 的输出格式是 Microsoft Excel 格式，它对应的 MIME 类型为"application/vnd.ms-excel"。这样，在安装了 Excel 的客户端浏览器中，将以 Excel 表格的形式呈现数据，运行结果如图 4-1 所示。

通过修改 contentType 属性也可以设置以 Word 格式打开，只需将 page 指令修改为

```
<%@ page contentType="application/msword; charset=GBK" language="java" %>
```

运行结果如图 4-2 所示。

图 4-1　Excel.jsp 运行结果　　　　图 4-2　word.jsp 的运行结果

如果需要实现复杂格式的 Excel 或者 Word 文件，可以先使用 Excel 或者 Word 软件生成一个模版，然后保存成 Web 页，再将它的扩展名改成".jsp"并且在其中加入 Java 代码即可。

3. session 属性

session 属性用于控制页面是否需要使用 Session（会话），默认值为"true"，表示使用会话。例如：

```
<%@ page session="false" %>
```

如果在某个 JSP 页面中将 session 属性设置为"false"，并不能禁止在其他页面使用会话，也不会将用户已经创建的会话清除，它的唯一功能是不能在当前页面访问 Session 或者创建新的 Session。

4. errorPage 和 isErrorPage 属性

errorPage 属性用于指定当前 JSP 页面中出现未被捕获的异常时所要跳转到的页面。通常，跳转到的页面需要使用 isErrorPage 属性来指明可以用于其他页面的错误处理。

errorPage 的用法如下：

```
<%@ page errorPage="errorHandle.jsp" %>
```

上面代码指明了当前 JSP 页面中出现错误的时候，会跳转到 errorHandle.jsp 页面，并由该页面处理错误。在 errorHandle.jsp 中，如果 isErrorPage 属性为"true"，则可以使用内置的 exception 对象来获得相关的异常信息，例如：

```
<%@ page isErrorPage="true" %>
```

关于 JSP 的 exception 对象将在后续章节中详细介绍。

5. buffer 和 autoFlush 属性

buffer 属性用于指定 out 内置对象向客户端输出内容时使用的缓冲区大小，默认值是 8k。可以使用 buffer 来改变它的大小，例如：

```
<%@ page buffer="64kb"%>
```

或者指定为"none"，关闭缓冲区，例如：

```
<%@ page buffer="none"%>
```

和缓冲相关的属性还有 autoFlush，默认值为"true"，表示当缓冲区满时自动清空输出缓冲区；如果设置成"false"，那么在缓冲区溢出时会抛出异常。当 buffer 属性设置成"none"时，不能将 autoFlush 设置成"false"，否则在缓冲区满的时候会发生异常。

【示例4.3】 将 autoFlush 属性设置成"false"可能引起的后果是什么？

创建 JSP 文件 buffer.jsp，代码如下：

```
<%@ page language="java"
contentType="text/html; charset=gbk" buffer="1kb" autoFlush="false"%>
<html>
<head>
<title>
Buffer和autoFlush
</title>
</head>
<body>
<%
for (int i = 0; i < 1000; i++) {
    out.println("This is Line " + i);
}
%>
</body>
</html>
```

上述代码中，使用 buffer 属性将缓冲区限制在 1kb，将 autoFlush 设置成"false"，而在程序中使用循环向客户端输出数据，显然，数据大小大于 1kb，因此运行后当缓冲区满时将抛出异常，运行结果如图 4-3 所示。

图 4-3 buffer.jsp 运行结果

从输出的异常信息可以看到,出现的 **IOException** 是因为 JSP 的缓冲区溢出引起的,因此,除非能够确定程序的输出大小,否则不要轻易指定 autoFlush 的值为 false。

6. info 属性

info 属性可以用于指定 JSP 页面的一些说明信息,用法如下:

`<%@ page info="Jsp Message"%>`

在 Servlet 中可以通过 getServletInfo()方法取得这些说明信息。

7. isThreadSafe 属性

isThreadSafe 属性用于控制 JSP 页面是否允许并行访问,默认值"true"表示允许并行访问。但是,和 Servlet 中的 SingleThreadModel 一样,此属性已不推荐使用,或者说,不推荐将它设置成"false"。如果需要控制并发访问,应该在代码中控制,而不应该再依赖于将 isThreadSafe 设置成"false"。

8. isELIgnored 属性

该属性是 JSP2.0 中新引入的,用来指定是否忽略 JSP2.0 中的 EL(Expression Language)。值为"true"时,表示忽略 EL;值为"false"则对 EL 进行正常运算。

 关于 EL 将在第 6 章中详细介绍。

9. extends 属性

extends 属性用于指定 JSP 页面所转换成的 Servlet 的父类,用法如下:

`<%@ page extends="com.dh.servlet.BaseServlet"%>`

extends 属性在实际开发中很少使用,其主要是提供给 JSP 容器开发人员使用的。

4.1.2　include 指令

include 指令用于在当前 JSP 中包含其他文件,被包含的文件可以是 JSP、HTML 或文本文件。

包含的过程发生在将 JSP 翻译成 Servlet 时,当前 JSP 和被包含的 JSP 会融合到一起，形成一个 Servlet，然后进行编译并运行。

include 指令的语法格式如下：

```
<%@ include file="被包含文件的URL"%>
```

例如：

```
<%@include file="banner.html" %>
```

include 指令的作用与《Web 编程基础》中讲述框架布局时用到的<frameset>标签的 include 属性类似，因此在 Java Web 开发中可使用 include 指令对页面进行布局。比较典型的情况是一些门户网站首页的 Header 部分（一般是网站的 LOGO）和 Footer 部分（一般是网站的版权信息）是不变的，这种情况就可以将 Header 和 Footer 部分作为单独的页面通过 include 指令包含到主页面中，从而可以提高开发网站的效率，而且便于维护网页。

【示例 4.4】 实现使用 include 指令包含 top.jsp 页面，进行页面布局。

```
<table align="center">
    <tr>
            <td><img src="images/logo.gif"></img></td>
            <td><img src="images/zc.jpg"></img></td>
    </tr>
</table>
```

上述代码在 top.jsp 页面中定义了页头部分，使用表格显示两张图片。

在 includeExp.jsp 页面中使用 include 指令引入了 top.jsp 页面，代码如下：

```
<%@ page language="java" contentType="text/html; charset=gbk"%>
<html>
<head>
<title>测试include指令</title>
</head>
<body>
<%@include file="top.jsp"%>
<h4 align="center">欢迎来到大家庭</h4>
</body>
</html>
```

启动 Tomcat，在 IE 浏览器中访问 http://localhost:8080/ch04/includeExp.jsp，运行结果如图 4-4 所示。

图 4-4 includeExp.jsp 运行结果

如果 file 属性值以 "/" 开头,则该路径参照 JSP 应用上下文路径。

4.1.3　taglib 指令

taglib 指令用于指定 JSP 页面所使用的标签库,通过该指令可以在 JSP 页面中使用标签库中的标签,其语法格式如下:

<%@ taglib uri="标签库URI" prefix="标签前缀"%>

例如:

<%@taglib uri="http://java.sun.com/jsp/jstl/core" prefix="c"%>

使用时,一定要在标签前加上前缀,例如:

<c:out value="hello world"/>

 有关 taglib 的使用将在第 6 章中详细介绍。

4.2　JavaBean

4.2.1　JavaBean 简介

在软件开发过程中,经常使用"组件"的概念。所谓组件,就是可重用的一个软件模块。JavaBean 也是一种组件技术,目前,在软件开发中有如下几类有代表性的组件:COM、JavaBean、EJB(Enterprise Java Bean,企业级 JavaBean)以及 CORBA(Common Object Request Broker Architecture,公共对象请求代理架构)。虽然使用的开发工具有所不同,但是这些组件都有一些共同点:

- ✧ 可重用;
- ✧ 升级方便;
- ✧ 不依赖于平台。

由于 Java 具有 "Write once, run anywhere, reuse anywhere"(一次书写,处处运行,处处可重用)的特点,所以 JavaBean 的一个显著特点就是可以在任何支持 Java 的平台下工作,而不需要重新编译。

传统意义上的 JavaBean 组件有可视化和非可视化两种。可视化组件可以在运行结果中观察到,如 Swing 中的按钮、文本框等,通常也称为控件;而非可视化组件一般不可以观察到,通常用来处理一些复杂的业务,主要用在服务器端。对于 JSP 来说,只支持非可视化的 JavaBean 组件。

非可视化的 JavaBean 又可分为两种:

- ✧ 业务 Bean:用于封装业务逻辑、数据库操作等。
- ✧ 数据 Bean:用来封装数据。

4.2.2 JavaBean 的应用

JavaBean 实际上就是一种满足特定要求的 Java 类,广义上的 JavaBean 要满足以下要求:
- 是一个公有类,含有公有的无参构造方法;
- 属性私有;
- 属性具有公有的 get 和 set 方法。

【示例 4.5】 定义一个 JavaBean 封装用户的登录信息,名称为 UserBean。该 JavaBean 有 name 和 pwd 两个私有属性,分别表示用户名和密码。

建立 JavaBean,命名为 UserBean,定义属性,并针对每个属性定义用于存取数据的 get 和 set 方法,代码如下:

```
public class UserBean {
    private String name;
    private String pwd;
    public String getName() {
        return name;
    }
    public void setName(String name) {
        this.name = name;
    }
    public String getPwd() {
        return pwd;
    }
    public void setPwd(String pwd) {
        this.pwd = pwd;
    }
}
```

在 JavaBean 中,属性名称的首字母一般小写;通过 get/set 方法来读/写属性时,要将对应的属性名称首字母改成大写。如上述代码中的 name 属性,其 set 方法名称为 setName(),get 方法名称为 getName()。如果属性是 boolean 类型的,则对应的 get 方法名称通常是以"is"加属性名称来命名。例如,假设存在一个属性 married 表示"婚否(true 或者 false)",则对应的 get 方法名称可以是 isMarried()或 getMarried()。

4.3 JSP 标准动作

在 JSP 中可以使用 XML 语法格式的一些特殊标记来控制行为,称为 JSP 标准动作 (Standard Action)。利用 JSP 动作可以实现很多功能,比如动态插入文件、调用 JavaBean 组件、重定向页面、为 Java 插件生成 HTML 代码等。

JSP 规范定义了一系列标准动作,常用的有下列几种:

- jsp:useBean：查找或者实例化一个 JavaBean。
- jsp:setProperty：设置 JavaBean 的属性。
- jsp:getProperty：输出某个 JavaBean 的属性。
- jsp:include：在页面被请求时引入一个文件。
- jsp:forward：把请求转发到另一个页面。
- jsp:param：传递参数，必须与其他支持参数的标签一起使用。

4.3.1 <jsp:useBean>

useBean 标准动作用来查找或者实例化一个 JavaBean。该功能非常有用，□□它发挥了 Java 组件的可重用优势，同时使用起来也非常方便。

<jsp:useBean>有两种语法格式：

```
<jsp:useBean id="name" class="className" scope="scope" />
```

或

```
<jsp:useBean id="name" type="className" scope="scope" />
```

其中：
- id 指定该 JavaBean 实例的变量名，通过 id 可以访问这个实例；
- class 指定 JavaBean 的类名。如果需要创建一个新的实例，容器会使用 class 指定的类并调用无参构造方法来完成实例化。
- scope 指定 JavaBean 的作用范围，可以使用的四个值：
  - page：此 JavaBean 只能应用于当前页。
  - request：此 JavaBean 只能应用于当前的请求。
  - session：此 JavaBean 在本次 session 内有效。
  - application：此 JavaBean 能应用于整个应用程序内。
- type 指定 JavaBean 对象的类型，通常在查找已存在的 JavaBean 时使用，这时使用 type 将不会产生新的对象。

注意：如果是查找已存在的 JavaBean 对象，type 属性的值可以是此对象的准确类名、其父类或者其实现的接口；如果是新建实例，则只能是准确类名或者父类。另外，如果能够确定此 JavaBean 的对象肯定存在，则指定 type 属性后可以省略 class 属性。

useBean 标准动作示例：

```
<jsp:useBean id="user" class="com.dh.ch04.model.UserBean" scope="request "/>
```

上面代码的含义是：在当前页面定义一个 class 所指定类型的变量 user，如果在 scope 指定的 request 范围内存在 name 为 user 的对象，则将其赋值给变量 user；如果不存在，就创建一个 class 所指定类型的对象，并将其赋值给变量 user，并在 scope 指定的 request 范围内保存一个 name 为 user 的对象，此标准动作相当于执行下面的 Java 代码：

```
com.dh.ch04.model.UserBean user
    = (com.dh.ch04.model.UserBean)request.getAttribute("user");
```

```
if (user == null) {
    user = new com.dh.ch04.model.UserBean();
    request.setAttribute("user", user);
}
```

4.3.2 <jsp:setProperty>

setProperty 标准动作用于设置 JavaBean 中的属性值,其两种语法格式如下:

`<jsp:setProperty name="id" property="属性名" value="值"/>`

或

`<jsp:setProperty name="id" property="属性名" param="参数名"/>`

其中:

- ◆ name 指定 JavaBean 对象名,与 useBean 标准动作中的 id 相对应。
- ◆ property 指定 JavaBean 中需要赋值的属性名。
- ◆ value 指定要为属性设置的值。
- ◆ param 指定请求中的参数名(该参数可以来自表单、URL 传参数等),并将该参数的值赋给 property 所指定的属性。

param 属性不能与 value 属性一起使用。

例如:

`<jsp:useBean id="user" class="com.dh.ch04.model.UserBean" scope="request"/>`
`<jsp:setProperty name="user " propery="name" value="admin"/>`

上面代码中,使用 setProperty 动作将 user 对象中的 name 属性直接赋值为字符串"admin"。

下述代码演示了 param 属性的使用。

`<jsp:useBean id="user" class="com.dh.ch04.model.UserBean" scope="request"/>`
`<jsp:setProperty name="user" propery="name" param="loginName"/>`

该示例中的 setProperty 标准动作将取出请求中名为 `loginName` 的参数值,并将其赋值给 user 对象的 name 属性。

4.3.3 <jsp:getProperty>

getProperty 标准动作用于访问一个 bean 的属性并将其输出。访问所得到的值将转换成 String 类型,其语法格式如下:

`<jsp:getProperty name="id" property="属性名"/>`

其中:

- ◆ name 指定 JavaBean 对象名,与 useBean 标准动作中的 id 相对应。

◆ property 指定 JavaBean 中需要访问的属性名。

例如：

`<jsp:getProperty name="user" propery="name"/>`

上面语句取出 user 对象中的 name 属性值，并显示在页面中。

【示例 4.6】 基于示例 4.5，使用 useBean 标准动作创建该类的对象，并使用 setProperty 标准动作将登录表单中的信息保存到该对象中，同时使用 getProperty 动作显示信息。

(1) 编写用户登录的表单页面 login.jsp。

```jsp
<%@ page language="java" contentType="text/html; charset=GBK"%>
<html>
<head>
<title>用户登录</title>
</head>
<body>
<form method="POST" name="f1" action="showbean.jsp">
<p align="left">
            用户名：
            <input type="text" name="loginName" size="20">
</p>
<p align="left">
            密  码：
            <input type="password" name="password" size="20">
</p>
<p align="left">
            <input type="submit" value="提交"> 
            <input type="reset" value="重置">
</p>
</form>
</body>
</html>
```

(2) 编写显示信息的页面 showbean.jsp。

```jsp
<%@ page language="java" contentType="text/html; charset=GBK"%>
<html>
<head>
<title>JSP动作</title>
</head>
<body>
<jsp:useBean id="user" class="com.dh.ch04.model.UserBean"
            scope="request"/>
<jsp:setProperty property="name" name="user" param="loginName"/>
```

```
<jsp:setProperty property="pwd" name="user" param="password"/>
用户名：<jsp:getProperty property="name" name="user"/>
<br/>
密码：<jsp:getProperty property="pwd" name="user"/>
</body>
</html>
```

上述代码中，使用 setProperty 标准动作将 login.jsp 页面提交的表单数据设置到 user 对象的对应属性中，再使用 getPropery 标准动作取出 user 对象中的属性值并显示在页面上。

启动 Tomcat，在 IE 浏览器中访问 http://localhost:8080/ch04/login.jsp，运行结果如图 4-5 所示。

单击"提交"按钮，页面变为 showbean.jsp，运行结果如图 4-6 所示。

当用户名和密码为空，直接提交时，其运行结果如图 4-7 所示。

图 4-5　login.jsp 页面　　　　图 4-6　showbean.jsp 运行结果　　　　图 4-7　用户名和密码为空

4.3.4 <jsp:include>

include 标准动作用于在 JSP 页面动态包含其他页面。该动作的功能与 JSP 的 include 指令类似，区别是 include 指令在编译时完成包含，是静态包含；而 include 标准动作是在运行时完成包含，是动态包含。其语法如下：

```
<jsp:include page="被包含文件的URL"/>
```

如果需要额外的请求参数，则需要使用 jsp:param：

```
<jsp:include page="被包含文件的URL" >
    <jsp:param name="名称" value="值" />
</jsp:include>
```

【示例 4.7】　使用 include 动作包含 top.jsp 页面，进行页面布局。

创建 JSP 页面 includeAction.jsp，代码如下：

```
<%@ page language="java" contentType="text/html; charset=gbk"%>
<html>
<head>
<title>测试include指令</title>
</head>
<body>
```

```
<jsp:include page="top.jsp"/>
<h4 align="center">欢迎来到大家庭</h4>
</body>
</html>
```

启动 Tomcat，在 IE 浏览器中访问 http://localhost:8080/ch04/includeAction.jsp，运行结果如图 4-8 所示。

图 4-8 includeAction.jsp 的运行结果

4.3.5 <jsp:forward>

forward 标准动作用于将用户的请求转发到另一个 HTML 文件、JSP 页面或 Servlet，其语法格式如下：

```
<jsp:forward page="URL地址"/>
```

如果需要额外的请求参数，则需要使用 jsp:param 参数：

```
<jsp:forward page="URL地址" >
    <jsp:param name="名称" value="值" />
</jsp:forward>
```

例如：

```
<jsp:forward page="second.jsp"/>
```

该动作将由当前 JSP 页面跳转至 second.jsp 页面。

 注意　　forward 动作与 RequestDispatcher 类型对象的 forward 方法类似，调用者和被调用者共享同一个 request 对象。

4.3.6 <jsp:param>

param 标准动作用于为其他动作标签提供附加参数信息，该动作可以与 <jsp:include>、<jsp:forward> 等一起使用，其语法格式如下：

```
<jsp:param name="参数名" value="值"/>
```

例如：

```
<jsp:include page="show.jsp" >
    <jsp:param name="name" value="admin" />
    <jsp:param name="password" value="123456" />
</jsp:include>
```

上述代码中，在 include 标准动作中使用<jsp:param>设置了参数，这样在 show.jsp 页面中就可以使用 request 对象的 getParameter()方法取得这两个参数值。

本 章 小 结

通过本章的学习，学生能够学会：
- JSP 的 page 指令用于设置页面的各种属性。
- JSP 的 include 指令用于静态包含 JSP、HTML 或文本文件。
- JSP 的 taglib 指令用于指定 JSP 页面中所使用的标签库。
- JavaBean 需要满足公有类、公有无参构造方法、私有属性、属性对应的 get/set 方法几个要求。
- useBean 标准动作用来查找或者实例化一个 JavaBean。
- setProperty 标准动作用于设置 JavaBean 中的属性值。
- getProperty 动作用于访问一个 bean 的属性并将其输出。
- include 标准动作用于在 JSP 页面动态包含其他页面。
- forward 标准动作用于将请求转发到另一个资源。
- param 标准动作用于为其他动作标签提供附加参数信息，该动作可以与<jsp:include>、<jsp:forward>等一起使用。

本 章 练 习

1. 下列关于 JSP 执行过程的说法，正确的是_____。（多选）
   A. JSP 在容器启动时会被翻译成 Servlet，并编译为字节码文件
   B. JSP 在第一次被请求时会被翻译成 Servlet，并编译为字节码文件
   C. 在第二次请求时，将不再执行翻译步骤
   D. 如果 JSP 页面有错误，将不执行翻译步骤
2. 下列 page 指令的使用正确的是_____。（多选）
   A. <%@page import="java.util.* java.sql.*"%>
   B. <%@page import="java.util.*,java.sql.*"%>
   C. <%@page import="java.util.*;java.sql.*"%>
   D. <%@page import="java.util.*"%>
      <%@page import="java.sql.*"%>
3. 下列 useBean 标准动作使用正确的是_____。
   A. <jsp:useBean id="a" class="java.util.Date"/>
   B. <jsp:useBean name="a" class="java.util.Date" scope="request"/>
   C. <jsp:useBean id="a" class="Date"/>
   D. <jsp:useBean name="a" class="Date" scope="request"/>
4. 下列 setProperty 标准动作使用正确的是_____。（多选）
   A. <jsp:setProperty name="id" property="name" value="name"/>

B. <jsp:setProperty id="id" property="name" value="name"/>
C. <jsp:setProperty name="id" property="name" param="name"/>
D. <jsp:setProperty id="id" property="name" param="name"/>

5. 下列关于 getProperty 标准动作的说法，正确的是_____。（多选）
   A. 当 JavaBean 不存在所访问的属性时，显示 null
   B. 当 JavaBean 不存在所访问的属性时，发生异常
   C. getProperty 标准动作实际上是调用对应属性的 get 方法
   D. 以上都不正确

6. 存在以下 JavaBean 和 JSP 页面：
   Person.java：

```
package x;
public class Person {
    String name;

    public String getName() {
        return name;
    }

    public void setName(String name) {
        this.name = name;
    }
}
```

   index.jsp：

```
<jsp:useBean id="p" class="x.Person" />

<jsp:setProperty property="name" name="p" value="Mike" />
<jsp:setProperty property="name" name="p" param="names" />

<jsp:getProperty property="name" name="p" />
```

   访问 http://localhost:8080/项目名/index.jsp?name=John 时的页面输出为
   A. null
   B. 发生异常
   C. Mike
   D. John

7. 广义上来讲，满足_____、_____、_____三个要求的 Java 类可以称为 JavaBean。

8. 简述 include 指令和 include 标准动作的区别。

第 5 章　JSP 内置对象

📖 本章目标

- 熟悉 JSP 内置对象的分类及组成
- 掌握 request、response 和 out 对象的特性及常用方法
- 掌握 session、application 对象的特性及常用方法
- 理解 pageContext、request、session、application 四种作用域的区别和联系
- 了解 page、config 对象
- 掌握 exception 对象的使用方式

5.1 内置对象概述

JSP 内置对象是指由 JSP 容器加载的,不需要声明就可以直接在 JSP 页面中使用的对象。JSP 中有 9 个内置对象,如表所示。

表 5-1 JSP 内置对象

属性名	说明
request	客户端的请求,包含所有从浏览器发往服务器的请求信息
response	返回客户端的响应
session	会话对象,表示用户的会话状态
application	应用上下文对象,作用于整个应用程序
out	输出流,向客户端输出数据
pageContext	用于存储当前 JSP 页面的相关信息
config	JSP 页面的配置信息对象
page	表示 JSP 页面的当前实例
exception	异常对象,用于处理 JSP 页面中的错误

5.2 常用内置对象

JSP 页面的 9 个内置对象中比较常用的有 out、request、response、session 和 application。

5.2.1 out

out 对象是一个输出流,用于将信息输出到网页中。out 对象是 JspWriter 子类的实例,常用方法有 print()、println()和 write(),可以方便地向客户端输出各种数据。例如:

```
<%
out.println("现在时间是: " + new java.util.Date());
%>
```

除了用于输出数据的上述三种方法外,out 对象中还拥有其他常用方法:
- ✧ void clear():清除缓冲区的内容,如果缓冲区已经被刷出(flush),将抛出 IOException。
- ✧ void clearBuffer():清除缓冲区的当前内容,和 clear()方法不同,即使缓冲区已经被刷出,也不会抛出 IOException。
- ✧ void flush():输出缓冲区中的内容。
- ✧ void close():关闭输出流,清除所有内容。

5.2.2 request

request 对象是 HttpServletRequest 接口实现类的实例，包含所有从浏览器发往服务器的请求信息，例如请求的来源、Cookie 和客户端请求相关的数据等。request 对象中最常用的方法如下：

- ◇ String getParameter(String name)：根据参数名称得到单一参数值。
- ◇ String[] getParameterValues(String name)：根据参数名称得到一组参数值。
- ◇ void setAttribute(String name, Object value)：以名/值的方式存储数据。
- ◇ Object getAttribute(String name)：根据名称得到存储的数据。

【示例 5.1】 使用 request 对象的 getParameter()和 getParameterValues()方法来获取表单数据，并使用 out 对象输出信息。

该例需要两个 JSP 页面，分别是用户信息输入页面 input.jsp 和信息显示页面 info.jsp。

（1）创建 input.jsp 页面，代码如下：

```
<%@ page language="java" contentType="text/html; charset=GBK"%>
<html>
<head>
<title>信息调查</title>
<style type="text/css">
<!--
            .STYLE1 {
                    font-size: x-large
            }
-->
</style>
</head>
<body>
<form name="f1" method="post" action="info.jsp">
<table width="430" border="1" align="center">
    <tr>
            <td colspan="2">
                    <div align="center" class="STYLE1">信息调查</div>
            </td>
    </tr>
    <tr>
            <td>姓名：</td>
            <td>
                    <label> <input type="text" name="name" /> </label>
            </td>
```

```
            </tr>
            <tr>
                <td>性别：</td>
                <td>
                    <input type="radio" name="sex" value="男" checked />男 
                    <input type="radio" name="sex" value="女" />女
                </td>
            </tr>
            <tr>
                <td>学历：</td>
                <td>
                    <select name="xueli">
                        <option value="初中及以下">初中及以下</option>
                        <option value="高中">高中</option>
                        <option value="大专">大专</option>
                        <option value="本科">本科</option>
                        <option value="研究生">研究生</option>
                        <option value="博士及以上">博士及以上</option>
                    </select>
                </td>
            </tr>
            <tr>
                <td>知道本站渠道：</td>
                <td>
                    <input type="checkbox" name="channel" value="杂志" />杂志 
                    <input type="checkbox" name="channel" value="网络" />网络 
                    <input type="checkbox" name="channel" value="朋友推荐"/>朋友推荐 
                    <input type="checkbox" name="channel" value="报纸" />报纸 
                    <input type="checkbox" name="channel" value="其他" />其他
                </td>
            </tr>
            <tr>
                <td colspan="2">
                    <div align="center">
                        <input type="submit" name="Submit" value="提交" />
                         
                        <input type="reset" name="Submit2" value="重置" />
                    </div>
                </td>
```

```
        </tr>
    </table>
</form>
</body>
</html>
```

上述代码中，表单的 action 属性值为"info.jsp"，所以当用户单击"提交"按钮时，数据将提交给 info.jsp 页面处理。

 表单中存在 name 相同的多个输入元素，如 name 为 channel 的多个 checkbox。

（2）创建 info.jsp 页面，代码如下：

```
<%@ page language="java" contentType="text/html; charset=GBK"%>
<html>
<head>
<title>信息显示</title>
</head>
<body>
<%
    request.setCharacterEncoding("GBK");
    String name = request.getParameter("name");
    String sex = request.getParameter("sex");
    String xueli = request.getParameter("xueli");
    String[] channels = request.getParameterValues("channel");
%>
您输入的注册信息
<br />
<%
    out.print("姓名：" + name + "<br/>");
    out.print("性别：" + sex + "<br/>");
    out.print("学历：" + xueli + "<br/>");
    if (channels != null) {
        out.print("渠道：");
        for (int i = 0; i < channels.length; i++) {
            out.print(channels[i] + " ");
        }
    }
%>
</body>
</html>
```

上述代码中，使用 request 对象的 getParameter()获得了只有一个值的表单元素值，例如姓名、性别和学历；使用 getParameterValues()获得具有多个值的表单元素值，例如渠道(用户可能选择多个)，使用 out 对象输出数据，注意 channels 数组需要先判断其是否为 null，再进行遍历，因为如果用户没有选择任何渠道，则 getParameterValues()会返回 null。

 对于普通文本框 text，当没有任何输入信息时，浏览器仍然提交该表单元素信息，这时在服务器端通过 getParameter()获取表单值时，结果为空字符串""；与之相反，对于单选框 radio 或复选框 checkbox，当没有任何选择时，浏览器不会提交该表单元素信息，因此在服务器端获取该表单元素信息时为 null。另外，并不是每个文本框都会生成请求参数，而是有 name 属性的文本框才生成请求参数，即每个有 name 属性的文本框对应一个请求参数。如果文本框配置了 disabled="disabled" 属性，则相应表单提交数据时不会提交该文本框信息。除文本框外，其他表单元素亦如此。

启动 Tomcat，在 IE 浏览器中访问 http://localhost:8080/ch05/input.jsp，输入数据，运行结果如图 5-1 所示。

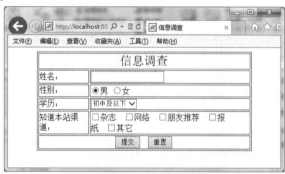

图 5-1 input.jsp 页面

单击"提交"按钮之后，页面转到 info.jsp，处理结果如图 5-2 所示。

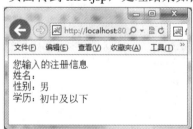

图 5-2 info.jsp 处理结果

5.2.3 response

response 对象是 HttpServletResponse 接口实现类的实例，负责将响应结果发送到浏览器端，程序中可以用来重定向请求、向客户端浏览器增加 Cookie 等操作，其常用的方法有：

 void setContentType(String name)：设置响应内容的类型和字符编码。

 void sendRedirect(String url)：重定向到指定的 URL 资源。

【示例 5.2】 使用 response 对象的 sendRedirect()方法实现页面的重定向。

创建 JSP 页面 response1.jsp，代码如下：

```
<%@ page language="java" contentType="text/html; charset=GBK"%>
<html>
<head>
<title>测试response对象</title>
</head>
<body>
<%
    response.setContentType("text/html;charset=GBK");
    response.sendRedirect("response2.jsp");
%>
</body>
</html>
```

在上述页面代码中，使用 response 对象的 sendRedirect()方法将页面重定向到了 response2.jsp。

【示例 5.3】 response 对象的 getContentType()方法输出当前页面的内容类型。

创建 JSP 文件 response2.jsp，代码如下：

```
<%@ page language="java" contentType="text/html; charset=GBK"%>
<html>
<head>
<title>response</title>
</head>
<body>
<%= response.getContentType()%>
</body>
</html>
```

启动 Tomcat，在 IE 浏览器中访问 http://localhost:8080/ch05/response1.jsp，会直接重定向到第二个页面，运行结果如图 5-3 所示。

图 5-3 重定向后的运行结果

5.2.4 session

session 对象是 HttpSession 接口实现类的实例，表示用户的会话状态，程序中常用来跟踪用户的会话信息，例如判断用户是否登录系统，或者在网上商城的购物车功能中，用于跟踪用户购买的商品信息等，其常用方法有：

- void setAttribute(String name, Object value)：以"名/值"的方式存储数据。
- Object getAttribute(String name)：根据名称得到存储的数据。

例如：

```
session.setAttribute("name", "admin");
```

上面语句在当前会话中存储了一个名称为"name"的字符串对象"admin"。

下面语句根据名称"name"取出了存储在当前会话中的数据：

```
String name = (String)session.getAttribute("name");
```

因为 session 对象的 getAttribute()方法返回值为 Object 类型，所以需要根据实际类型进行强制转换。

5.2.5 application

application 对象是 ServletContext 接口实现类的实例，其作用于整个应用程序，由应用程序中的所有 Servlet 和 JSP 页面共享。application 对象在容器启动时实例化，在容器关闭时销毁。由于 application 中的值是 Servlet 和 JSP 共享的，JSP 中可以直接通过 application 内置对象访问对应值，而 Servlet 中并没有 application 内置对象，所以 Servlet 中要通过 ServletContext 实例获取对应值。同理，如果要在 JSP 中链接数据库，获取数据库数据，则可以把数据库相关配置(数据库连接地址、用户名、密码等)添加到 web.xml 中，而在 JSP 页面中，直接通过 application.getInitParameter(name)获取。

application 对象的常用方法有：

- void setAttribute(String name,Object value)：以"名/值"的方式存储数据；
- Object getAttribute(String name)：根据名称得到存储的数据。

例如：

```
application.setAttribute("number", 1);
```

上面语句在 application 中存储了一个名称为"number"的值为 1 的数据。

下面语句根据名称"number"取出了存储在 application 中的数据：

```
Integer i = (Integer)application.getAttribute("number");
```

与 session 对象相同，application 对象的 getAttribute()方法返回类型也为 Object，同样需要强制类型转化。

5.3 其他内置对象

5.3.1 page

page 对象表示 JSP 页面的当前实例，实际上相当于 this，可以提供对 JSP 页面上定义的所有对象的访问。实际开发中很少使用 page 对象。下面创建 JSP 文件 pageObject.jsp，演示 page 对象的使用方法，代码如下：
```
<%@ page language="java" contentType="text/html; charset=GBK"
    info="测试page对象"%>
<html>
<body>
<%=((HttpJspPage)page).getServletInfo()%>
</body>
</html>
```
在上述代码中使用 page 对象取得 page 指令中的 info 属性值并输出到页面上，运行结果如图 5-4 所示。

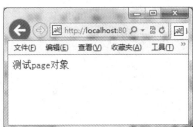

图 5-4 page 对象示例

5.3.2 pageContext

pageContext 对象可以访问当前 JSP 页面所有的内置对象，如 request、response、session、application、out 等，另外，pageContext 对象还提供存取数据的方法，其作用范围为当前 JSP 页面。其常用的方法如下：
- void setAttribute(String name, Object value)：以"名/值"的方式存储数据。
- Object getAttribute(String name)：根据名称得到存储的数据。该方法还有一个重载方法 getAttribute(String name, int scope)，其中 scope 可以设置的值有以下几种。
  - PageContext.PAGE_SCOPE：对应到 page 范围。
  - PageContext.REQUEST_SCOPE：对应到 request 范围。
  - PageContext.SESSION_SCOPE：对应到 session 范围。
  - PageContext.APPLICATION_SCOPE：对应到 application 范围。

上述两个方法与 request、session、application 对象中同名方法的使用类似，不再举例说明。

【示例 5.4】 使用 pageContext、session 和 application 对象分别进行页面、会话及应用的计数统计。

创建 JSP 页面 count.jsp，代码如下：
```
<%@ page language="java" contentType="text/html; charset=GBK"%>
<html>
<head>
```

```jsp
<title>统计</title>
</head>
<body>
<%
    if (pageContext.getAttribute("pageCount") == null) {
        pageContext.setAttribute("pageCount", 0);
    }
    if (session.getAttribute("sessionCount") == null) {
        session.setAttribute("sessionCount", 0);
    }
    if (application.getAttribute("applicationCount") == null) {
        application.setAttribute("applicationCount", 0);
    }
%>
<%
    //页面计数
    int pageCount = Integer.parseInt(pageContext.getAttribute(
            "pageCount").toString());
    pageCount++;
    pageContext.setAttribute("pageCount", pageCount);
    //会话计数
    int sessionCount = Integer.parseInt(session.getAttribute(
            "sessionCount").toString());
    sessionCount++;
    session.setAttribute("sessionCount", sessionCount);
    //应用计数
    int applicationCount = Integer.parseInt(application.getAttribute(
            "applicationCount").toString());
    applicationCount++;
    application.setAttribute("applicationCount", applicationCount);
%>
页面计数：<%=pageContext.getAttribute("pageCount")%><br />
会话计数:<%=session.getAttribute("sessionCount")%><br />
应用计数:<%=application.getAttribute("applicationCount")%><br />
</body>
</html>
```

在这个 JSP 页面内，分别在 pageContext、session、application 这 3 个对象中记录次数，每次访问该页面时，次数加 1 并显示。

启动服务器，在 IE 浏览器中访问 http://localhost:8080/ch05/count.jsp，第一次访问该页面，运行结果如图 5-5 所示。

图 5-5　第一次访问 count.jsp

多次刷新本窗口后，运行结果如图 5-6 所示。

图 5-6　count.jsp 多次刷新后的运行结果

关闭 IE 浏览器，重新打开，再访问此页面，运行结果如图 5-7 所示。

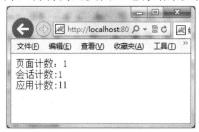

图 5-7　新开 IE 窗口访问 count.jsp

从运行结果可以观察到：

◇ pageContext 的访问范围是当前 JSP 页面，所以计数始终为 1。
◇ session 的访问范围是当前会话，所以当刷新页面时，计数不断变化，但新打开一个窗口时，会新建一个会话，所以计数又从 1 开始。
◇ application 的访问范围是整个应用程序，所以计数不断变化。

 在 JSP 中可以使用 4 种作用范围，分别对应 pageContext、request、session、application 四个内置对象。这四个对象都是通过 setAttribute(String name, Object value)方法保存数据，通过 getAttribute(String name)方法获得数据的。开发中要根据实际情况选择合适的范围，尽量使用小的范围，因为越大的范围其生命周期越长，相应地就会占用更多的服务器资源。

5.3.3　config

config 对象用来存放 Servlet 的一些初始信息，其常用方法有：

◇ String getInitParameter(String name)：返回指定名称的初始参数值。
◇ Enumeration getInitParameterNames()：返回所有初始参数的名称集合。
◇ ServletContext getServletContext()：返回 Servlet 上下文。

◆ String getServletName()：返回 Servlet 的名称。

例如：

String initValue = config.getInitParameter("initValue");

上述代码使用 config 对象的 getInitParameter()方法取得了 web.xml 配置文件中名称为"initValue"的参数的值。

5.3.4 exception

exception 对象表示 JSP 页面中的异常信息。需要注意的是，要使用 exception 对象，必须将此 JSP 中 page 指令的 isErrorPage 属性值设置成 true。

【示例 5.5】 用 exception 显示异常信息。

创建 JSP 文件 cal.jsp，代码如下：

```
<%@ page language="java" contentType="text/html; charset=GBK"
    errorPage="error.jsp"%>
<html>
<head>
<title>计算</title>
</head>
<body>
<%
    int a, b;
    a = 5;
    b = 0;
    int c = a / b;
%>
</body>
</html>
```

上述代码中，page 指令的 errorPage 属性值为"error.jsp"，即当前 JSP 页面如果出现异常，将由 error.jsp 页面来处理，代码如下：

```
<%@ page language="java" contentType="text/html; charset=gbk"
    isErrorPage="true"%>
<html>
<head>
<title>exception</title>
</head>
<body>
错误信息如下：
<br />
<%=exception%>
</body>
```

</html>

上述代码中，page 指令的 isErrorPage 属性值设置为"true"，否则无法使用 exception 内置对象。

启动 Tomcat，在 IE 浏览器中访问 http://localhost:8080/ch05/cal.jsp，运行结果如图 5-8 所示。

图 5-8　异常信息

cal.jsp 页面中的 b 变量值为 0，且作为除数，运算时会出现异常，因此页面转向 error.jsp 来显示异常信息。

本 章 小 结

通过本章的学习，学生能够学会：
- JSP 中有 9 个内置对象，无需定义，可以直接使用。
- out 对象是一个输出流，用于将信息输出到网页中。
- request 对象封装了当前请求信息，可以存取数据。
- response 对象封装了当前响应信息。
- session 对象表示当前会话，可以存取数据。
- application 对象表示整个应用程序，可以存取数据。
- pageContext 对象表示当前 JSP 页面，可以存取数据。
- JSP 的 4 种作用范围分别用 pageContext、request、session、application 来表示，它们都具有 getAttribute()和 setAttribute()方法。

本 章 练 习

1. 下列属于 JSP 内置对象的是_____。(多选)

   A. request

   B. response

   C. session

   D. servletContext

2. 下列关于 JSP 内置对象的说法，正确的是_____。(多选)

   A. 内置对象无需定义，可直接使用

   B. 内置对象无法在 JSP 的声明部分使用

   C. 内置对象只能在 JSP 的脚本部分使用

D. 只有使用 Tomcat 作为 JSP 容器时才能使用内置对象

3. 下列 request 和 response 内置对象的使用，正确的是_____。(多选)

   A. request.getRequestDispatcher("index.jsp").forward();

   B. response.sendRedirect("index.jsp");

   C. request.getParameterValues("name");

   D. response.setContentType("text/html;charset=GBK");

4. 在 1.jsp 中有下述代码：

```
<%
    request.setAttribute("name", "JSP");
    session.setAttribute("name ", "JSP");
    response.sendRedirect("2.jsp");
%>
```

   2.jsp 中的代码如下：

```
<%
    out.println(request.getAttribute("name"));
    out.println(session.getAttribute("name"));
%>
```

   在 IE 浏览器中访问 1.jsp 后的输出是_____。

   A. JSP
      JSP

   B. null
      JSP

   C. JSP JSP

   D. null JSP

5. pageContext、request、session、application 四个内置对象的作用范围从小到大依次为_____。

   A. request、pageContext、session、application

   B. request、session、pageContext、application

   C. request、session、application、pageContext

   D. pageContext、request、session、application

6. 在 Servlet 的 doGet()和 doPost()方法中，如何得到与 JSP 内置对象 out、request、response、session、application 分别对应的对象？

第6章 EL 和 JSTL

本章目标

- 掌握 EL 表达式语言的语法及使用
- 掌握 EL 中隐含对象的使用
- 掌握 EL 中运算符的使用
- 掌握 JSTL 核心标签库的使用
- 熟悉 JSTL 国际化标签库的使用
- 熟悉 JSTL EL 函数库的使用

6.1 EL

随着 JSP 技术的广泛应用,一些问题也随之而来:JSP 主要用于内容的显示,如果嵌入大量的 Java 代码以完成复杂的功能,会使得 JSP 页面难以维护,虽然可以将尽可能多的 Java 代码放到 Servlet 或者 JavaBean 中,但是对于 JavaBean 的操作及集合对象的遍历访问等还是不可避免地会用到 Java 代码。为了简化 JSP 页面中对对象的访问方式,JSP2.0 引入了一种简捷的语言——表达式语言(Expression Language,EL)。

EL 表达式可以使 JSP 写起来更加简单,它基于可用的命名空间,嵌套属性和对集合、操作符的访问符,映射到 Java 类中静态方法的可扩展函数以及一组隐式对象。在使用 EL 从 scope 中得到参数时可以自动转换类型,因此对于类型的限制更加宽松。Web 服务器对于 request 请求参数通常以字符串类型来发送,在获取时需要使用 JavaAPI 来操作,而且还需要进行强制类型转换,而 EL 可以避免这些类型转换工作,允许用户直接使用 EL 表达式获取值,而不必关心数据类型。

EL 是 JSP2.0 最重要的特性之一,有以下几个特点:
- ◆ 可以访问 JSP 的内置对象(pageContext、request、session、application 等)。
- ◆ 简化了对 JavaBean 的访问方式。
- ◆ 简化了对集合的访问方式。
- ◆ 可以通过关系、逻辑和算术运算符进行运算。
- ◆ 条件输出。

6.1.1 EL 基础语法

EL 的语法非常简单,是一个以"${"开始,以"}"结束的表达式,其语法格式如下:

${EL表达式}

例如:

${person.name}

上述 EL 表达式由两部分组成,其中"."操作符左边可以是一个 JavaBean 对象或 EL 隐含对象,右边可以是一个 JavaBean 属性名或映射键。此表达式将在页面显示 person 对象的 name 属性值,与其等价的是:

${person["name"]}

上述 EL 表达式中使用了"[ ]"操作符,与"."相比,"[ ]"操作符更加灵活。前者要求左边是 JavaBean 对象或 EL 隐含对象,不能是操作数组或集合的元素,而后者则可以。例如访问数组 a 中的第一个元素可以采用如下方式:

${a[0]}

"[ ]"中可以是属性、映射键或索引下标,并使用双引号括起来,如${a["0"]}等价于${a[0]}。

大部分情况下，使用"."的方式更加简捷方便，但当要访问的内容只有在运行时才能决定时，就只能使用"[ ]"的方式，因为"."后只能是字面值，而"[ ]"中的内容可以是一个变量。

6.1.2 EL 使用

【示例 6.1】 在 JSP 页面使用 EL 显示 Person 类对象的数据，其中 Person 类是一个 JavaBean，具有 name 和 age 两个属性。

Person 类的代码如下：

```java
public class Person {
    private String name;
    private int age;

    public String getName() {
        return name;
    }
    public void setName(String name) {
        this.name = name;
    }

    public int getAge() {
        return age;
    }
    public void setAge(int age) {
        this.age = age;
    }
}
```

创建 JSP 文件 el.jsp，使用<jsp:useBean>标准动作定义一个 Person 对象并赋值，使用 EL 表达式显示数据值，代码如下：

```jsp
<%@ page language="java" contentType="text/html; charset=gbk"%>
<html>
<head>
<title>EL表达式</title>
</head>
<body>
<jsp:useBean id="person" class="com.dh.entity.Person"
        scope="request" />
<jsp:setProperty name="person" property="name" value="zhangsan" />
<jsp:setProperty name="person" property="age" value="25" />
姓名：${person.name}
```

```
<br />
年龄：${person.age}
</body>
</html>
```

上述代码中，使用 EL 表达式代替了<jsp:getProperty>标准动作，直接访问 bean 对象的属性值并显示，与<jsp:getProperty>标准动作相比，EL 的方式更加简捷方便。

启动 Tomcat，在 IE 浏览器中访问 http://localhost:8080/ch06/el.jsp，运行结果如图 6-1 所示。

图 6-1　使用 EL 显示结果

6.1.3　EL 隐含对象

为了更加方便地进行数据访问，EL 提供了 11 个隐含对象，如表 6-1 所示。

表 6-1　EL 隐含对象

类别	对象	描　　　述
JSP	pageContext	引用当前 JSP 页面的 pageContext 内置对象
作用域	pageScope	获得页面作用范围中的属性值，相当于 pageContext.getAttribute()
	requestScope	获得请求作用范围中的属性值，相当于 request.getAttribute()
	sessionScope	获得会话作用范围中的属性值，相当于 session.getAttribute()
	applicationScope	获得应用程序作用范围中的属性值，相当于 application.getAttribute()
请求参数	param	获得请求参数的单个值，相当于 request.getParameter()
	paramValues	获得请求参数的一组值，相当于 request.getParameterValues()
HTTP 请求头	header	获得 HTTP 请求头中的单个值，相当于 request.getHeader()
	headerValues	获得 HTTP 请求头中的一组值，相当于 request.getHeadersValues()
Cookie	cookie	获得请求中的 Cookie 值
初始化参数	initParam	获得上下文的初始参数值

【示例 6.2】　在 JSP 页面中使用了 EL 的各种隐含对象。

创建 JSP 页面 implicit.jsp，代码如下：

```
<%@ page language="java" contentType="text/html; charset=gbk"%>
<html>
```

```
<head>
<title>EL隐含对象</title>
</head>
<body>
<jsp:useBean id="requestperson" class="com.dh.entity.Person"
            scope="request">
    <jsp:setProperty name="requestperson" property="name"
            value="zhangsan" />
    <jsp:setProperty name="requestperson" property="age" value="25" />
</jsp:useBean>
<jsp:useBean id="sessionperson" class="com.dh.entity.Person"
            scope="session">
    <jsp:setProperty name="sessionperson" property="name" value="lisi" />
    <jsp:setProperty name="sessionperson" property="age" value="10" />
</jsp:useBean>
PageContext:
    ${pageContext.request.requestURI }<br/>
requestScope:
    ${requestScope.requestperson.name } 
    ${requestScope.requestperson.age }<br/>
sessionScope:
    ${sessionScope.sessionperson.name } 
    ${sessionScope.sessionperson.age }<br/>
param:
    ${param.id }<br/>
paramValues:
    ${paramValues.multi[1]}<br/>
initParam:
    ${initParam.initvalue}<br/>
    <br />
</body>
</html>
```

上述代码中使用<jsp:useBean>标准动作定义了两个 Person 对象，分别存放在 request 和 session 中。在 web.xml 中设置初始参数，代码如下：

```
<context-param>
    <param-name>initvalue</param-name>
    <param-value>admin</param-value>
</context-param>
```

启动 Tomcat，在 IE 浏览器中访问 http://localhost:8080/ch06/implicit.jsp?id=1&multi=m1&multi=m2，运行结果如图 6-2 所示。

图 6-2 EL 隐含对象示例

此时地址栏传了两个参数，分别是 id 和 multi。其中 id 是单一值，使用 param 对象访问；multi 有两个值，使用 paramValues 对象访问。使用 initParam 对象访问在 web.xml 中配置的初始参数值。

如果在使用 EL 时不指定范围，则会按照 pageScope、requestScope、sessionScope、applicationScope 依次查找相应的 attribute，若在多个范围内存在重名的 attribute，则可能得到错误的值，所以应该明确指定具体的范围。

6.1.4 EL 运算符

EL 中定义了用于执行各种算术、关系和逻辑运算的运算符，如表 6-2、表 6-3、表 6-4 所示。

表 6-2 EL 算术运算符

算术运算符	说明	范例	运算结果
+	加	${1+2}	3
-	减	${2-1}	1
*	乘	${2*3}	6
/ 或 div	除	${16 / 5}或${16 div 5}	3
% 或 mod	取余	${16 % 5}或${16 mod 5}	1

表 6-3 EL 关系运算符

关系运算符	说明	范例	运算结果
== 或 eq	等于	${1==2}或${1 eq 2}	false
!= 或 ne	不等于	${2!=1}或${1 ne 2}	true
< 或 lt	小于	${2 < 3}或${2 lt 3}	true
> 或 gt	大于	${16 > 5}或${16 gt 5}	true
<= 或 le	小于等于	${16 <= 5}或${16 le 5}	false
>= 或 ge	大于等于	${16 >= 5}或${16 ge 5}	true

表 6-4 EL 逻辑运算符

逻辑运算符	说明	范例	运算结果
&& 或 and	与运算	${true && true}或${true and true}	true
|| 或 or	或运算	${ true \|\| false}或${true or false}	true
! 或 not	非运算	${! true}或${not true }	false

如表 6-5 所示，有关 EL 运算符的优先级，最上面的优先级最高，最左边的优先级高。

表 6-5 运算符优先级(从上到下，从左到右)

[]、．
()
—(取负数)、not、!、empty
*、/、div、%、mod
+、—
<、>、<=、>=、lt、gt、le、ge
==、!=、eq、ne
&&、and
||、or

【示例 6.3】 演示 EL 中各种运算符的使用方法。

创建 JSP 文件 operator.jsp，代码如下：

```
<%@ page language="java" contentType="text/html; charset=gbk"%>
<html>
<head>
<title>EL运算符</title>
</head>
<body>
<h5>算术运算符示例</h5>
<ul>
    <li>\${3/7}运算结果${3/7}
    <li>\${3 div 7}运算结果${3 div 7}</li>
    <li>\${3/0}运算结果${3/0}</li>
    <li>\${10%4}运算结果${10%4}</li>
</ul>
<h5>关系运算符示例</h5>
<ul>
    <li>\${1 &lt; 6}运算结果是：${1 < 6}</li>
    <li>\${1 &gt; 2}运算结果是：${1 > 2}</li>
    <li>\${1 &lt;= 6}运算结果是：${1 <= 6}</li>
```

```html
        <li>\${1 &gt;= 2}运算结果是：${1 >= 2}</li>
        <li>\${'a' &lt; 'z'}运算结果是：${'a' < 'z'}</li>
</ul>
<h5>逻辑运算符示例</h5>
<ul>
        <li>\${true && true}运算结果是：${true && true}</li>
        <li>\${true || false}运算结果是：${true || false}</li>
        <li>\${!true }运算结果是：${!true}</li>
</ul>
</body>
</html>
```

上述代码中，通过在"$"前加上"\"进行转义来显示"$"符号。

启动 Tomcat，在 IE 浏览器中访问 http://localhost:8080/ch06/operator.jsp，运行结果如图 6-3 所示。

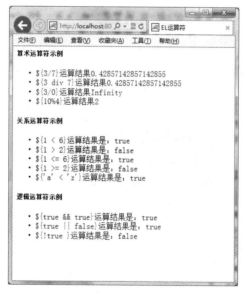

图 6-3　EL 运算符

　如需在 JSP 页面中禁用 EL 表达式，可设置 page 指令中 isELIgnored 属性值为 true。

6.2　JSTL

6.2.1　JSTL 简介

JSTL(JavaServer Pages Standard Tag Library，JSP 标准标签库)是由 Apache 的 Jakarta

第 6 章　EL 和 JSTL

项目组开发的一个标准的通用型标签库,已纳入 JSP2.0 规范,是 JSP2.0 最重要的特性之一。JSTL 有如下几个优点:
- ◇ 针对 JSP 开发中频繁使用的功能提供了简单易用的标签,从而简化了 JSP 开发。
- ◇ 作为 JSP 规范,以统一的方式减少了 JSP 中的 Java 代码数量,力图提供一个无脚本环境。
- ◇ 在应用程序服务器之间提供了一致的接口,最大程度地提高了 Web 应用在各应用服务器之间的可移植性。

JSTL 提供的标签库分为 5 个部分:
- ◇ 核心标签库
- ◇ 国际化输出标签库(I18N 标签库)
- ◇ XML 标签库
- ◇ SQL 标签库
- ◇ EL 函数库

本章的理论篇重点讲解核心标签库、国际化标签库和 EL 函数库,其余将在实践篇中讲解。

【示例 6.4】　使用 JSTL 实现 HTTP 请求报文头信息输出。

创建 JSP 文件 stltest.jsp,代码如下:

```
<%@ page language="java" contentType="text/html; charset=gbk"%>
<%@taglib uri="http://java.sun.com/jsp/jstl/core" prefix="c"%>
<html>
<head>
<title>JSTL示例</title>
</head>
<body>
<table border="1">
    <tr>
        <th>Header</th>
        <th>Value</th>
    </tr>
    <c:forEach var="entry" items="${header}">
        <tr>
            <td>${entry.key }</td>
            <td>${entry.value }</td>
        </tr>
    </c:forEach>
</table>
</body>
</html>
```

上述代码中,使用了 JSTL 核心标签库中的 forEach 标签遍历输出 HTTP 请求报文头

· 99 ·

信息。当 JSP 页面中使用 JSTL 时，必须设置 taglib 指令引入所需要的标签库，例如：

<%@taglib uri="http://java.sun.com/jsp/jstl/core" prefix="c"%>

taglib 指令中的 uri 属性指明标签库描述文件的路径；prefix 属性指明标签库的前缀，使用标签库中的标签时必须指定前缀，如"<c:forEach>"。

启动 Tomcat，在 IE 浏览器中访问 http://localhost:8080/ch06/jstltest.jsp，运行结果如图 6-4 所示。

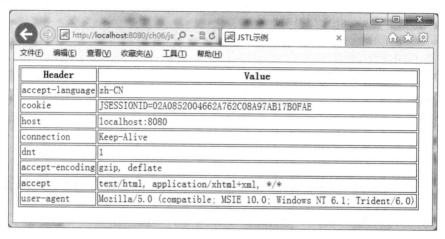

图 6-4 利用 JSTL 输出 HTTP 请求头信息

本章示例使用 JSTL1.1 版本，支持 EL 表达式语言。关于 JSTL1.1 库中的 jar 包配置，请见实践篇中的实践 6。

6.2.2 核心标签库

核心标签库是 JSTL 中比较重要的标签库，JSP 页面中常用的标签都定义在核心标签库中。核心标签库中按功能又分为通用标签、条件标签、迭代标签和 URL 操作标签。通用标签用于操作变量；条件标签用于进行条件判断和处理；迭代标签用于循环遍历一个集合；URL 标签用于一些针对 URL 的操作。

要在 JSP 页面中使用核心标签库，需要使用 taglib 指令导入，核心标签库通常使用前缀"c"，语法格式如下：

<%@taglib uri="http://java.sun.com/jsp/jstl/core" prefix="c"%>

1. 通用标签

通用标签包括以下四种：
- <c:out>
- <c:set>
- <c:remove>
- <c:catch>

(1) <c:out>：输出数据。

其语法格式如下：

```
<c:out value="value"/>
```

其中,"value"表示要输出的数据,可以是一个 EL 表达式或静态值。

(2) <c:set>:设置指定范围内的变量值。

其语法格式如下:

```
<c:set var="name" value="value" scope="page|request|session|application"/>
```

其中:

- var:指定变量的名称。
- value:设置变量的值。
- scope:指定变量的范围,可以是 page、request、session 或 application,缺省为 page。

(3) <c:remove>:删除指定范围中的某个变量或属性。

其语法格式如下:

```
<c:remove var="name" scope="page|request|session|application"/>
```

其中:

- var:指定要删除的变量的名称。
- scope:指定变量所在的范围。

(4) <c:catch>:捕获其内部代码抛出的异常。

其语法格式如下:

```
<c:catch var="name">
</c:catch>
```

其中,"var"用于标识这个异常的名字。

【示例 6.5】 使用<c:set>设置变量 e,使用<c:out>在页面中显示 e 的值,使用<c:remove>从 session 中删除 e,使用<c:catch>捕获异常。

创建 JSP 文件 comm.jsp,代码如下:

```
<%@ page language="java" contentType="text/html; charset=gbk"%>
<%@taglib uri="http://java.sun.com/jsp/jstl/core" prefix="c"%>
<html>
<head>
<title>例6.1</title>
</head>
<body>
<c:catch var="ex">
    <c:set var="e" value="${param.p+1}" scope="session" />
    变量的值为<c:out value="${e}" />
    <c:remove var="e" scope="session" />
</c:catch>
<c:out value="${ex}" />
</body>
</html>
```

上述代码中，e 的值为请求参数 p 的值再加 1，即设置<c:set>标签的 value 为 ${param.p+1}。<c:catch var="ex">捕获异常并将异常对象使用 ex 进行标识，然后使用 <c:out value="${ex}"/>输出异常信息。

启动 Tomcat，在 IE 浏览器中访问 http://localhost:8080/ch06/comm.jsp?p=9，运行结果如图 6-5 所示。

图 6-5 comm.jsp 无异常时结果

将参数 p 的值改为非数字时，页面在对${param.p+1}运算时会发生异常。在 IE 浏览器中访问 http://localhost:8080/ch06/comm.jsp?p=a，运行结果如图 6-6 所示。

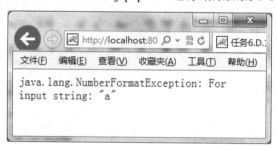

图 6-6 comm.jsp 发生异常时结果

2. 条件标签

在 JSTL 中，条件标签包括：

- ✧ <c:if>
- ✧ <c:choose>
- ✧ <c:when>
- ✧ <c:otherwise>

(1) <c:if>：用于进行条件判断。

其语法格式如下：

```
<c:if test="condition" var="name" scope="page|request|session|application">
    //condition为true时执行的代码
</c:if>
```

其中：

- ✧ test：指定条件，通常使用 EL 进行条件运算。
- ✧ var：指定变量，保存 test 属性运算结果。
- ✧ scope：指定 var 属性对应变量的保存范围。

上述属性中，test 属性必须指定，而 var 和 scope 属性可省略。

(2) <c:choose>：用于条件选择，和<c:when>以及<c:otherwise>一起使用。

其语法格式如下：

```
<c:choose>
     //<c:when>和<c:otherwise>子标签
</c:choose>
```

(3) <c:when>：代表<c:choose>的一个分支。

其语法格式如下：

```
<c:when test="condition">
     //condition为true时执行的代码
</c:when>
```

<c:when>必须以<c:choose>作为父标签，且必须在<c:otherwise>之前。

(4) <c:otherwise>：代表<c:choose>的最后选择，其语法格式如下：

```
<c:otherwise >
     //执行的代码
</c:otherwise >
```

<c:otherwise >必须以<c:choose>作为父标签，且必须是最后一个分支。

【示例6.6】 JSTL 条件标签的使用方法。

创建 JSP 文件 condition.jsp，代码如下：

```
<%@ page language="java" contentType="text/html; charset=gbk"%>
<%@taglib uri="http://java.sun.com/jsp/jstl/core" prefix="c"%>
<html>
<head>
<title>JSTL条件标签</title>
</head>
<body>
<c:set var="n" value="49" />
<c:if test="${n<60}">
     <c:set var="color" value="red" />
</c:if>
<font color="${color }">
<c:choose>
     <c:when test="${n>=90}">
          您的成绩优秀！
```

```
        </c:when>
        <c:when test="${n}>=80}">
            您的成绩良好!
        </c:when>
        <c:when test="${n}>=60}">
            您的成绩及格!
        </c:when>
        <c:otherwise>
            注意:您的成绩不及格!
        </c:otherwise>
    </c:choose>
</font>
</body>
</html>
```

上述代码中,使用<c:set>设置了一变量 n 并赋值;使用<c:if>判断 n 的值,当 n 的值小于 60 时设置 color 变量为"red";使用<c:choose>、<c:when>和<c:otherwise>进行多分支判断,输出不同内容。

启动 Tomcat,在 IE 浏览器中访问 http://localhost:8080/ch06/condition.jsp,因为 n 的值为 49,所以颜色是红色,输出"注意:您的成绩不及格!",如图 6-7 所示。

图 6-7 condition.jsp 的运行结果

改变变量 n 的值,可以观察不同的运行结果。

3. 迭代标签

在 JSP 开发中,迭代是经常使用的操作,JSTL 提供的迭代标签简化了迭代操作代码。JSTL 中的迭代标签包括:

◆ <c:forEach>;

◆ <c:forTokens>。

(1) <c:forEach>:用于遍历集合或迭代指定的次数。

其语法格式如下:

```
<c:forEach var="name" items="collection" varStatus="statusname" begin="begin"         end="end" step="step">
    //标签体内容
```

```
</c:forEach>
```

其中：

✧ var：指定用于存放集合中当前遍历元素的变量名称。

✧ items：指定要遍历的集合，可以是数组、List 或 Map，该属性必须指定。

✧ varStatus：指定存放当前遍历状态的变量名称，varStatus 的常用属性有 current(当前迭代的项)、intdex(当前迭代从 0 开始的索引)和 count(当前迭代从 1 开始的迭代计数)三个。

✧ begin：值为整数，指定遍历的起始索引。

✧ end：值为整数，指定遍历的结束索引。

✧ step：值为整数，指定迭代的步长。

注意　上述属性中，通常 items 和 var 一起指定，其他属性可以省略。

(2) <c:forTokens>：用于遍历使用分隔符分割字符串后的字符串集合。

其语法格式如下：

```
<c:forTokens items="string" delims="delimiters" var="name"
varStatus="statusname">
    //标签体内容
</c:forTokens>
```

其中：

✧ items：指定要遍历的字符串。

✧ delims：指定分隔符，可以指定一个或者多个分隔符。

✧ var：指定存放当前遍历元素的变量名称。

✧ varStatus：含义和用法与 forEach 中的 varStatus 相同。

注意　上述属性中 items 和 delims 必须指定，其他可以省略。

【示例 6.7】　演示 JSTL 中两种迭代标签的使用方法。

创建 JSP 文件 foreach.jsp，代码如下：

```
<%@ page language="java" contentType="text/html; charset=gbk"%>
<%@taglib uri="http://java.sun.com/jsp/jstl/core" prefix="c"%>
<html>
<head>
<title>JSTL迭代标签</title>
</head>
<body>
<%
    String[] names = { "Sun", "Microsoft", "IBM", "Dell", "Sony" };
    request.setAttribute("name", names);
```

```
%>
公司名称：
<br />
<c:forEach var="company" items="${name}" begin="0" end="2">
      ${company }<br />
</c:forEach>
<br />
语言有：
<br />
<c:forTokens items="Java:JavaEE;JSP|Servlet,ASP" delims=":;|,"
           var="language" varStatus="status">
           ${status.count }  ${language}<br />
</c:forTokens>
</body>
</html>
```

上述代码中，定义了一个字符串数组并保存在 request 范围中，使用<c:forEach>遍历该数组中下标从 0 到 2 的元素；使用<c:forTokens>分隔字符串并遍历。

启动 Tomcat，在 IE 浏览器中访问 http://localhost:8080/ch06/foreach.jsp，运行结果如图 6-8 所示。

图 6-8　foreach.jsp 运行结果

4．URL 标签

URL 标签主要包括以下三个标签：

✧　<c:import>；

✧　<c:redirect>；

✧　<c:url>。

 和 URL 相关的标签使用较少，本节只简要介绍 import 标签。

<c:import>标签主要用于将一个静态或动态文件包含到当前 JSP 页面中,所包含的对象不再局限于本地 Web 应用程序,其他 Web 应用中的文件或 FTP 资源同样可以包含进来。其语法格式如下:

```
<c:import url="url" var="name" scope="page|request|session|application"
          charEncoding="encoding" />
```

其中:
- url 指定被包含文件的 URL。
- var 指定存放此包含文件的变量名称。
- scope 指定保存变量的范围。
- charEncoding 指定包含文件内容的字符集,例如 utf-8、gbk 等。

在<c:import>标签中必须要有 url 属性,它可以为绝对地址或相对地址。例如使用绝对地址的写法如下:

```
<c:import url="http://java.sun.com"/>
```

上述语句中,通过 import 标签把 http://java.sun.com 网页的内容加入到当前网页中。

import 标签与 include 动作最大的区别就在于:include 动作只能包含与当前文件在同一个 Web 应用下的文件,而 import 标签可以包含不同 Web 应用下的文件或其他网站的文件。

6.2.3 I18N 标签库

国际化(I18N)与格式化标签库可用于创建支持多种语言的国际化 Web 应用程序,对数字和日期时间的输出进行标准化。

导入 I18N 标签库的 taglib 指令如下:

```
<%@taglib uri="http://java.sun.com/jsp/jstl/fmt" prefix="fmt"%>
```

I18N 标签库中的标签主要有:
- <fmt:setLocale>;
- <fmt:bundle>;
- <fmt:setBundle>;
- <fmt:message>;
- <fmt:formatNumber>;
- <fmt:formatDate>。

(1) <fmt:setLocale>:用于重写客户端指定的区域设置。

其语法格式如下:

```
<fmt:setLocale value="setting" variant="variant"
scope="page|request|session|application"/>
```

其中:
- value:指定语言和国家代码,例如 zh_CN。
- variant:指定浏览器变量。
- scope:指定变量范围。

上述属性中，value 属性必须设置，其他属性可以省略。

(2) <fmt:bundle>：加载本地化资源包。

其语法格式如下：

```
<fmt:bundle basename="basename">
    //标签体内容
</fmt:bundle>
```

其中，"basename"指定资源包的名称，该名称不包括".properties"后缀名。

(3) <fmt:setBundle>：加载一个资源包，并将它存储在变量中。该标签是个空标签。

其语法格式如下：

```
<fmt:setBundle basename="basename" var="name"
    scope="page|request|session|application"/>
```

其中：
- basename：指定资源包的名称。
- var：指定变量名称。
- scope：指定变量的范围。

(4) <fmt:message>：输出资源包中键映射的值。

其语法格式如下：

```
<fmt:message key="messageKey"/>
```

其中，"key"指定消息的关键字。

(5) <fmt:formatNumber>：格式化数字。

其语法格式如下：

```
<fmt:formatNumber value="value" var="name" pattern="pattern"
    scope="page|request|session|application"
    type="number|currency|percent"
groupingUsed="true|false"/>
```

其中：
- value：指定需要格式化的数字。
- var：指定变量名称。
- pattern：指定格式化样式，例如"#####.##"。
- scope：指定变量范围。
- type：指定值的类型，可以是 number(数字)、currency(货币)或 percent(百分比)。
- groupingUsed：指明是否将数字进行间隔，例如"123,456.00"。

注意

上述属性中 value 属性必须设置，其他属性可以省略。

(6) <fmt:formatDate>：格式化日期。

其语法格式如下：

第 6 章 EL 和 JSTL

```
<fmt:formatDate value="value" var="name" pattern="pattern"
    scope="page|request|session|application"
    type="time|date|both"/>
```

其中：
- ◆ value：指定需要格式化的时间和日期，该值必须设置。
- ◆ var：指定变量名称。
- ◆ scope：指定变量范围。
- ◆ type：指定类型，可以是 time(时间)、date(日期)或 both(时间和日期)。
- ◆ pattern：指定格式化日期时间的样式，例如"yyyy-MM-dd hh:mm:ss"。

【示例 6.8】 演示国际化及格式化标签的使用方法。

创建 JSP 文件 format.jsp，代码如下：

```
<%@ page language="java" contentType="text/html; charset=gbk"%>
<%@taglib uri="http://java.sun.com/jsp/jstl/core" prefix="c"%>
<%@taglib uri="http://java.sun.com/jsp/jstl/fmt" prefix="fmt"%>
<%@page import="java.util.Date"%>
<html>
<head>
<title>JSTL格式化标签</title>
</head>
<body>
<c:set var="salary" value="8888.88" />
<%
    request.setAttribute("date", new Date());
%>
工资：${salary }
<br />
使用en_US
<fmt:setLocale value="en_US" />
格式化工资为：
<fmt:formatNumber type="currency" value="${salary}" />
<br />
使用zh_CN
<fmt:setLocale value="zh_CN" />
格式化工资为：
<fmt:formatNumber type="currency" value="${salary}" />
<br />
<br />
当前日期为：
<fmt:formatDate value="${date}" pattern="yyyy-MM-dd hh:mm:ss" />
```

· 109 ·

```
</body>
</html>
```

上述代码中,使用 taglib 指令将 JSTL 的核心标签库和格式化标签库导入;使用<c:set>设置一个变量 salary 并赋值;取出系统当前时间并存放到请求对象中;使用<fmt:setLocale>设置语言国家;最后使用<fmt:formatNumber>和<fmt:formatDate>格式化数字和日期并输出。

启动 Tomcat,在 IE 浏览器中访问 http://localhost:8080/ch06/format.jsp,运行结果如图 6-9 所示。

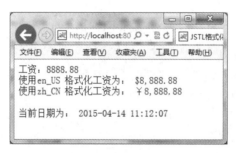

图 6-9 格式化标签

国际化的原理是将页面中显示的文字存放在属性文件中,每种语言都有一个对应的属性文件;JSP 页面中使用国际化标签将属性文件中的文字显示出来,所以选择不同的语言时页面就会显示不同语言的文字。

属性文件要求使用下述格式命名:

文件名_语言.properties

例如:

filename_zh.properties 是中文属性文件;

filename_en.properties 是英文属性文件。

如果同一种语言还需要区分不同国家,则使用如下格式:

文件名_语言-国家.properties

例如:"filename_en-US.properties"是美国英语属性文件。

【示例 6.9】 使用国际化标签实现站点国际化。

按照要求,页面需要支持中文和英文两种语言,所以创建两个属性文件 labels_zh.properties 和 labels_en.properties,labels_en.properties 文件内容如下:

```
title=Language
select_language=Please select your preferrd language:
chinese=Chinese
english=English
submit=submit
```

labels_zh.properties 文件内容如下:

```
title=语言
select_language=请选择您的首选语言:
```

```
chinese=中文
english=英语
submit=提交
```

属性文件以"key=value"形式保存信息,各个属性文件的 key 相同,但对应的 value 采用不同的语言。

labels_zh.properties 中文属性文件需要使用 JDK 中的工具 native2ascii 转换成 ASCII 编码,Windows 系统可在命令行控制台下输入如下命令完成转码:

```
native2ascii -encoding gbk labels_zh.properties
```

转换后的 labels_zh.properties 内容如下:

```
title=\u8bed\u8a00
select_language=\u8bf7\u9009\u62e9\u60a8\u7684\u9996\u9009\u8bed\u8a00:
chinese=\u4e2d\u6587
english=\u82f1\u8bed
submit=\u63d0\u4ea4
```

将转换后生成的代码拷贝到 labels_zh.properties 文件中,覆盖原来的代码。

 属性文件需要存放在项目中 Java 代码的顶级目录里。

使用 i18n.jsp 页面显示数据,代码如下:

```
<%@ page language="java" contentType="text/html;charset=gbk"%>
<%@taglib uri="http://java.sun.com/jsp/jstl/core" prefix="c"%>
<%@taglib uri="http://java.sun.com/jsp/jstl/fmt" prefix="fmt"%
<%@page import="java.util.Date"%>
<html>
<head>
<!-- 默认设置为zh -->
<fmt:setLocale value="zh" />
<!-- 根据表单参数language的值设置不同的语言 -->
<c:if test="${param.language=='zh'}">
        <fmt:setLocale value="zh" />
</c:if>
<c:if test="${param.language=='en'}">
        <fmt:setLocale value="en" />
</c:if>
<!-- 加载属性文件 -->
<fmt:setBundle basename="labels" />
<title><fmt:message key="title" /></title>
</head>
<body>
<fmt:message key="select_language" />
```

```
<p>
<form action="i18n.jsp">
    <input type="radio" name="language" value="zh" />
    <fmt:message key="chinese" /><br />
        <input type="radio" name="language" value="en" />
        <fmt:message key="english" /><br />
        <input type="submit" value="<fmt:message key="submit"/>" />
    </form>
    </p>
</body>
</html>
```

上述页面代码中，使用<fmt:setLocal>设置语言；使用<fmt:setBundle>加载属性文件，basename 的值为属性文件名称(需要去掉名称后面的语言等后缀)；使用<fmt:message>显示属性文件中某个 key 值对应的信息。

启动 Tomcat，在 IE 浏览器中访问 http://localhost:8080/ch06/i18n.jsp，运行结果如图 6-10 所示。

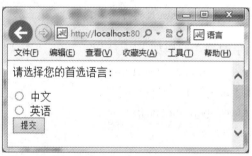

图 6-10　中文页面

选中英语，单击"提交"按钮，结果如图 6-11 所示。

图 6-11　英文页面

6.2.4　EL 函数库

JSTL 中针对一些使用非常频繁的功能提供了一系列 EL 函数，这些 EL 函数主要提供了对字符串处理的功能，此外还可以利用 EL 函数获取集合的大小。EL 函数的名称和功能如表 6-6 所示。

表 6-6　JSTL 提供的 EL 函数

函数名称	描　　述
contains(String string, String substring)	判断字符串是否包含另一个字符串，如果参数 string 中包含参数 substring，则返回 true。例如： <c:if test="${fn:contains(name,search)}" " >
containsIgnoreCase(String string, Stringsubstring)	判断字符串是否包含另一个字符串，不区分大小写
endsWith(String string,String suffix)	判断字符串是否以特定字符串结尾，如果参数 string 以参数 suffix 结尾，返回 true。例如： <c:if test="${fn:endsWith(name, 'lucy')}" " >
escapeXml(String string)	将字符串中的 XML/HTML 特殊字符转化为实体字符
indexOf(String string, String substring)	查找字符串 string 中子字符串 substring 第一次出现的位置。例如： ${fn:indexOf(name, "-")}
join(String[ ] array, String separator)	将数组 array 中的每个字符串用给定的分割符 separator 连接为一个字符串。例如： ${fn:join(array, ",")}
length(Object item)	返回参数 item 中包含元素的数量。item 的类型可以为集合、数组、字符串。例如： ${fn:length(list)}
replace(String string, String before, String after)	返回一个 String 对象。用参数 after 字符串替换参数 string 中所有出现参数 before 字符串的地方，并返回替换后的结果。例如： ${fn:replace(str, "lucy", "lili")}
split(String string, String separator)	返回一个数组，以参数 separator 为分割符，分割参数 string，分割后的每一部分就是数组的一个元素。例如： ${fn:split(names, ",")}
startsWith(String string, String prefix)	判断字符串是否以特定字符串开始，如果参数 string 以参数 prefix 开头，则返回 true。例如： ${fn:startsWith(name, "L")}
substring(String string, int begin, int end)	返回参数 string 部分字符串，从参数 begin 开始到参数 end 位置，包括 end 位置的字符。例如： ${fn:substring(str, 2, 5)}
substringAfter(String string, String substring)	返回参数 substring 在参数 string 中后面的那一部分字符串
substringBefore(String string, String substring)	返回参数 substring 在参数 string 中前面的那一部分字符串
toLowerCase(String string)	将参数 string 所有的字符变为小写，并将其返回。例如： ${fn:toLowerCase(somename)}
toUpperCase(String string)	将参数 string 所有的字符变为大写，并将其返回。例如： ${fn:toUpperCase(somename)}
trim(String string)	去除参数 string 首尾的空格，并将其返回

导入上述函数的 taglib 指令如下：

`<%@taglib uri="http://java.sun.com/jsp/jstl/functions" prefix="fn"%>`

使用 EL 函数的语法为

`${fn:函数名(参数列表)}`

【示例 6.10】 使用 "、" 将数组中的每个字符串连接后输出，并输出数组的长度。

创建 JSP 文件 ELFunction.jsp，代码如下：

```
<%@ page language="java" contentType="text/html; charset=GBK"
    pageEncoding="GBK"%>
<%@taglib uri="http://java.sun.com/jsp/jstl/functions" prefix="fn"%>
<html>
<head>
<title>JSTL函数</title>
</head>
<body>
<%
    //示例数据
    String[] books = { "三国演义","水浒传","西游记","红楼梦" };
    request.setAttribute("books", books);
%>
${fn:join(books,"、") }是中国古典小说的${fn:length(books)}大名著。
</body>
</html>
```

启动 Tomcat，在 IE 浏览器中访问 http://localhost:8080/ch06/ELFunction.jsp，运行结果如图 6-12 所示。

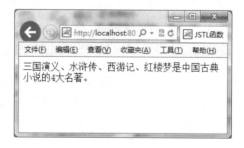

图 6-12　EL 函数的使用

本 章 小 结

通过本章的学习，学生能够学会：

- ◇ EL 的隐含对象有 pageScope、requestScope、sessionScope、applicationScope、param、paramValues、initParam 等。

- EL 中可以使用算术运算符、关系运算符和逻辑运算符进行运算。
- JSTL 简化了 JSP 开发，提供了一个无脚本环境。
- JSTL 提供了 5 个标签库：核心标签库、I18N 标签库、XML 标签库、SQL 标签库和 EL 函数库。
- 在 JSP 页面中使用标签库，需要使用 taglib 指令导入，格式如下：

<%@taglib uri="标签库uri路径" prefix="前缀名"%>

- 核心标签库中有通用标签、条件标签、迭代标签和 URL 标签。
- 常用的通用标签有<c:out>、<c:set>、<c:remove>和<c:catch>。
- 条件标签有<c:if>、<c:choose>、<c:when>和<c:otherwise>。
- 迭代标签有<c:forEach>、<c:forTokens>。
- URL 标签有<c:import>、<c:redirect>和<c:url>。
- 常用的 I18N 标签有<fmt:setLocale>、<fmt:bundle>、<fmt:setBundle>、<fmt:message>、<fmt:formatNumber>、<fmt:formatDate>。
- EL 函数主要提供了对字符串处理的功能，此外还可以利用 EL 函数获取集合的大小。

本 章 练 习

1. 下列关于 EL 的说法，正确的是_____。
   A. EL 可以访问所有的 JSP 内置对象
   B. EL 可以读取 JavaBean 的属性值
   C. EL 可以修改 JavaBean 的属性值
   D. EL 可以调用 JavaBean 的任何方法

2. 下列关于 EL 的使用语法，正确的是_____。(多选)
   A. ${1 + 2 == 3 ? 4 : 5}
   B. ${param.name + paramValues[1]}
   C. ${someMap[var].someArray[0]}
   D. ${someArray["0"]}

3. 下列关于 JSTL 条件标签的说法，正确的是_____。(多选)
   A. 单纯使用 if 标签可以表达 if…else…的语法结构
   B. when 标签必须在 choose 标签内使用
   C. otherwise 标签必须在 choose 标签内使用
   D. 以上都不正确

4. 下列代码的输出结果是_____。

```
<%
  int[] a = new int[] { 1, 2, 3, 4, 5, 6, 7, 8 };
  pageContext.setAttribute("a", a);
%>
<c:forEach items="${a}" var="i" begin="3" end="5" step="2">
```

${i }
</c:forEach>

  A. 1 2 3 4 5 6 7 8
  B. 3 5
  C. 4 6
  D. 4 5 6

5. 下列指令中，可以导入 JSTL 核心标签库的是_____。(多选)

  A. <%@taglib url="http://java.sun.com/jsp/jstl/core" prefix="c"%>
  B. <%@taglib url="http://java.sun.com/jsp/jstl/core" prefix="core"%>
  C. <%@taglib uri="http://java.sun.com/jsp/jstl/core" prefix="c"%>
  D. <%@taglib uri="http://java.sun.com/jsp/jstl/core" prefix="core"%>

6. 下列代码中，可以取得 ArrayList 类型的变量 x 的长度的是_____。

  A. ${fn:size(x)}
  B. <fn:size value="${x}" />
  C. ${fn:length(x)}
  D. <fn:length value="${x}" />

7. JSTL 分为_____、_____、_____、_____、_____五部分。

8. 在页面接收用户输入的字符串，使用 JSTL 将此字符串反向输出，不允许使用 Java 代码。如用户输入"abcdefg"，则输出"gfedcba"。

9. 使用 JSTL 在页面输出 1 到 100 的质数，不允许使用 Java 代码。

第7章 监听和过滤

本章目标

- 了解动态网站开发技术
- 了解监听器原理及生命周期中的方法
- 掌握 Servlet 上下文监听
- 掌握 Http 会话监听
- 了解请求监听
- 理解过滤器原理及生命周期
- 掌握实现一个过滤器的步骤
- 了解过滤器链

7.1 监听器

监听器（Listener）可以监听客户端的请求、服务器端的操作。通过监听器可以自动触发一些事件，比如监听在线的用户数量。监听器对象可以在事件发生前、发生后做一些必要的处理。

7.1.1 监听器概述

有过 Java AWT 编程体验的程序员一定对其中的事件处理机制不陌生，也应该对诸如 WindowListener、MouseListener 等事件监听器感到熟悉。Servlet2.3 规范以后也加入了与 AWT 中事件处理机制类似的事件处理类，即 Servlet 监听器。

Servlet 监听器的作用是监听 Servlet 应用中的事件，并根据需求作出适当的响应。如表 7-1 所示为 8 个监听器接口和 6 个事件类。

表 7-1　Listener 接口和 Event 类

监听对象	Listener	Event
监听 Servlet 上下文	ServletContextListener	ServletContextEvent
	ServletContextAttributeListener	ServletContextAttributeEvent
监听 Session	HttpSessionListener	HttpSessionEvent
	HttpSessionActivationListerner	
	HttpSessionAttributeListener	HttpSessionBindingEvent
	HttpSessionBindingListener	
监听 Request	ServletRequestListener	ServletRequestEvent
	ServletRequestAttributeListener	ServletRequestAttributeEvent

在 web.xml 中配置监听器的格式如下：

```
<listener>
    <listener-class>监听类</listener-class>
</listener>
```

7.1.2 上下文监听

Servlet 上下文监听器有 2 个：ServletContextListener 和 ServletContextAttributeListener。

1. ServletContextListener

ServletContextListener 接口用于监听 Servlet 上下文的变化，该接口提供 2 个方法：
- contextInitialized(ServletContextEvent event)方法：当 ServletContext 对象创建的时候，将会调用此方法进行处理。

✧ contextDestroyed(ServletContextEvent event)方法：当 ServletContext 对象销毁的时候（例如关闭 Web 容器或重新加载应用），将会调用此方法进行处理。

上述两个方法被称为"Web 应用程序的生命周期方法"。在这两个方法中，都需要一个 ServletContextEvent 类型的参数，该类只有一个方法，即 ServletContext getServletContext()，获得 ServletContext 对象。

2. ServletContextAttributeListener

ServletAttributeListener 接口用于监听 ServletContext 中属性的变化，该接口提供 3 个方法，分别用于处理 ServletContext 中属性的增加、删除和修改：

✧ void attributeAdded(ServletContextAttributeEvent event)：当 ServletContext 中增加一个属性时，将会调用此方法进行处理。

✧ void attributeRemoved(ServletContextAttributeEvent event)：当 ServletContext 中删除一个属性时，将会调用此方法进行处理。

✧ void attributeReplaced(ServletContextAttributeEvent event)：当 ServletContext 中修改一个属性值时，将会调用此方法进行处理。

在应用中，如果监听类同时实现 ServletContextListener 和 ServletContextAttributeListener 两个接口，则其工作流程如下：

（1）Web 应用启动的时候，contextInitialized(ServletContextEvent event)方法进行初始化。

（2）如果在 Application 范围内添加一个属性，将会触发 ServletContextAttributeEvent 事件，通过 AttributeAdded(ServletContextAttributeEvent event)方法进行处理。

（3）如果在 Application 的范围内修改属性值，将会触发 ServletContextAttributeEvent 事件，通过 AttributeReplaced(ServletContextAttributeEvent event)方法进行处理。

（4）如果在 Application 的范围内删除一个属性，将会触发 ServletContextAttributeEvent 事件，通过 AttributeRemoved(ServletContextAttributeEvent event)方法进行处理。

（5）Web 应用关闭时，contextDestroyed(ServletContextEvent event)方法进行卸载。上下文监听器的工作流程如图 7-1 所示。

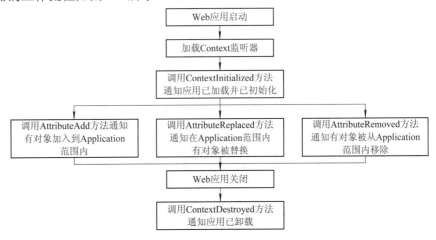

图 7-1 上下文监听器的工作流程

在实际应用中，自定义的类可以实现 ServletContextListener 和 ServletContextAttributeListener 其中之一，从而完成特定的应用。

【示例 7.1】 实现 Servlet 上下文监听器接口，当系统调用事件处理方法时，把对应的方法及参数信息写入文件中。

创建 JSP 页面 MyContextListener.java，代码如下：

```java
public class MyContextListener implements ServletContextListener,
        ServletContextAttributeListener {
    public MyContextListener() {
    }
    //上下文初始化
    public void contextInitialized(ServletContextEvent sce) {
        logout("contextInitialized()-->ServletContext初始化了");
    }
    //添加属性
    public void attributeAdded(ServletContextAttributeEvent scae) {
        logout("增加了一个ServletContext属性：attributeAdded('" +
            scae.getName()+ "', '" + scae.getValue() + "')");
    }
    //修改属性
    public void attributeReplaced(ServletContextAttributeEvent scae) {
        logout("某个ServletContext的属性被改变：attributeReplaced ('"
            +scae.getName()+ "', '" + scae.getValue() + "')");
    }
    //移除属性
    public void attributeRemoved(ServletContextAttributeEvent scae) {
        logout("删除了一个ServletContext属性：attributeRemoved ('"
            +scae.getName()+ "', '" + scae.getValue() + "')");
    }
    //上下文销毁
    public void contextDestroyed(ServletContextEvent arg0) {
        logout("contextDestroyed()-->ServletContext被销毁");
    }
    //写日志信息
    private void logout(String message) {
        PrintWriter out = null;
        try {
            out = new PrintWriter(new FileOutputStream("C:\\log.txt",
                    true));
            SimpleDateFormat datef =
```

```
                    new SimpleDateFormat("yyyy-MM-dd hh:mm:ss");
                String curtime = datef.format(new Date());
                out.println(curtime + "::Form ContextListener: " +
                        message);
                out.close();
        } catch (Exception e) {
            out.close();
            e.printStackTrace();
        }
    }
}
```

上述代码中，MyContextListener 类实现了 ServletContextListener 和 ServletContextAttributeListener 两个监听接口，并在不同的事件处理方法中将相应信息写入文件中。

在 web.xml 中注册此监听类，配置如下：

```
<listener>
    <listener-class>com.dh.listener.MyContextListener</listener-class>
</listener>
```

context.jsp 中代码用于实现上下文属性的添加和删除，代码如下：

```
<%@ page language="java" contentType="text/html; charset=GBK"%>
<%
    out.println("添加属性<br><hr>");
    config.getServletContext().setAttribute("userName", "king");
    out.println("修改属性<br><hr>");
    config.getServletContext().setAttribute("userName", "king2");
    out.println("删除属性<br><hr>");
    config.getServletContext().removeAttribute("userName");
%>
```

上述代码中，通过 config 隐含对象获取 ServletContext 对象，然后往 ServletContext 对象中添加、修改并删除属性。

启动 Tomcat，在 IE 浏览器中访问 http://localhost:8080/ch07/context.jsp，运行结果如图 7-2 所示。

图 7-2　contex.jsp 运行结果

生成的 log.txt 文件内容如下：

2010-03-01 02:54:46::Form ContextListener:
contextInitialized()-->ServletContext初始化了
......
2010-10-15 05:48:19::Form ContextLisnter:增加了一个ServletContext属性：attributeAdded('userName','king')
2010-10-15 05:48:19::Form ContextLisnter:某个ServletContext的属性被改变：attributeReplaced('userName','king')
2010-10-15 05:48:19::Form ContextLisnter:删除了一个ServletContext属性：attributeRemoved('userName','king2')

7.1.3 会话监听

针对 Session 会话的监听器有 4 个：HttpSessionListener、HttpSessionActivationListener、HttpSessionBindingListener 和 HttpSessionAttributeListener。

1. HttpSessionListener

HttpSessionListener 接口用于监听 HTTP 会话的创建和销毁，该接口提供了 2 个方法：

- sessionCreated(HttpSessionEvent event)方法：当一个 HttpSession 对象被创建时，将会调用此方法进行处理。
- sessionDestroyed(HttpSessionEvent event)方法：当一个 HttpSession 超时或者销毁时，将会调用此方法进行处理。

这两个方法的参数都是 HttpSessionEvent 事件类，该类的 getSession()方法返回当前创建的 Session 对象。

2. HttpSessionActivationListener

HttpSessionActivateionListener 接口用于监听 HTTP 会话的有效（active）、无效（passivate）情况，该接口提供 2 个方法：

- sessionDidActivate(HttpSessionEvent event)方法：当 Session 变为有效状态时，调用此方法进行处理。
- sessionWillPassivate(HttpSessionEvent event)方法：当 Session 变为无效状态时，调用此方法进行处理。

3. HttpSessionBindingListener

HttpSessionBindingListener 接口用于监听 HTTP 会话中对象的绑定信息，它是唯一不需要在 web.xml 中配置的 Listener，该接口提供了 2 个方法：

- valueBound(HttpSessionBindingEvent event)方法：当有对象加入 Session 中，自动调用此方法进行处理。
- valueUnBound(HttpSessionBindingEvent event)方法：当有对象从 Session 中移除时，自动调用此方法进行处理。

4. HttpSessionAttributeListener

HttpSessionAttributeListener 接口用于监听 HTTP 会话中属性的变化,该接口提供 3 个方法:

- ◇ attributeAdded(HttpSessionBindingEvent event)方法:当 Session 中增加一个属性时,将会调用此方法进行处理。
- ◇ attributeReplaced(HttpSessionBindingEvent event)方法:当 Session 中修改一个属性时,将会调用此方法进行处理。
- ◇ attributeRemoved(HttpSessionBindingEvent event)方法:当 Session 中删除一个属性时,将会调用此方法进行处理。

HttpSessionBindingListener 和 HttpSessionAttributeListener 接口中提供的方法参数类型都是 HttpSessionBindingEvent 事件类型,该类主要有 3 个方法:getName()、getValue()和 getSession()。

【示例 7.2】 使用会话监听器实现在线人数的统计。

创建 Java 文件 OnlineUser.java,代码如下:

```java
public class OnlineUser implements ServletContextListener, HttpSessionListener {
    //在线人数
    private int count = 0;
    ServletContext ctx = null;
    //初始化ServletContext
    public void contextInitialized(ServletContextEvent e) {
        ctx = e.getServletContext();
    }
    //将ServletContext设置成null
    public void contextDestroyed(ServletContextEvent e) {
        ctx = null;
    }
    //当新创建一个HttpSession对象时,将当前的在线人数加上1,并且保存到
    //ServletContext(application)中
    public void sessionCreated(HttpSessionEvent e) {
        count++;
        ctx.setAttribute("OnlineUser", new Integer(count));
    }
    //当一个HttpSession被销毁时(过期或者调用了invalidate()方法),将当前人数减去1,
    //并且保存到ServletContext(application)中
    public void sessionDestroyed(HttpSessionEvent e) {
        count--;
        ctx.setAttribute("OnlineUser", new Integer(count));
    }
}
```

上述代码中，OnlineUser 同时实现了 HttpSessionListener 接口和 ContextServletListener 接口。通过实现 ServletContextListener 接口，可以利用该接口的 contextCreated()方法来得到 ServletContext 对象，因此可以将在线人数放在 ServletContext 中(即 JSP 中的 application 内置对象中)。通过实现 HttpSessionListener 接口，可以利用该接口的 sessionCreated()方法，将计数器 count 加 1 并保存到 ServletContext 中，而在 sessionDestroyed()方法中，将计数器 count 减去 1 也保存到 ServletContext 中。这样当一个新的 HttpSession 对象被创建的时候，将会调用 sessionCreated()方法，而当一个 HttpSession 过期或者调用 invalidate()方法的时候，将会调用 sessionDestroyed()方法，从而实现当前在线人数的统计。

在 web.xml 中注册此监听类，配置如下：

```
<listener>
    <listener-class>com.dh.listener.OnlineUser</listener-class>
</listener>
```

编写 JSP 页面，显示在线人数，代码如下：

```
showOnlineUser.jsp
<%@ page language="java" contentType="text/html; charset=GBK"%>
当前在线人数：${applicationScope.OnlineUser}<br/>
```

在该 JSP 页面中使用 EL 表达式从 application 隐含对象中取出"OnlineUser"属性值并显示，该属性值就是在线用户数。

启动 Tomcat，在 IE 浏览器中访问 http://localhost:8080/ch07/showOnlineUser.jsp，运行结果如图 7-3 所示。

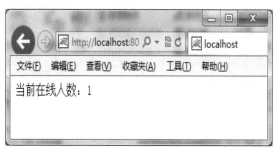

图 7-3　第一次访问结果

打开多个 IE 窗口，访问此页面，可以观察到在线人数的变化。

> page 指令的 session 属性默认值为 true，当打开一个新的 IE 进程窗口时，系统会创建一个 HttpSession 对象，在线人数就会加 1。

7.1.4　请求监听

利用请求监听器就可以监听客户端的请求。监听请求的监听器有 2 个：ServletRequestListener 和 ServletRequestAttributeListener。

1. ServletRequestListener 接口

ServletRequestListener 接口用于监听请求的创建和销毁，该接口提供 2 个方法：

- requestInitialized(ServletRequestEvent event)方法：当 Request 被创建及初始化时，调用此方法进行处理。
- requestDestroyed(ServletRequestEvent event)方法：当 Request 被销毁时，调用此方法进行处理。

2. ServletRequestAttributeListener 接口

ServletRequestAttributeListener 接口用于监听请求中属性的变化。该接口提供 3 个方法：

- attributeAdded(ServletRequestAttributeEvent event)方法：当 Request 中增加一个属性时，将会调用该方法进行处理。
- attributeReplaced(ServletRequestAttributeEvent event)方法：当 Request 中修改一个属性时，将会调用该方法进行处理。
- attributeRemoved(ServletRequstAttributeEvent event)方法：当 Request 中删除一个属性时，将会调用该方法进行处理。

ServletRequestEvent 事件类的常用方法是 getServletRequest()；ServletRequstAttributeEvent 事件类的常用方法是 getName()和 getValue()。

【示例7.3】 通过请求监听器来判断访问的客户端是本机登录还是远程登录。

创建 JSP 文件 LoginListener.java，代码如下：

```java
public class LoginListener
implements ServletRequestListener,ServletRequestAttributeListener {
    //请求销毁
    public void requestDestroyed(ServletRequestEvent event) {
            logout("请求对象销毁");
    }
    //请求初始化
    public void requestInitialized(ServletRequestEvent event) {
            logout("请求对象初始化");
            ServletRequest sr = event.getServletRequest();
            if(sr.getRemoteAddr().startsWith("127")){
                    sr.setAttribute("isLogin", true);
            }else{
                    sr.setAttribute("isLogin",false);
            }
    }
    //属性添加
    public void attributeAdded(ServletRequestAttributeEvent event) {
            logout("attributeAdded('"+event.getName()+"','"
                    +event.getValue()+"')");
```

```
    }
    //属性删除
    public void attributeRemoved(ServletRequestAttributeEvent event) {
            logout("attributeRemoved('"+event.getName()+"','"
                    +event.getValue()+"')");
    }
    //属性替换
    public void attributeReplaced(ServletRequestAttributeEvent event) {
            logout("attributeReplaced('"+event.getName()+"','"
                    +event.getValue()+"')");
    }
    //写日志信息
    private void logout(String message) {
            PrintWriter out = null;
            try {
                    out = new PrintWriter(new
                            FileOutputStream("C:\\request.txt",   true));
                    SimpleDateFormat datef =
                            new SimpleDateFormat("yyyy-MM-dd hh:mm:ss");
                    String curtime = datef.format(new Date());
                    out.println(curtime + "::Form ContextListener: " +
                            message);
                    out.close();
            } catch (Exception e) {
                    out.close();
                    e.printStackTrace();
            }
    }
}
```

上述代码中，实现了对客户端请求和请求中参数设置的监听。LoginListener 类实现了 ServletRequestListener 和 ServletRequestAttributeListener 接口。在该类的 requestInitialized() 方法中，首先获得客户端请求对象，然后通过这个请求对象来获得访问的客户端 IP 地址，如果该地址以"127"开始，则认为它是从本机访问的，然后在请求对象中设置一个 isLogin 属性，该属性值为 true；如果不是从本机访问，那么把该属性值设置为 false。此外，代码中还重写了 attributeAdded()、attributeRemoved()和 attributeReplaced()方法，并将属性的变化都记录在日志文件 request.txt 中，用法与"上下文监听"中的示例类似。

在 web.xml 中注册此监听类，配置如下：

```
<listener>
    <listener-class>com.dh.listener.LoginListener</listener-class>
```

</listener>

编写JSP页面login.jsp，显示是本机登录还是远程登录，代码如下：

```
<%@ page language="java" contentType="text/html; charset=GBK"%>
<%
boolean isLogin = (Boolean)request.getAttribute("isLogin");
if(isLogin){
    out.println("本机登录！");
}else{
    out.println("远程登录！");
}
%>
```

启动 Tomcat，在 IE 浏览器中访问 http://localhost:8080/ch07/login.jsp，运行结果如图 7-4 所示。

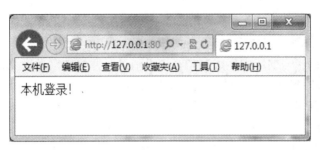

图 7-4 是否本机登录

如果在另一台计算机上访问该页面，那么将出现"远程登录"信息。

7.2 过滤器

过滤器（Filter）技术是 Servlet 2.3 规范新增加的功能，作用是用于过滤、拦截请求或响应信息，可以在 Servlet 或 JSP 页面运行之前和之后被自动调用，从而增强了 Java Web 应用程序的灵活性。

7.2.1 Filter 简介

Servlet 过滤器能够对 Servlet 容器的请求和响应对象进行检查和修改。它是小型 Web 组件，拦截请求和响应后，可以查看、提取或以某种方式操作正在客户机和服务器之间的数据。过滤器是通常封装了一些功能的 Web 组件，这些功能虽然很重要，但对于处理客户机请求或发送响应来说不是决定性的。典型的例子包括记录关于请求和响应的数据、处理安全协议、管理会话属性等。过滤器提供一种面向对象的模块化机制，用以将公共任务封装到可插入的组件中，这些组件通过一个配置文件来声明，并动态处理。过滤器本身并不生成请求和响应对象，它只提供过滤作用。过滤器能够在 Servlet 被调用之前检查 request 对象，可以修改 request 对象的头部和 request 对象的内容；在 Servlet 调用之后检查 response 对象，可以修改 response 对象头部和 response 对象内容。过滤器负责过滤的 Web 组件可以是 Servlet、JSP 或 HTML 文件。

Servlet 过滤器的过滤过程如图 7-5 所示。

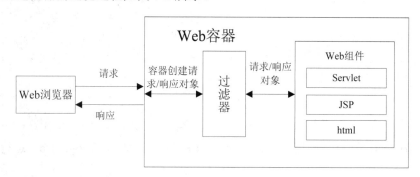

图 7-5　过滤器

上图中，当用户发送请求后，运行的步骤如下：

（1）浏览器根据用户的请求生成 HTTP 请求消息，并将其发送给 Web 容器。

（2）Web 容器创建针对该次访问的请求对象（request）和响应对象（response）。请求对象中包含了 HTTP 的请求信息，响应对象用于封装将要发送的 HTTP 响应信息，此时的响应对象中的内容为空。

（3）Web 容器在调用 Web 组件之前（Servlet、JSP 或 HTML）把 request 对象和 response 对象传递给过滤器。

（4）过滤器对 request 对象进行处理（如获取请求的 URL 等），一般不对 response 对象进行处理。

（5）过滤器把处理后的 request 对象和可能没有处理的 response 对象传递给 Web 组件。

（6）Web 组件调用完毕后，再次经过该过滤器，此时过滤器可能对 response 对象进行特殊处理（如设置响应报头或内容压缩等操作）。

（7）过滤器把 response 对象传递给 Web 容器。

（8）Web 容器把响应的结果传递给浏览器，并由浏览器显示响应结果。

在实际的应用中，可以使用过滤器来完成以下任务：

◇ 加载：对于到达系统的所有请求，过滤器收集诸如浏览器类型、一天中的时间、转发 URL 等相关信息，并对它们进行日志记录。

◇ 性能：过滤器在内容到达 Servlet 和 JSP 页面之前解压缩该内容，然后再取得响应内容，并在将响应内容发送到客户机机器之前将它转换为压缩格式。

◇ 安全：过滤器处理身份验证令牌的管理，并适当地限制安全资源的访问，提示用户进行身份验证或将它们指引到第三方进行身份验证。过滤器甚至能够管理访问控制列表，以便除了身份验证之外还提供授权机制。将安全逻辑放在过滤器中，而不是放在 Servlet 或者 JSP 页面中，这样提供了很大的灵活性。在开发期间，过滤器可以关闭；在线上应用中，过滤器又可以再次启用。此外还可以添加多个过滤器,以便根据需要提高安全、加密和不可拒绝的服务的等级。
- 会话处理:将 Servlet 和 JSP 页面与会话处理代码混杂在一起可能会带来相当大的麻烦。使用过滤器来管理会话可以让 Web 页面集中精力考虑内容显示和委托处理,而不必担心会话管理的细节。

一个过滤器可以附加到一个或多个 Servlet 或 JSP 上,一个 Servlet 或 JSP 也可以附加一个或多个过滤器。

7.2.2 实现 Filter

一个 Filter 必须实现 javax.servlet.Filter 接口,该接口提供 3 个方法:
- init(FilterConfig config)方法:此方法用于初始化,在容器装载并实例化过滤器的时候自动调用。容器为此方法传递一个 FilterConfig 对象,其中包含配置信息。
- doFilter(ServletRequest request,ServletResponse response,FilterChain chain)方法:此方法是过滤器的核心方法,用于对请求和响应进行过滤处理。它接受 3 个输入参数,分别是 ServletRequest、ServletResponse 和 FilterChain 对象。其中 ServletRequest 和 ServletResponse 为请求和响应对象;FilterChain 用于把请求和响应传递给下一个 Filter 或者其他 JSP/Servlet 等资源。
- destroy()方法:此方法用于销毁过滤器,当容器销毁过滤器实例之前自动调用。

实现一个 Filter 的步骤如下:

(1) 创建一个实现 Filter 接口的类,并且实现接口中的 init()、doFilter()和 destroy()三个方法。

(2) 在 doFilter()方法中编写过滤的任务代码。

(3) 调用 FilterChain 参数的 doFilter()方法,该方法有两个参数:ServletRequest 和 ServletResponse,通常只需将 Filter 的 doFilter()方法的前两个参数当作它的参数。

(4) 在 web.xml 注册这个 Filter,以及其将过滤的页面。

Filter 过滤器的配置和 Servlet 配置很相似,都包括两个部分,配置 Filter 名称和配置 Filter 拦截 URL 模式。区别在于,Servlet 通常只会配置一个 URL,而 Filter 过滤器可以同时拦截多个请求的 URL,因此在配置 Filter 的 URL 模式时,通常指定使用模式字符串,使得 Filter 可以拦截多个请求。

【示例7.4】 下述代码用于实现一个对请求和响应进行编码设置的过滤器。

(1) 创建过滤器类 EncodeFilter.java,代码如下:

```
public class EncodeFileter implements Filter {
    public EncodeFileter() {
```

```
        }
        public void destroy() {
        }
        public void doFilter(ServletRequest request, ServletResponse response,
                FilterChain chain) throws IOException, ServletException {
            //设置请求的编码
            request.setCharacterEncoding("GBK");
            //设置响应类型
            response.setContentType("text/html; charset=GBK");
            //过滤传递
            chain.doFilter(request, response);
        }
        public void init(FilterConfig fConfig) throws ServletException {
        }
}
```

在此过滤器类的 doFilter()方法中，设置了请求和响应的编码格式。

(2) 在 web.xml 中配置此过滤器。

```
<filter>
        <filter-name>EncodeFileter</filter-name>
        <filter-class>com.dh.filter.EncodeFileter</filter-class>
</filter>
<filter-mapping>
        <filter-name>EncodeFileter</filter-name>
        <url-pattern>/*</url-pattern>
</filter-mapping>
```

<filter>标记用于给这个定义好的 Filter 类指定一个别名，而<filter-mapping>则用于指定 filter 需要过滤的 JSP/Servlet 等目标，这里，"/*"表示 Web 目录下的所有内容都需要使用此过滤器进行过滤。

(3) 编写 HTML 页面 index.html，代码如下：

```
<html>
<head>
<meta http-equiv="Content-Type" content="text/html; charset=gbk">
<title>过滤测试</title>
</head>
<body>
<form method="POST" name="Regsiter" action="LoginServlet">
<p align="left">姓 名:<input type="text" name="username"
        size="20"></p>
<p align="left">密 码:<input type="password" name="userpass"
        size="20"></p>
```

```
<p align="left"><input type="submit" value="提交" name="B1"> <input
    type="reset" value="重置" name="B2"></p>
</form>
</body>
</html>
```

此页面表单提交给 LoginServlet 进行处理。

（4）编写 LoginServlet.java，代码如下：

```
public class LoginServlet extends HttpServlet {
    private static final long serialVersionUID = 1L;
    public LoginServlet() {
        super();
    }
    protected void doGet(HttpServletRequest request,
            HttpServletResponse response)
        throws ServletException, IOException {
        doPost(request,response);
    }
    protected void doPost(HttpServletRequest request,
            HttpServletResponse response)
                throws ServletException, IOException {
        String name = request.getParameter("username");
        String pwd = request.getParameter("userpass");
        PrintWriter out = response.getWriter();
        out.println("用户名：" + name + "<br/>");
        out.println("密 码：" + pwd + "<br/>");
    }
}
```

在此 Servlet 中，直接从请求对象中提取参数信息，而无需对请求进行编码格式的设置，同样也不需要对响应对象进行设置，因为在过滤器中已经对请求和响应进行了设置，从而简化了代码。

在实际应用中，Filter 和 Servlet 很相似，区别只是 Filter 不能直接对用户生成响应，Filter 里 doFilter 方法中的代码就是从多个 Servlet 的 service 方法里抽取的通用代码，通过使用 Filter 可以实现更好的复用。由于 Filter 和 Servlet 如此相似，所以 Filter 和 Servlet 具有完全相同的生命周期行为，用 Filter 也可以配置初始化参数，配置 Filter 初始化参数使用 init-param，获取 Filter 的初始化参数则使用 FilterConfig 的 getInitParameter 方法。

启动 Tomcat，在 IE 浏览器中访问 http://localhost:8080/ch07/index.html，运行结果如图 7-6 所示。

图 7-6 index.html 运行结果

在用户名栏中输入"admin",密码栏中输入"123456",单击"提交"按钮,结果如图 7-7 所示。

图 7-7 LoginServlet 处理结果

7.2.3 过滤器链

FilterChain(过滤器链)由 Servlet 容器提供,表示资源请求调用时过滤器的链表。过滤器使用 FilterChain 来调用链表里的下一个过滤器,当调用完链表里最后一个过滤器以后,再继续调用其他资源。

FilterChain 的实现就是将多个过滤器类在 web.xml 文件中进行设置。设置完毕后,只要在过滤器类中调用 doFiler 方法,过滤器将自动按 web.xml 文件中配置的顺序依次执行。

【示例 7.5】 web.xml 配置过滤器链。

```
<web-app>
    <filter>
        <filter-name>test</filter-name>
        <filter-class>com.filters.TestFilter</filter-class>
    </filter>
    <filter>
        <filter-name>encode</filter-name>
        <filter-class>com.filters.EncodingFilter</filter-class>
    </filter>
    <filter>
```

```xml
            <filter-name>signon</filter-name>
            <filter-class>com.filters.SignonFilter</filter-class>
        </filter>
        <filter-mapping>
            <filter-name>test</filter-name>
            <url-pattern>/inner/*</url-pattern>
        </filter-mapping>
        <filter-mapping>
            <filter-name>encode</filter-name>
            <url-pattern>/*</url-pattern>
        </filter-mapping>
        <filter-mapping>
            <filter-name>signon</filter-name>
            <url-pattern>/inner/*</url-pattern>
        </filter-mapping>
</web-app>
```

在上述 web.xml 中配置了三个过滤器，过滤器链的调用次序是 test、encode、signon，当这三个过滤器调用完后，才能继续调用其他资源（如 Servlet、JSP 或 HTML）。

本 章 小 结

通过本章的学习，学生能够学会：
- 监听器的作用是监听 Web 容器的有效期事件。
- Servlet 上下文监听接口有 ServletContextListener 和 ServletContextAttributeListener。
- Session 会话的监听接口有 HttpSessionListener、HttpSessionActivationListener、HttpSessionBindingListener 和 HttpSessionAttributeListener。
- 请求对象的监听接口有 ServletRequestListener 和 ServletRequestAttributeListener。
- Filter 过滤器是小型的 Web 组件，它可以拦截请求和响应。
- 过滤器类必须实现 Filter 接口。
- doFilter()方法是 Filter 类的核心方法。
- FilterChain（过滤器链）表示资源请求调用时过滤器的链表

本 章 练 习

1. 调用 ServletContext 的 getAttribute()方法时，会触发哪个方法调用？（假设有关联的监听器）_____。

　A. ServletContextAttributeListener 的 attributeAdded()方法

B. ServletContextAttributeListener 的 attributeRemoved()方法

C. ServletContextAttributeListener 的 attributeReplaced()方法

D. 不会调用监听器的任何方法

2. 调用 HttpSession 的 removeAttribute()方法时，会触发哪个方法调用？（假设有关联的监听器）_____。

A. HttpSessionListener 的 attributeRemoved()方法

B. HttpSessionActivationListener 的 attributeRemoved()方法

C. HttpSessionBindingListener 的 attributeRemoved()方法

D. HttpSessionAttributeListener 的 attributeRemoved()方法

3. 调用 HttpServletRequest 的 setAttribute()方法时，可能会触发哪个方法调用？（假设有关联的监听器）_____。（多选）

A. ServletRequestAttributeListener 的 attributeAdded()方法

B. ServletRequestAttributeListener 的 attributeReplaced ()方法

C. ServletRequestAttributeListener 的 attributeRemoved ()方法

D. ServletRequestAttributeListener 的 attributeSetted()方法

4. 在 web.xml 使用什么元素配置监听器_____。

A. <listeners>

B. <listener>

C. <listeners>和<listeners-mapping>

D. <listener>和<listener-mapping>

5. 下述代码定义了两个过滤器，并在 web.xml 配置完毕：

Filter1.java：

```java
public class Filter1 implements Filter {
    @Override
    public void destroy() {
    }

    @Override
    public void doFilter(ServletRequest arg0, ServletResponse arg1,
                    FilterChain arg2)
        throws IOException, ServletException {
        System.out.println("enter Filter1");
        arg2.doFilter(arg0, arg1);
        System.out.println("exit Filter1");
    }

    @Override
    public void init(FilterConfig arg0) throws ServletException {
    }
```

}

Filter2.java：
```java
public class Filter2 implements Filter {
    @Override
    public void destroy() {
    }

    @Override
    public void doFilter(ServletRequest arg0, ServletResponse arg1,
                         FilterChain arg2)
        throws IOException, ServletException {
        System.out.println("enter Filter2");
        arg2.doFilter(arg0, arg1);
        System.out.println("exit Filter2");
    }

    @Override
    public void init(FilterConfig arg0) throws ServletException {
    }
}
```

web.xml：
```xml
<filter>
    <filter-name>filter1</filter-name>
    <filter-class>x.Filter1</filter-class>
</filter>
<filter>
    <filter-name>filter2</filter-name>
    <filter-class>x.Filter2</filter-class>
</filter>

<filter-mapping>
    <filter-name>filter1</filter-name>
    <url-pattern>/*</url-pattern>
</filter-mapping>
<filter-mapping>
    <filter-name>filter2</filter-name>
    <url-pattern>/*</url-pattern>
</filter-mapping>
```

当访问网站首页时，控制台的输出为_____。
A. enter Filter1
　　enter Filter2
　　exit Filter2
　　exit Filter1
B. enter Filter1
　　enter Filter2
　　exit Filter1
　　exit Filter2
C. enter Filter2
　　enter Filter1
　　exit Filter2
　　exit Filter1
D. enter Filter2
　　enter Filter1
　　exit Filter1
　　exit Filter2

第8章 AJAX 基础

本章目标

- 了解 AJAX 的特点
- 理解 AJAX 的工作原理
- 掌握 XMLHttpRequest 对象的属性、方法的使用
- 理解 XMLHttpRequest 的运行周期
- 掌握使用 AJAX 实现 JSP 页面动态无刷新效果
- 掌握使用 AJAX 操作 XML 格式的数据
- 掌握使用 AJAX 操作 JSON 格式的数据

8.1 AJAX 简介

AJAX(Asynchronous JavaScript and XML，即异步 JavaScript 和 XML)是一种运用 JavaScript 和可扩展标记语言(XML)在浏览器和服务器之间进行异步传输数据的技术。AJAX 技术运用于浏览器中，使得向服务器只索取网页的部分信息成为可能，用户不必再为整个页面的刷新而等待，因为已经可以实现刷新网页局部内容的功能。将 AJAX 技术运用到 Java Web 应用中，如果使用得当，可以使 Java Web 应用如虎添翼，给用户一种全新优质的体验。

AJAX 的优点主要体现在以下几个方面：
- 异步请求；
- 局部刷新；
- 减轻服务器压力；
- 增强用户体验。

随着 AJAX 的广泛应用和优秀的用户体验，越来越多的网站都使用了 AJAX。以百度地图为例，采用了 AJAX 无刷新技术(局部刷新)，实现许多优秀的用户体验功能，如图 8-1 所示，百度地图提供的拖动、放大、缩小等操作，给用户以类似操作桌面程序的体验。

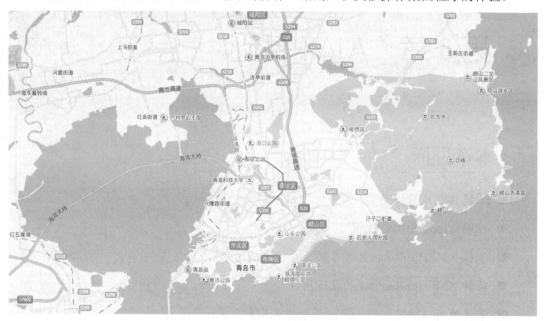

图 8-1 百度地图的用户体验

8.2 AJAX 工作原理

AJAX 并不是一项全新的技术，而是整合了几种现有的技术：
- JavaScript

- XML
- CSS
- DOM

AJAX 技术基于 CSS 标准化呈现，使用 DOM 进行动态显示和交互，XML 进行数据交换和处理，XMLHttpRequest 与服务器进行异步通信，最后通过 JavaScript 绑定和处理所有数据，如图 8-2 所示。

AJAX 技术解决了传统 Web 技术的缺点。传统的 Web 技术是采用同步请求获取 Web 服务器端数据的，当浏览器发送请求时，只有等待服务器响应后才可以进行下一个请求的发送，而中间等待服务器的处理结果时，浏览器页面是一个空白页面。采用 AJAX 技术后，会在浏览器端存在一个 AJAX 引擎，采用 XMLHttpRequest 向服务器发送异步的请求，上一次请求未获得响应时就可以再发送第二次请求，浏览器也不会出现空白页面，在用户无察觉的情况下完成与服务器的交互。如图 8-3 所示为传统 Web 应用模式和基于 AJAX Web 应用模式的对比。

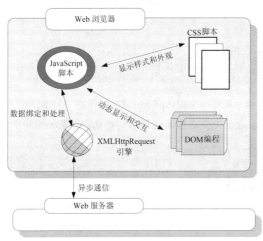

图 8-2　AJAX 技术组成

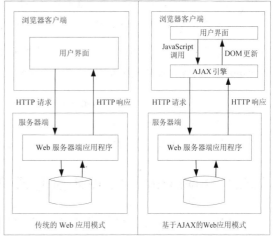

图 8-3　基于 AJAX 的 Web 应用与传统模式对比

8.3　XMLHttpRequest 对象

8.3.1　XMLHttpRequest 对象简介

AJAX 技术的核心是 XMLHttpRequest 对象，该对象在 IE5.0 中首次引入，通过 JavaScript 创建，支持异步请求。借助于 XMLHttpRequest，应用程序就可以采用异步方式发送用户请求，并处理服务器响应，避免阻塞用户动作，用户可以像使用桌面应用程序一样，操作页面同服务器端进行数据层面的交换，而不必每次都刷新页面，既减轻了服务器负担，又加快了响应速度，从而缩短了用户等待的时间。

在 JavaScript 中创建 XMLHttpRequest 对象实例的代码如下：

```
//定义一个变量用于存放XMLHttpRequest对象
```

```
var xmlHttp;
//该函数用于创建一个XMLHttpRequest对象
function createXMLHttpRequest() {
    if (window.ActiveXObject) {//如果是IE浏览器
        xmlHttp = new ActiveXObject("Microsoft.XMLHTTP");
    } else if (window.XMLHttpRequest) {//非IE浏览器
        xmlHttp = new XMLHttpRequest();
    }
}
```

在上述代码中,根据浏览器的类型对 XMLHttpRequest 对象进行实例化。当浏览器是 IE 浏览器时,使用如下代码进行实例化:

xmlHttp = new ActiveXObject("Microsoft.XMLHTTP");

在 IE7.0 以上的版本中,支持 XMLHttpRequest,也就是说,在 IE7.0 以上的版本中同时支持上述代码中两种创建方式。在开发 AJAX 应用程序的时候一定要注意浏览器类型的兼容,在 IE 中使用 AJAX 时,有可能需要设置一下 IE 的缓存。

如果是非 IE 浏览器,则使用如下代码进行实例化:

xmlHttp = new XMLHttpRequest();

XMLHttpRequest 对象是 AJAX 技术的灵魂,没有 XMLHttpRequest,就没有 AJAX。AJAX 技术的核心就是异步发送请求,而 XMLHttpRequest 则是异步发送请求的对象,如果抛开异步发送请求,AJAX 的其他技术将完全失去原有意义。

8.3.2 XMLHttpRequest 的方法和属性

XMLHttpRequest 提供了许多方法和属性,表 8-1 中列出了 XMLHttpRequest 对象的常用方法。

表 8-1 XMLHttpRequest 对象的方法

方 法	描 述
abort()	取消当前响应,关闭连接并且结束任何未决的网络活动。这个方法把 XMLHttpRequest 对象的 readyState 状态设置为 0
getAllResponseHeaders()	返回所有 HTTP 响应头信息,如果 readyState 小于 3,这个方法返回 null
getResponseHeader(header)	返回指定 HTTP 响应头信息
open(method,url)	建立对服务器的调用,但是并不发送请求
send(content)	向服务器发送请求
setRequestHeader(header,value)	设置指定 HTTP 请求头信息

下面以 open()、send()方法为例进行详细说明。

1. open()

open()会建立对服务器的调用,其语法格式如下:

```
open(method,url,asynch,username,password)
```
其中：
- method：必选参数，string 类型，提供调用的特定方法，可以是 GET、POST 或 HEAD。
- url：必选参数，string 类型，提供所调用资源的 URL，可以是相对 URL 或绝对 URL。
- asynch：可选参数，boolean 类型，指定该调用是同步方式还是异步方式，默认值为 true，表示请求本质上是异步的。如果该参数为 false，请求就是同步的，后续对 send() 的调用将阻塞，直到服务器返回响应为止。
- username 和 password：在建立对服务器调用需要授权认证时输入用户名和密码。

2. send()

send() 方法负责向服务器端发出请求，其语法格式如下：

```
send(content)
```

其中，"content" 发送的内容可以为 null；如果请求声明为异步的，该方法就会立即返回，否则它会等待，直到接收到响应为止。

除了上述标准方法外，XMLHttpRequest 对象还提供了许多属性，处理 XMLHttpRequest 对象时可以大量使用这些属性。XMLHttpRequest 对象的属性如表 8-2 所示。

表 8-2　XMLHttpRequest 对象的属性

属性名	描述
onreadystatechange	状态改变事件，通常绑定一个 JavaScript 函数，当状态改变时就调用该函数进行事件处理
readyState	对象状态值： • 0 = 初始化状态(XMLHttpRequest 对象已创建或已被 abort()方法重置) • 1 = 正在加载(open()方法已调用，但是 send()方法未调用。创建请求但没有发送) • 2 = 加载完毕(send()方法执行完成，但没有接收到响应) • 3 = 交互(所有响应头部都已经接收到，响应体开始接收但没有接收完全) • 4 = 完成(响应内容解析完成，在客户端可以调用)
responseText	从服务器返回的文本形式的响应体数据(不包括头部)
responseXML	从服务器返回的兼容 DOM 的 XML 文档数据
status	从服务器返回的状态，例如：404(未找到)、200(成功)
statusText	从服务器返回的状态文本信息，例如：OK、Not Found 等

8.3.3　XMLHttpRequest 对象的运行周期

XMLHttpRequest 对象的运行周期经过以下几个过程：

(1) 创建；
(2) 初始化请求；
(3) 发送请求；

(4) 接收数据；

(5) 解析数据；

(6) 完成。

XMLHttpRequest 对象的运行周期如图 8-4 所示，当用户在浏览器中进行提交时，先创建一个 XMLHttpRequest 对象，再调用其 open()方法进行初始化，并根据参数(method, url)完成对象状态的设置，然后调用 send()方法开始向服务端发送请求。在运行过程中，XMLHttpRequest 对象的状态对应着表 8-2 中列举的对象状态值，其中：

- 状态值 0、1、2 是对 send()方法执行过程的描述。
- 状态值 3 是表示正在解析这些原始数据，根据服务器端响应头部返回的 MIME 类型把数据转换成能通过 responseBody、responseText 或 responseXML 属性存取的格式，为在客户端调用作好准备。
- 状态值 4 是表示数据解析完毕，可以通过 XMLHttpRequest 对象的相应属性取得数据。

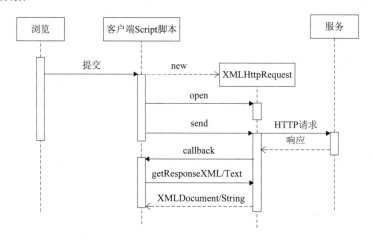

图 8-4　XMLHttpRequest 对象的运行周期

8.4　AJAX 示例

8.4.1　时钟

【示例 8.1】　实现一个动态、局部刷新的时钟。

创建 JSP 文件 showTime.jsp，代码如下：

```
<%@ page language="java" contentType="text/html; charset=UTF-8"
    pageEncoding="UTF-8"%>
<!DOCTYPE html PUBLIC "-//W3C//DTD HTML 4.01 Transitional//EN"
"http://www.w3.org/TR/html4/loose.dtd">
<html>
<head>
```

```html
<meta http-equiv="Content-Type" content="text/html; charset=UTF-8">
<title>动态时钟页面</title>
<script type="text/javascript">
    var xmlHttpRequest;
    function createXMLHttpRequest() {
        if (window.ActiveXObject) {
            xmlHttpRequest = new ActiveXObject("Microsoft.XMLHTTP");
        } else {
            xmlHttpRequest = new XMLHttpRequest();
        }
    }
    function getTime() {
        createXMLHttpRequest();
        xmlHttpRequest.onreadystatechange = showTime;
        xmlHttpRequest.open("GET", "TimeServlet");
        xmlHttpRequest.send();
    }
    function showTime() {
        if (xmlHttpRequest.readyState == 4) {
            if (xmlHttpRequest.status == 200) {
                var time = xmlHttpRequest.responseText;
                document.getElementById("time").innerHTML = time;
            }
        }
    }
    setInterval("getTime()", 1000);
</script>
</head>
<body>
    当前时间：
    <div id="time"></div>
</body>
</html>
```

在 showTime.jsp 页面的 JavaScript 脚本中，定义了一个全局的变量 xmlHttpRequest 用于存放 XMLHttpRequest 对象。创建 TimeServlet，用于处理 AJAX 请求，代码如下：

```java
public class TimeServlet extends HttpServlet {
    public void doGet(HttpServletRequest request,
            HttpServletResponse response)
            throws ServletException, IOException {
        // TODO Auto-generated method stub
```

```
            doPost(request, response);
    }

    public void doPost(HttpServletRequest request,
        HttpServletResponse response)
        throws ServletException, IOException {
        // TODO Auto-generated method stub
        response.setContentType("text/html;charset=UTF-8");
        PrintWriter out = response.getWriter();
        SimpleDateFormat dateFormat =
                new SimpleDateFormat("yyyy-MM-dd hh:mm:ss");
        String curTime = dateFormat.format(new Date());
        out.println(curTime);
        out.flush();
        out.close();
    }
}
```

在上述 Servlet 代码中，将系统当前时间格式化后，通过 out 对象的 println()方法返回给客户端。

在 IE 浏览器中访问 http://localhost:8080/ch08/showTime.jsp，运行结果如图 8-5 所示。

此页面使用 AJAX 局部刷新技术，在页面上实现了时钟功能。

图 8-5　showTime.jsp 运行结果

8.4.2　动态更新下拉列表

动态更新下拉列表可增强 Web 应用的交互性，因此应用相当广泛。

利用 AJAX 技术在服务器和客户端交互数据时，可通过如下两种方式来封装数据：
- ✧ XML 方式
- ✧ JSON 方式

1. XML 方式

【示例 8.2】　实现当选择不同的省份时城市下拉框中的选项动态更新。

创建 JSP 文件 province.jsp，代码如下：

```
<%@ page language="java" contentType="text/html; charset=UTF-8"
    pageEncoding="UTF-8"%>
<!DOCTYPE html>
<html>
<head>
```

```html
<meta http-equiv="Content-Type" content="text/html; charset=UTF-8">
<title>动态加载城市</title>
<script type="text/javascript">
    //定义一个变量，用于存放XMLHttpRequest对象
    var xmlHttp;
    //该函数用于创建一个XMLHttpRequest对象
    function createXMLHttpRequest() {
        if (window.ActiveXObject) {
            xmlHttp = new ActiveXObject("Microsoft.XMLHTTP");
        } else if (window.XMLHttpRequest) {
            xmlHttp = new XMLHttpRequest();
        }
    }
    //响应省份列表的onChange事件的处理方法
    function changeProvince() {
        //得到省份列表的当前选值
        var province = document.getElementById("province").value;
        //创建一个XMLHttpRequest对象
        createXMLHttpRequest();
        //将状态触发器绑定到一个函数
        xmlHttp.onreadystatechange = showCity;
        //通过GET方法向指定的URL建立服务器的调用
        xmlHttp.open("GET", "CityByXMLServlet?province=" + province);
        //发送请求
        xmlHttp.send();
    }
    //处理从服务器返回的XML文档并更新地市下拉列表
    function showCity() {
        //定义一个变量，用于存放从服务器返回的响应结果
        var result;
        var citys = document.getElementById("city");
        if (xmlHttp.readyState == 4) { //如果响应完成
            if (xmlHttp.status == 200) {//如果返回成功
                //取出服务器返回的XML文档的所有city标签的子节点
                result =
                xmlHttp.responseXML.getElementsByTagName("city");
                //先清除地市列表的现有内容
                while (citys.options.length > 0) {
                    citys.removeChild(citys.childNodes[0]);
                }
```

```
                    //解析XML中的数据并更新地市列表
                    for (var i = 0; i < result.length; i++) {
                        var option = document.createElement("OPTION");
                        //取出<cityname>中的值
                        option.text =
                        result[i].childNodes[0].childNodes[0].nodeValue;
                        //取出<cityvalue>中的值
                        option.value =
                        result[i].childNodes[1].childNodes[0].nodeValue;
                        //在城市列表中添加选项
                        citys.options.add(option);
                    }
                }
            }
        }
    }
</script>
</head>
<body>
    省市：
    <select id="province" onChange="changeProvince()">
        <option value="">--请选择--</option>
        <option value="SD">山东省</option>
        <option value="JS">江苏省</option>
    </select> 城市：
    <select id="city">
        <option value="">--请选择--</option>
    </select>
</body>
</html>
```

在上述 HTML 代码中，第一个下拉列表中添加了 onChange 事件，当选项值改变时，调用 changeProvince()方法处理。在 changeProvince()方法中先获取选中的省份值，然后使用 AJAX 技术请求服务器，将服务器响应的数据动态更新到城市下拉列表中。

创建 CityByXMLServlet，用于处理 AJAX 请求，代码如下：

```java
public class CityByXMLServlet extends HttpServlet {
    public void doGet(HttpServletRequest request,
        HttpServletResponse response)
        throws ServletException, IOException {
        doPost(request, response);
    }
    public void doPost(HttpServletRequest request,
```

```java
            HttpServletResponse response)
        throws ServletException, IOException {
    response.setContentType("text/xml;charset=UTF-8");
    String province = request.getParameter("province");
    PrintWriter out = response.getWriter();
    out.print("<response>");
    //根据省加载市
    if (province.equals("SD")) {//山东省
            out.print("<city>");
            out.print("<cityname>青岛</cityname>");
            out.print("<cityvalue>QD</cityvalue>");
            out.print("</city>");
            out.print("<city>");
            out.print("<cityname>济南</cityname>");
            out.print("<cityvalue>JN</cityvalue>");
            out.print("</city>");
            out.print("<city>");
            out.print("<cityname>烟台</cityname>");
            out.print("<cityvalue>YT</cityvalue>");
            out.print("</city>");
    } else {// 江苏省
            out.print("<city>");
            out.print("<cityname>南京</cityname>");
            out.print("<cityvalue>NJ</cityvalue>");
            out.print("</city>");
            out.print("<city>");
            out.print("<cityname>苏州</cityname>");
            out.print("<cityvalue>SZ</cityvalue>");
            out.print("</city>");
            out.print("<city>");
            out.print("<cityname>南通</cityname>");
            out.print("<cityvalue>NT</cityvalue>");
            out.print("</city>");
    }
    out.print("</response>");
    out.flush();
    out.close();
    }
}
```

在上述 Servlet 的处理代码中，根据不同省份值，服务器向客户端响应不同的城市内容，这些信息是以 XML 标记形式返回的，因此通过 response.setContentType("text/xml; charset=UTF-8") 设置向客户端响应的文件类型是 XML。在客户端脚本中通过 XMLHttpRequest 对象的 responseXML 属性可以取出这些 XML 信息。

在 IE 浏览器中访问 http://localhost:8080/ch08/ province.jsp，运行结果如图 8-6 所示。

图 8-6　城市动态更新下拉列表

2. JSON 方式

【示例 8.3】　利用 JSON 方式实现当选择不同的省份时城市下拉框中的选项动态更新。

创建 JSP 文件 provinceOfJson.jsp，代码如下：

```
<%@ page language="java" contentType="text/html; charset=UTF-8"
    pageEncoding="UTF-8"%>
<!DOCTYPE html>
<html>
<head>
<meta http-equiv="Content-Type" content="text/html; charset=UTF-8">
<title>动态加载城市</title>
<script type="text/javascript">
    //定义一个变量，用于存放XMLHttpRequest对象
    var xmlHttp;
    //该函数用于创建一个XMLHttpRequest对象
    function createXMLHttpRequest() {
        if (window.ActiveXObject) {
            xmlHttp = new ActiveXObject("Microsoft.XMLHTTP");
        } else if (window.XMLHttpRequest) {
            xmlHttp = new XMLHttpRequest();
        }
    }
    //响应省份列表的onChange事件的处理方法
    function changeProvince() {
        //得到省份列表的当前选值
        var province = document.getElementById("province").value;
        //创建一个XMLHttpRequest对象
```

```
                createXMLHttpRequest();
                //将状态触发器绑定到一个函数
                xmlHttp.onreadystatechange = showCity;
                //通过GET方法向指定的URL建立服务器的调用
                xmlHttp.open("GET", "CityByJsonServlet?province=" + province);
                //发送请求
                xmlHttp.send();
        }
        //处理从服务器返回的XML文档并更新地市下拉列表
        function showCity() {
                //定义一个变量，用于存放从服务器返回的响应结果
                var result;
                var citys = document.getElementById("city");
                if (xmlHttp.readyState == 4) { //如果响应完成
                        if (xmlHttp.status == 200) {//如果返回成功
                                //取出服务器返回的JSON字符串数组
                                result = eval(xmlHttp.responseText);
                                //先清除地市列表的现有内容
                                while (citys.options.length > 0) {
                                        citys.removeChild(citys.childNodes[0]);
                                }
                                //更新地市列表
                                for (var i = 0; i < result.length; i++) {
                                        var option = document.createElement("OPTION");
                                        //取出cityname中的值
                                        option.text = result[i].cityname;
                                        //取出cityvalue中的值
                                        option.value = result[i].cityvalue;
                                        //在城市列表中添加选项
                                        citys.options.add(option);
                                }
                        }
                }
        }
</script>
</head>
<body>
        省市：
        <select id="province" onChange="changeProvince()">
                <option value="">--请选择--</option>
```

```
            <option value="SD">山东省</option>
            <option value="JS">江苏省</option>
    </select> 城市:
    <select id="city">
            <option value="">--请选择--</option>
    </select>
</body>
</html>
```

上述代码中,从服务器端获取一个数组对象,该数组对象中包含了多个 JSON 格式的对象,然后在循环体中取出每个对象的 cityname 和 cityvalue:

```
//取出cityname中的值
option.text = result[i].cityname;
//取出cityvalue中的值
option.value = result[i].cityvalue;
```

创建 CityByJsonServlet,用于处理 AJAX 请求,代码如下:

```
public class CityByJsonServlet extends HttpServlet {
    public void doGet(HttpServletRequest request,
            HttpServletResponse response)
            throws ServletException, IOException {
        doPost(request, response);
    }
    public void doPost(HttpServletRequest request,
            HttpServletResponse response)
            throws ServletException, IOException {
        response.setContentType("text/html;charset=UTF-8");
        String province = request.getParameter("province");
        PrintWriter out = response.getWriter();
        String citys = "";
        //根据省加载市
        if (province.equals("SD")) {//山东省
                citys = "[{cityname:'青岛',cityvalue:'QD'},"
                        + "{cityname:'济南',cityvalue:'JN'},"
                        + "{cityname:'烟台',cityvalue:'YT'}]";

        } else {//江苏省
                citys = "[{cityname:'南京',cityvalue:'NJ'},"
                        + "{cityname:'苏州',cityvalue:'SZ'},"
                        + "{cityname:'南通',cityvalue:'NT'}]";
        }
        out.println(citys);
```

```
            out.flush();
            out.close();
        }
}
```

上述代码中，根据不同省份值，服务器向客户端响应不同的城市内容，这些信息是以 JSON 格式的字符串的形式返回的。在客户端脚本中通过 XMLHttpRequest 对象的 responseText 属性可以取出该字符串，并利用 eval 函数把该字符串转换成对象形式加以操作。

在 IE 浏览器中访问 http://localhost:8080/ch08/provinceOfJson.jsp，其运行结果与图 8-6 完全相同。

通过上述两种 AJAX 实现方式可以看出，JSON 方式实现起来较简单，不需要特殊的解析器，但在语法上较为复杂，不如 XML 方式更加通俗易懂。在实际开发中，有专门的类库(见 www.json.org)封装了对 JSON 对象的各种操作，读写速度快，因此推荐使用 JSON 方式。

8.4.3 工具提示

使用 AJAX 的一大优点就是可实现动态的工具提示，只有在需要的时候，才通过 AJAX 异步通信，从服务器端取出提示内容，这样可减少初始化页面时的代码量，提高页面的渲染速度。

1. XML 方式

【示例 8.4】 实现工具提示功能，当鼠标移动到不同的图书时，使用 AJAX 技术动态显示该图书的提示信息。

创建 JSP 文件 toolTip.jsp，代码如下：

```
<%@ page language="java" contentType="text/html; charset=UTF-8"
    pageEncoding="UTF-8"%>
<html>
<head>
<meta http-equiv="Content-Type" content="text/html; charset=UTF-8">
<title>工具提示</title>
</head>
<script language="javascript">
    //定义一个变量，用于存放XMLHttpRequest对象
    var xmlHttp;
    //记录事件发生时的鼠标位置
    var x, y;
    //该函数用于创建一个XMLHttpRequest对象
    function createXMLHttpRequest() {
        if (window.ActiveXObject) {
```

```
                xmlHttp = new ActiveXObject("Microsoft.XMLHTTP");
        } else if (window.XMLHttpRequest) {
                xmlHttp = new XMLHttpRequest();
        }
}
//这是一个通过AJAX取得提示信息的方法
function over(event index) {
        //记录事件发生时的鼠标位置
        x = event.clientX;
        y = event.clientY;
        //创建一个XMLHttpRequest对象
        createXMLHttpRequest();
        //将状态触发器绑定到一个函数
        xmlHttp.onreadystatechange = showInfo;
        //这里建立一个对服务器的调用
        xmlHttp.open("GET", "ToolByXMLServlet?index=" + index);
        //发送请求
        xmlHttp.send();
}
//处理从服务器返回的XML文档
function showInfo() {
        //定义一个变量，用于存放从服务器返回的响应结果
        var result;
        if (xmlHttp.readyState == 4) { //如果响应完成
                if (xmlHttp.status == 200) {//如果返回成功
                        //取出服务器返回的XML文档的所有shop标签的子节点
                        result =
                        xmlHttp.responseXML.getElementsByTagName("shop");
                        //显示名为tip的DIV层，该DIV层显示工具提示信息
                        document.all.tip.style.display = "block";
                        //显示工具提示的起始坐标
                        document.all.tip.style.top = y;
                        document.all.tip.style.left = x + 10;
                        document.all.photo.src =
                        result[0].childNodes[2].firstChild.nodeValue;
                        document.all.tipTable.rows[1].cells[0].innerHTML =
                        "图书名称：" +
                        result[0].childNodes[0].firstChild.nodeValue;
                        document.all.tipTable.rows[2].cells[0].innerHTML =
```

```
                        "价格："+ result[0].childNodes[1].firstChild.nodeValue;
                }
        }
}
        function out() {
                document.all.tip.style.display = "none";
        }
</script>
<body>
        <h2>工具提示</h2>
        <br>
        <hr>
        <a href="#" onmouseover="over(event, 0)" onmouseout="out()" >图书一</a>
        <br>
        <br>
        <a href="#" onmouseover="over(event, 1)" onmouseout="out()">图书二</a>
        <br>
        <br>
        <a href="#" onmouseover="over(event, 2)" onmouseout="out()">图书三</a>
        <br>
        <br>
        <a href="#" onmouseover="over(event, 3)" onmouseout="out()">图书四</a>
        <br>
        <br>
        <div id="tip"    style="position: absolute; display: none;
                border: 1px; border-style: solid;">
                <table id="tipTable" border="0" bgcolor="#ffffee">
                        <tr align="center">
                                <td><img id="photo" src="" height="140" width="100">
                                </td>
                        </tr>
                        <tr>
                                <td></td>
                        </tr>
                        <tr>
                                <td></td>
                        </tr>
                </table>
        </div>
```

```
</body>
</html>
```

在此页面中，定义一个隐藏的 DIV，在图书列表超链接中加入鼠标事件。当使用 AJAX 技术从服务器端获得相应图书信息时，显示此 DIV，并在表格中插入信息。当鼠标移走时再隐藏此 DIV。

创建 ToolByXMLServlet，用于处理 AJAX 请求，代码如下：

```java
public class ToolByXMLServlet extends HttpServlet {
    public void doGet(HttpServletRequest request,
            HttpServletResponse response)
            throws ServletException, IOException {
        doPost(request, response);
    }
    public void doPost(HttpServletRequest request,
            HttpServletResponse response)
            throws ServletException, IOException {
        //构建一个图书列表
        String[][] shop = {
                { "JavaSE程序设计基础教程", "62", "images/javase.jpg" },
                { "Java Web程序设计", "40", "images/javaWeb.jpg" },
                { "设计模式(Java版)", "33", "images/shejimoshi.jpg" },
                { "VB.NET程序设计", "52", "images/vb.jpg" }};
        //获取列表索引号
        int index = Integer.parseInt(request.getParameter("index"));
        response.setContentType("text/xml;charset=UTF-8");
        PrintWriter out = response.getWriter();
        //输出索引对应的书本信息
        out.println("<shop>");
        out.println("<name>" + shop[index][0] + "</name>");
        out.println("<price>" + shop[index][1] + "</price>");
        out.println("<photo>" + shop[index][2] + "</photo>");
        out.println("</shop>");
        out.flush();
        out.close();
    }
}
```

在此 Servlet 中，将图书信息放在一个二维字符串数组中，获取客户端提交的图书下标参数，二维数组中相应的信息以 XML 形式返回给客户。

在 IE 浏览器中访问 http://localhost:8080/ch08/toolTip.jsp，运行结果如图 8-7 所示。

图 8-7　工具提示

当鼠标移动到不同图书上时，使用 AJAX 技术动态地在 DIV 中显示该图书的提示信息。

2．JSON 方式

【示例 8.5】　利用 JSON 方式实现工具提示功能，当鼠标移动到不同的图书时，使用 AJAX 技术动态显示该图书的提示信息。

创建 JSP 文件 toolTipByJson.jsp，代码如下：

```
//……省略已有代码
//处理从服务器返回的Json字符串
function showInfo() {
        //定义一个变量，用于存放从服务器返回的响应结果
        var result;
        if (xmlHttp.readyState == 4) { //如果响应完成
            if (xmlHttp.status == 200) {//如果返回成功
                //取出服务器返回的Json字符串转成Json对象
                result = eval("(" + xmlHttp.responseText + ")");
                //显示名为tip的DIV层，该DIV层显示工具提示信息
                document.all.tip.style.display = "block";
                //显示工具提示的起始坐标
                document.all.tip.style.top = y;
                document.all.tip.style.left = x + 10;
                document.all.photo.src = result.photo;
                document.all.tipTable.rows[1].cells[0].innerHTML =
                "图书名称：" + result.name;
                document.all.tipTable.rows[2].cells[0].innerHTML =
```

```
                          "价格："+ result.price;
                }
        }
}
......//省略已有代码
```

上述代码中，把返回的 JSON 格式的字符串转换成 JSON 对象：

```
result = eval('(' + xmlHttp.responseText + ')');
```

然后利用该对象分别获取 photo、name 和 price 属性，例如，获取 photo 属性并把该属性的值赋予图像对象的 src 属性，方式如下：

```
document.all.photo.src = result.photo;
```

创建 ToolByJsonServlet，用于处理 AJAX 请求，代码如下：

```
public class ToolByJsonServletextends HttpServlet {
......//省略已有代码

public void doPost(HttpServletRequest request,
        HttpServletResponse response) throws ServletException, IOException {
            //构建一个图书列表
            String[] shop = { "{ name:'JavaSE程序设计基础教程',
                                price:62,photo:'images/javase.jpg'}",
                            "{ name:'Java Web程序设计', price:40,
                             photo:'images/javaWeb.jpg'}",
                            "{ name:'设计模式(Java版)',    price:33,
                                photo:'images/shejimoshi.jpg'}",
                            "{ name:'VB.NET程序设计',price:52,
                                photo:'images/vb.jpg'}" };

            //获取列表索引号
            int index = Integer.parseInt(request.getParameter("index"));
            response.setContentType("text/xml;charset=UTF-8");
            PrintWriter out = response.getWriter();
            //输出索引对应的书本信息
            out.println(shop[index]);
            out.flush();
            out.close();
    }
}
```

上述代码中，创建了名为 shop 的字符串数组对象，数组中的每个元素都是 JSON 格式的字符串，通过利用页面传递的请求参数 index 来动态地获取 shop 数组中的参数。

在 IE 浏览器中访问 http://localhost:8080/ch08/toolTipByJson.jsp，运行结果与图 8-7 完全相同。

本 章 小 结

通过本章的学习，学生能够学会：
- ◆ AJAX 是异步、无刷新的网站技术。
- ◆ AJAX 主要包括 JavaScript、CSS、DOM、XML 和 XMLHttpRequest。
- ◆ XMLHttpRequest 对象可以进行异步数据读取，是 AJAX 的核心。
- ◆ 使用 XMLHttpRequest 对象的属性、方法进行编程实现动态无刷新效果。
- ◆ 使用 AJAX 技术时，通常使用 XML 或 JSON 格式来封装结构化的数据。

本 章 练 习

1. 下列关于 AJAX 的说法，正确的是_____。(多选)
   A. AJAX 的全称是 Synchronous JavaScript and XML
   B. 使用 AJAX 技术改善了网页的用户体验
   C. 使用 AJAX 技术不需要服务器端程序的支持
   D. 使用 AJAX 技术可以只改变网页的一部分数据，而不必刷新整个网页

2. AJAX 的核心对象是_____。
   A. ActiveXObject
   B. XML
   C. XMLHttpRequest
   D. window

3. 使用 XMLHttpRequest 对象时，下列说法不正确的是_____。
   A. 收到响应时会触发 onreadystatechange 事件
   B. 使用 open()方法发送请求
   C. 使用 send()方法发送请求
   D. 处理响应结果时需要判断 readyState 和 status 两个状态值

4. 当使用 AJAX 技术从服务器端接收结构化的数据时，常用的数据封装方式是_____。(多选)
   A. 简单字符串
   B. HTML
   C. XML
   D. JSON

5. 下列选项中，正确的 JSON 表达式有_____。(多选)
   A. {name:'Mike',age:30}
   B. {name:"Mike",age:30}
   C. {name:'Mike',age:30, child:{name:'John',age:6}}
   D. {name:'Mike',age:30, child:[{name:'John',age:6},{name:'Alice',age:3}]}

6. 使用 XML 和 JSON 方式封装数据时，在 JavaScript 中分别使用 XMLHttpRequest 对象

的哪个属性来获取数据？_____。

A. responseText 和 responseXML

B. responseXML 和 responseText

C. responseText 和 responseXml

D. responseXml 和 responseText

7. 使用 XML 和 JSON 方式封装数据时，在服务器端需要分别设定内容类型为_____。

A. text/html 和 text/XML

B. text/XML 和 text/html

C. text/html 和 text/xml

D. text/xml 和 text/html

8. 使用 AJAX 技术，在页面动态显示距离"2016 年 1 月 1 日凌晨 0 点 0 分 0 秒"还有多长时间。

9. 使用 AJAX 技术，结合监听器，实现在页面动态显示当前的网站在线人数。

第 9 章　Web Service 概述

📖 本章目标

- 了解 Web Service 的应用背景
- 了解 Web Service 的特点及功能
- 掌握 Web Service 的技术组成
- 了解 Web Service 的优势和局限
- 掌握 Web Service 的工作原理
- 掌握 Web Service 的协议构成
- 了解 Web Service 的通信模型
- 掌握实现 Web Service 的开发步骤
- 了解常用的 Web Service 开发平台

9.1 Web Service 简介

事实证明了 Java 是一种非常成功的编程语言和应用平台，XML 出现后一直以惊人的速度发展，与 Java 一样也获得了巨大的成功。如果将 XML 与 Java 结合，Internet 数据的集成程度将远远超过单独使用 Java 时的集成度。近些年来，Web Service 一直是程序设计人员研究的热点之一，它的发展将极大地推动企业内和企业间的应用集成，提高应用程序的互操作性。

9.1.1 引言

Web Service(Web 服务)是一种分布式的计算技术，是符合业界标准的分布式应用组件，能够基于开放的标准和技术在 Internet 上实现应用程序之间的互操作，Web Service 在网络中通过标准的 XML 协议和消息格式来发布和访问商业应用服务。通过 Web Service，可以在 Web 站点放置可编程的元素，发布能满足特定功能的在线应用服务，并可以使用各种计算平台、手持设备、家用电器对其进行动态查找、订阅和访问，极大地拓展了应用程序的功能，实现了软件的动态供给。

Web Service 是建立于 SOA(Service-Oriented Architecture，面向服务的体系结构)基础之上的最新分布式计算技术，可以将软件组件(包括来自不同系统的对象、函数等)发布为服务。简言之，Web Service 是自描述的模块化业务程序，其通过可编程接口经 Internet 将业务逻辑发布为服务，并通过 Internet 协议来动态查找、订阅和使用这些服务。

Web Service 建立在 XML 标准上，可以使用任何编程语言、协议或平台开发出松散耦合的应用，以方便任何人能够在任何时间通过任何平台访问该业务程序。如图 9-1 所示，显示了一个 Web Service 应用的简单示例，其中网上商城服务提供商将其业务应用程序发布为支持顾客和应用程序客户端的 Web 服务，而这些业务应用程序可能是由处于不同平台、不同网络或地理位置的应用供应商提供的。

图 9-1 是一个典型的 Web 服务实现方案：
- ◇ 网上商城服务提供商通过提供来自不同购物业务(商户系统、订单系统、物流系统、信用卡系统、公共信息系统)的业务应用程序部署其 Web 服务。
- ◇ 服务提供商使用公共(或私有)的注册表(服务器)注册其业务服务(服务描述)。注册表中包含服务提供商提供的服务信息。
- ◇ 客户可使用各种平台或设备(手机、电脑、各种终端、家电设备等)，通过 Internet 或其他网络途径查找服务注册表来找到相应的 Web 服务，然后调用该服务的功能。

该示例通过图示的形式说明了如何将一个较为复杂的业务功能发布为 Web 服务，以及客户如何调用这些服务。

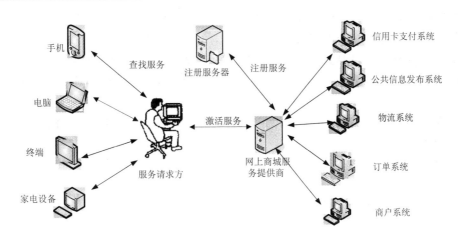

图 9-1　Web Service 应用示例

9.1.2　Web Service 的特点

Web Service 就是一个向外界暴露出的能够通过 Internet 进行调用的应用程序，用户可以通过编程方式在 Internet 上调用这些 Web Service 应用程序。例如创建一个简单的 Web Service，其作用是返回某个城市当前的天气情况：它接收城市作为查询字符串，然后返回该城市的天气信息。用户访问该 Web Service，可以通过创建一个页面，在此页面中输入一个城市名称，单击提交按钮(提交给 Web Service)，则城市的天气信息将返回到页面中并显示。

关于 Web Service 更为精确的解释是：Web Service 是一种部署在 Web 上的对象，它们具有对象技术所承诺的所有优点，同时，Web Service 建立在以 XML 为主的、开放的 Web 规范技术基础上，因此具有比任何现有的对象技术更好的开放性，是建立可互操作的分布式应用程序的新平台。Web Service 平台是一套标准，它定义了应用程序如何在 Web 上实现互操作性，用户可以用任何语言，在任何平台上编写所需要的 Web Service。对于外部的 Web Service 使用者而言，Web Service 实际上是一种部署在 Web 上的对象或者组件，其业务逻辑对使用者来说是透明的。Web Service 应用程序具备如下特征：

- ◆ 封装性。Web Service 是一种部署在 Web 上的对象，具备对象的良好封装性，而对于使用者而言，仅能看到该对象提供的功能列表。
- ◆ 松散耦合。只要 Web Service 的调用接口不变，Web Service 的内部变更对调用者来说都是透明的。
- ◆ 使用标准协议规范。Web 服务基于 XML 消息交换，其所有公共的协约完全需要使用开放的标准协议进行描述、传输和交换。相比一般对象而言，其界面调用更加规范化，更易于机器理解。
- ◆ 高度可集成性。由于 Web Service 采取简单的、易理解的标准协议作为组件描述，所以完全屏蔽了不同软件、平台的差异，无论是 CORBA、DCOM 还是 J2EE 都可以通过这种标准的协议进行互操作。
- ◆ 易构建。要构建 Web 服务，开发人员可以使用任何常用编程语言(如 Java、C#、C/C++或 Perl 等)及其现有的应用程序组件。

从本质上看，Web Service 并不是一种全新的体系，它只是一次对原有技术的革新。早期的 Web 应用程序是最常见的分布式系统，可以实现终端用户和 Web 站点之间的交互，而 Web Service 则面向服务，可以通过 Internet 进行应用程序到应用程序的通信，并提供不同环境下的应用程序和设备的可访问性。传统的 Web 应用程序与 Web Service 之间有显著区别：

◇ Web Service 通过基于 XML 的 RPC(Remote Procedure Call)机制调用，可以穿越防火墙。
◇ Web Service 可以提供基于 XML 消息交换的、跨平台、跨语言的解决方案。
◇ Web Service 基于轻量级构建，可简化应用程序集成。
◇ Web Service 可方便地实现异构应用程序间的互操作。

9.1.3 Web Service 的组成

Web Service 平台提供了一套标准的类型系统，以用于沟通不同平台、编程语言和组件模型中的数据类型。在传统的分布式系统平台中，提供了一些方法来描述界面、方法和参数(如：COM 和 CORBA 中的 IDL 语言)，同样，在 Web Service 平台中也提供了一种标准来描述这些 Web Service，使得客户可以得到足够的信息来调用这些 Web Service；此外，还提供了一种方法来对这些 Web Service 进行远程调用，这种方法实际上是一种远程过程调用协议(RPC)，为了达到互操作性，这种 RPC 协议必须与平台和编程语言无关。

从总体上说来，用于构建和使用 Web 服务主要有四种标准和技术：XML、SOAP、WSDL 和 UDDI。

1. XML

XML 是 Web Service 平台中表示数据的基本格式，XML 使用 Unicode 编码，采用自描述的数据结构，能够以简单的文本文档格式存储、传输、读取数据。现在 XML 已经作为应用程序、系统和设备之间通过 Internet 交换信息的通用语言而被广泛接受。

另外，W3C 制定了一套标准——XMLSchema，它定义了一套标准的数据类型，并给出了一种语言来扩展这套数据类型，Web Service 平台就是用 XMLSchema 作为其数据类型系统的。XML 是 Web Service 标准的基础，也是 Web Service 模型的核心。

2. SOAP

SOAP(Simple Object Access Protocol，简单对象访问协议)，是一种基于 XML 的轻量级消息交换协议。利用 SOAP 可以在两个或多个对等实体之间进行信息交换，并可以使这些实体在分散的分布式应用程序环境中相互通信。与 XML 一样，SOAP 也独立于语言、运行平台或设备。

在 Web Service 模型中，SOAP 可以运行在任何其他传输协议(HTTP、SMTP、FTP 等)之上。SOAP 定义了一套编码规则，该规则定义如何将数据表示为消息，以及怎样通过 HTTP 等传输协议来使用 SOAP，SOAP 是基于 XML 语言和 XSD 标准的，其中 XML 是 SOAP 的数据表示方式。另外，SOAP 提供了标准的 RPC 方法来调用 Web Service，以请求/响应模型运行。

3. WSDL

WSDL(Web Service Description Language,Web Service 描述语言)标准是一种 XML 格式,用于描述网络服务及其访问信息。它用于定义 Web Service 以及如何调用它们(描述 Web 服务的属性,例如它做什么,位于哪里和怎样调用它等)。

在 Web Service 模型中,WSDL 用作定义 Web 服务的元数据语言,描述服务提供方和请求方之间如何进行通信。WSDL 文档可用于动态发布 Web Service 功能、查找已发布的 Web Service 以及绑定 Web Service。在 WSDL 中包含了使用 SOAP 的服务描述的绑定,也包含了使用简单 HTTP GET 和 POST 请求的服务描述的绑定。

4. UDDI

UDDI(Universal Description,Discovery and Integration)是通用描述、发现和集成的英文缩写,它是由 Ariba、IBM、微软等公司倡导的,它提供了在 Web 上描述并发现商业服务的框架。UDDI 定义了一种在通用注册表中注册 Web 服务并划分其类别的机制。查询 UDDI 注册表以寻找某项服务时,将返回描述该服务接口的 WSDL 描述。通过 WSDL 描述,开发人员可以开发出与服务提供方通信的 SOAP 客户端接口。

UDDI 的核心组件是 UDDI 商业注册,它使用一个 XML 文档来描述企业及其提供的 Web 服务。从概念上来说,UDDI 商业注册所提供的信息包含三个部分:"白页(White Page)"包括了地址、联系方法和已知的企业标识;"黄页(Yellow Page)"包括了基于标准分类法的行业类别;"绿页(Green Page)"则包括了关于该企业所提供的 Web 服务的技术信息。UDDI 与电话目录非常相似,其形式可能是一些指向文件或是 URL 的指针,而这些文件或 URL 是为服务发现机制服务的。所有的 UDDI 商业注册信息存储在 UDDI 商业注册中心中,一旦 Web Service 注册到 UDDI,客户就可以很方便地查找和定位到所需要的 Web Service。

UDDI 可以实现为公共注册表,以支持全球范围的团体,也可实现为私有注册表,以支持企业或私人团体。

9.1.4 Web Service 的优势与局限

Web Service 的目标是创建可互操作的分布式应用程序的新平台。在下面几种场合使用 Web Service 将会体现极大的优势。

1. 跨防火墙通信

传统的 Web 应用程序拥有成千上万的用户,而且分布在世界各地,此时客户端和服务器之间的通信将是一个非常棘手的问题,因为客户端和服务器之间通常会有防火墙或者代理服务器。在这种情况下,选用 DCOM 就不是那么简单了,而且通常也不便于把客户端程序发布到数量如此庞大的每一个用户手中。传统的做法是,采用 B/S 结构,选择浏览器作为客户端,写下一堆 JSP 页面,把应用程序的中间层暴露给最终用户,这样开发难度较大,甚至会得到一个很难维护或根本无法维护的应用程序。

如果中间层组件换成 Web Service,就可以从用户界面直接调用中间层组件,从而省掉建立 JSP 页面的步骤。而要调用 Web Service,可以直接使用 Axis 或 CXF 这样的 SOAP 客户端,也可以使用自己开发的 SOAP 客户端,然后把它和应用程序连接起来,这样不仅缩短了开发周期,减少了代码复杂度,还能够增强应用程序的可维护性。

从实际经验来看,在一个用户界面和中间层有较多交互的应用程序中,使用 Web Service 结构,可以在用户界面编程上节省 20%左右的开发时间。另外,这样一个由 Web Service 组成的中间层,完全可以在应用程序集成等场合下重用,通过 Web Service 把应用程序的逻辑和数据"暴露"出来,还可以让其他客户重用这些应用程序。

2. 应用程序集成

随着企业信息化规模的扩大,经常需要把用不同语言写成的、在不同平台上运行的各种应用程序集成起来,而这种集成通常需要花费很大的开发力量。应用程序经常需要从运行在 IBM 主机上的程序中获取数据,或者把数据发送到 UNIX 主机的应用程序中。即使在同一个平台上,不同软件厂商生产的各种软件也常常需要集成。通过 Web Service,应用程序可以用标准的方法把功能和数据"暴露"出来,供其他应用程序使用。

例如,有一个订单系统,该系统由两大子系统构成:订单录入系统(.NET 实现),用于接收从客户处发来的新订单,包括客户信息、发货地址、数量、价格和付款方式等内容;还有一个订单执行系统(Java 实现),用于实际货物发送的管理。这两个系统运行于不同的平台。一份新订单到来之后,订单录入系统需要通知订单执行程序发送货物。此时可以通过在订单执行系统上面增加一层 Web Service,订单执行程序就可以把执行订单函数"暴露"出来。这样每当有新订单到来时,订单录入系统就可以通过 Web Service 调用这个函数来发送货物了,如图 9-2 所示。

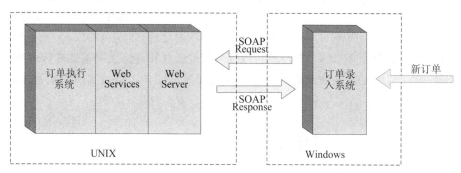

图 9-2　订单系统

3. B2B 集成

Web Service 是 B2B 集成的捷径,通过 Web Service,可以把关键的业务应用"暴露"给指定的供应商和客户。例如,电子订单系统和电子售票系统是常见的 EDI(电子文档交换)应用程序,客户就可以在线发送订单,供应商则可以在线发送票务信息。如果通过 Web Service 进行实现,要比 EDI 简单得多,而且 Web Service 运行在 Internet 上,在世界任何地方都可以轻易访问,其运行成本相对来说较低。不过,Web Service 并不像 EDI 那样是文档交换或 B2B 集成的完整解决方案,它只是 B2B 集成的一个高效实现技术,还需要许多其他的部分才能实现集成。

使用 Web Service 来实现 B2B 集成的最大优势是可以轻易实现互操作性,只要把业务逻辑按照 Web Service 规范"暴露"出来,就可以让客户调用这些业务逻辑,而无需考虑它们的系统所运行的平台和开发语言,这样就大大减少了花在 B2B 集成上的时间和成本，让许多原本无法承受 EDI 高昂成本的中小企业也能轻易实现 B2B 集成。

4. 数据重用

软件重用是软件工程的核心概念之一，软件重用的形式很多，重用的程度有大有小，最基本的形式是源代码模块或者类一级的重用，另一种形式是二进制组件重用。像表格、控件或用户自定义控件这样的可重用软件组件，在市场上都占有很大的份额，但是这类软件的重用有一个很大的限制，就是仅限于重用代码，不能重用数据。

Web Service 在重用代码的同时，还可以重用代码背后的数据。使用 Web Service 只需要直接调用远端的 Web Service 就可以了。例如，要在应用程序中确认用户输入的身份证号是否有效，只需把这个地址发送给相应的 Web Service，该 Web Service 就会根据已存的数据信息验证该身份证号的有效性，确认该号码所在的省、市、区等信息，Web Service 的提供商可以按时间或使用次数来对这项服务进行收费。而这样的服务要通过组件重用来实现是很困难的，在这种情况下必须下载完整的包含与身份证号相关信息的数据包，并且需保证对数据包进行实时更新。

另一种软件重用的情况是，把几个应用程序的功能集成起来。例如，需要建立一个局域网上的门户站点应用，让用户既可以查询天气预报，查看股市行情，又可以管理自己的工作日志，还可以在线购买车票。现在 Web 上很多应用程序供应商都在其应用中实现了这些功能，只要他们把这些功能都通过 Web Service "暴露"出来，就可以非常容易地把这些功能都集成到门户站点中，为用户提供一个统一的、友好的界面。

5. Web Service 的局限

Web Service 适用于通过 Web 进行互操作或远程调用的情况，对于下述情况，Web Service 的优势将无法体现：

- 单机应用程序。对于桌面应用程序，在很大程度上只需要与本机上的其他程序进行通信，在这种情况下，就没有必要使用 Web Service，只要用本地的 API 即可，如常用的 COM 等。
- 局域网应用程序。对于运行于局域网中的程序，一般是由 VC、WinFrom 或 Java 开发而成，其通信往往发生在两个服务器应用程序之间，在这种情况下，使用 DCOM 等技术会比 Web Service 的 SOAP / HTTP 有效得多。

9.2 Web Service 体系结构

Web Service 体系结构是面向对象分析与设计(OOAD)的发展结果，同时也是电子商务解决方案中面向服务体系结构(SOA)、设计、实现与部署所采用的组件化模式的必然结果。它通过采用 SOA 定义一种分布式计算机制，在这种机制下，所有应用程序都被封装为服务并可以通过网络调用。

9.2.1 Web Service 理论模型

Web Service 体系结构的基本原理是基于 SOA 和 Internet 协议的。它代表基于标准和采用这些标准的技术的可集成应用程序解决方案。这样就可以确保 Web 服务应用程序的实现方案与标准规范相兼容，从而可以实现与兼容应用程序之间的交互操作。下面是 Web Service 体系结构的一些关键的设计要求：

- ◇ 提供通用界面和一致的解决方案模型，将应用程序定义为模块化组件，以便使其成为可发布的服务。
- ◇ 使用基于标准的结构模型和协议来定义框架，以便可以在 Internet 上支持基于服务的应用程序。
- ◇ 解决各种服务传送场景，包括基于 B2C、B2B、点对点(P2P)和基于企业应用程序集成(EAI)的应用程序通信。
- ◇ 使分布式应用程序可成为集中式和分散式应用程序环境，从而支持企业内部和企业之间应用程序无边界通信。
- ◇ 可将服务发布到一个或多个公共(私有)目录，从而使用户能够使用标准机制找到已发布的服务。
- ◇ 利用身份验证、授权和其他安全措施，根据需要激活服务。

为满足这些要求，典型的 Web Service 体系结构基于三种逻辑角色(服务提供者、服务注册中心和服务请求者)组成，这些角色之间的交互涉及发布、查找和绑定操作。这些角色和操作一起作用于 Web Service 构件——Web Service 软件模块及其描述。在典型情况下，服务提供者托管可通过网络访问的软件模块(Web Service 的一个实现)，定义 Web Service 的服务描述并把它发布到服务请求者或服务注册中心。服务请求者使用查找操作来从本地或服务注册中心检索服务描述，然后使用服务描述与服务提供者进行绑定并调用 Web Service 实现或同它交互。如图 9-3 所示，描述了这些操作、提供这些操作的组件及它们之间的交互。

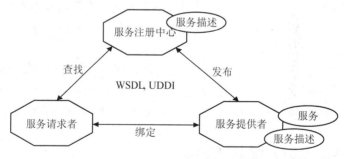

图 9-3　Web Service 体系结构

Web Service 体系结构中共有三种角色：

- ◇ 服务提供者：发布自己的服务，并且对服务请求进行响应。从企业的角度看，这是服务的所有者；从体系结构的角度看，这是托管访问服务的平台。
- ◇ 服务请求者：利用服务注册中心查找所需的服务，然后使用该服务。从企业的角度看，这是要求满足特定功能的商户；从体系结构的角度看，这是寻找并调用服务，或启动与服务的交互的应用程序。服务请求者角色可以由浏览器来担当，由人或无用户界面的程序(例如，另外一个 Web Service)来控制它。
- ◇ 服务注册中心：这是可搜索的服务描述注册中心，服务提供者在此发布他们的服务描述，对其进行分类，并提供搜索服务。在静态绑定开发或动态绑定执行期间，服务请求者查找服务并获得服务的绑定信息。对于静态绑定的服务请求者，服务注册中心是体系结构中的可选角色，因为服务提供者可以把描述直接发送给服务请求者。同样，服务请求者可以从服务注册中心以外的其他来源得到服务描述，例如本地文件、FTP 站点、Web 站点、广告和服务发现(Advertisement and Discovery of Services，ADS)或发现 Web Service (Discovery of Web Service，DISCO)。

Web Service 体系结构中的组件必须具有上述一种或多种角色，这些角色之间必须发生以下三个操作，即发布服务描述、查询或查找服务描述以及根据服务描述绑定或调用服务，这些行为可以单次或反复出现：

◇ 发布操作：使服务提供者可以向服务注册中心注册自己的功能及访问接口，以使服务请求者可以查找它，发布服务描述的位置可以根据应用程序的要求而变化。

◇ 查找操作：使服务请求者可以通过服务注册中心查找特定种类的服务。在查找操作中，服务请求者直接检索服务描述或在服务注册中心中查询所要求的服务类型。对于服务请求者，可能会在两个不同的生命周期阶段中牵涉到查找操作，一个是在设计时为了程序开发而检索服务的接口描述，一个是在运行时为了调用而检索服务的绑定和位置描述。

◇ 绑定操作：使服务请求者能够真正使用服务提供者提供的服务。在绑定操作中，服务请求者使用服务描述中的绑定细节来定位、联系和调用服务，从而在运行时调用或启动与服务的交互。

为支持结构中的三种操作，需要对服务进行一定的描述，该服务描述应具有如下特征：

首先，它要声明服务提供者提供的 Web Service 的特征。服务注册中心根据某些特征将服务提供者进行分类，以帮助查找具体服务。服务请求者根据特征来匹配那些满足要求的服务提供者。

其次，服务描述应该声明接口特征，以便访问特定的服务。

最后，服务描述还应声明各种非功能特征，如安全要求、事务要求、使用服务的费用等，接口特征和非功能特征也可以用来帮助服务请求者查找服务。

在 Web Service 中，服务描述和服务实现是分离的，这使得服务请求者可以在服务提供者的一个具体实现正处于开发阶段、部署阶段或完成阶段时，对具体实现进行绑定。另外，Web Service 中的组件之间必须能够进行交互，才能进行上述三种操作。所以 Web Service 体系结构的另一个基本原则就是使用标准的技术，包括服务描述、通信协议以及数据格式等，这样一来，开发者就可以开发出独立于平台、开发语言的 Web Service。

9.2.2　Web Service 协议

Web Service 支持一种标准的协议栈模型，以支持发布、发现和绑定的互操作。如图 9-4 所示，展示了一个概念性 Web Service 协议栈模型。

上述模型中，上面的功能层建立在下面功能层提供的功能之上，垂直的功能表示在协议栈的每一层中必须满足的需求。Web Service 协议栈的基础是网络层，Web Service 要被服务请求者调用，就必须通过网络访问。因特网上可供访问的 Web Service 必须使用普遍部署的网络协议，而 HTTP 凭借其普遍性，成为因特网可用的 Web Service 真正的标准网络协议。Web Service 还可以支持其他因特网协议，包括 FTP、SMTP、MQ(消息队列)、IIOP(因特网 ORB 间协议)上的远程方法调用(Remote Method Invocation，RMI)、Email 等，应使用哪种网络协议和应用程序的具体需求有关。

图 9-4 Web Service 协议栈模型

Web Service 的好处之一在于，它为专用内部网和公用因特网服务的开发和使用提供了统一的编程模型，网络技术的选择对服务开发者来说是透明的。而网络层的上面是基于 XML 的消息传递，它表示将 XML 作为消息传递协议的基础。

最简单的协议栈包括网络层的 HTTP，基于 XML 的消息传递层的 SOAP 协议以及服务描述层的 WSDL，如图 9-5 所示。所有企业间或公用 Web Service 都应该支持这种可互操作的基础协议栈，特别是企业内部或专用 Web Service，也应支持其他的网络协议和分布式计算技术。

图 9-5 Web Service 基础协议栈

Web Service 体系结构的基础是 XML 消息传递，XML 消息传递的行业标准是 SOAP。SOAP 是一种简单的、轻量级的基于 XML 的机制，用于在网络应用程序之间进行结构化数据交换，它包括三部分：

◇ 一个定义描述消息内容的框架的信封；
◇ 一组表示应用程序定义的数据类型实例的编码规则；
◇ 表示远程过程调用和响应的约定。

SOAP 可以和各种网络协议(如 HTTP、SMTP、FTP 等)结合使用，或者用这些协议重新封装后使用。如图 9-6 所示，展示了基于 SOAP 的 XML 消息传递和网络协议如何组成

Web Service 体系结构的基础。

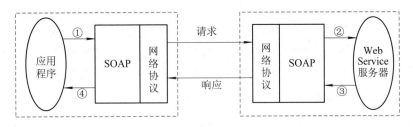

图 9-6 基于 SOAP 的消息传递模型

网络层在基于 SOAP 消息传递的分布式计算中扮演提供者和请求者的角色，它具有构建、解析 SOAP 消息的能力，以及在网络上通信的能力(包括接收、发送消息)。应用程序与 SOAP 的集成通常通过四个步骤来实现：

(1) 服务请求者(应用程序)创建一条 SOAP 消息，然后将此信息和服务提供者的网址一起提供给 SOAP 基础结构，SOAP 基础结构与一个底层网络协议交互，从而在网络上将 SOAP 消息发送出去。

(2) 网络基础结构再将消息传送到服务提供者(Web Service 服务器)的 SOAP 基础结构，SOAP 基础结构负责将 XML 消息转换为特定的消息对象。

(3) Web Service 服务器负责处理请求信息并生成一个响应(也是 SOAP 消息)，响应的 SOAP 消息被提供给 SOAP 基础结构，其目的地是网络上的服务请求者。

(4) 响应消息传送到服务请求者的 SOAP 基础结构，并将 XML 消息转换为目标编程语言中的对象，然后，响应消息会被提供给应用程序。

上述步骤描述了请求/响应传送的基本原理，这种原理在大多数分布式计算环境中都很常见。该传送过程可以是同步的，也可以是异步的。

9.2.3　Web Service 通信模型

在 Web Service 体系结构中，根据功能要求的不同，可以实现基于消息路由的同步/异步通信模型或基于 RPC 的异步模型。

1. 基于消息路由的通信模型

基于消息路由的通信模型定义松散关联和文档驱动的通信。调用基于消息交换的服务，服务请求方无需等待响应。如图 9-7 所示，描述了 Web Service 体系结构中基于消息路由的通信模型。

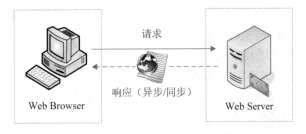

图 9-7 基于消息路由的通信模型

在图 9-7 中，客户服务请求方调用基于消息路由的 Web Service；它通常发送一个完整的文档，服务提供方接收并处理该文档，然后返回(也可不返回)该文档。根据实现方式的不同，客户可以异步发送文档或接收来自基于消息路由机制的 Web 服务文档，但不能在一个实例中同时执行这两项操作。另外，也可以以同步通信模型实现消息交换，在这种模型下，客户将服务请求发送给服务提供方，然后等待和接收服务提供方发回的文档。

2. 基于 RPC 的通信模型

基于 RPC 的通信模型用于定义基于请求/响应的同步通信。客户发出请求后，继续任何操作之前将等待服务器发回响应。尤其对于实现 CORBA 或 RMI 通信来说，基于 RPC 的 Web 服务是紧密关联的，并且是经由到客户应用程序的远程对象实现的。如图 9-8 所示，描述了 Web Service 体系结构中基于 RPC 的通信模型。

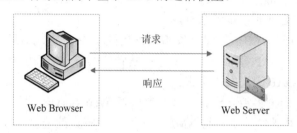

图 9-8　基于 RPC 的通信模型

根据 RPC 约定，SOAP 消息用包含 0 个或多个参数和返回值的方法名称表示。每个 SOAP 请求消息表示对 SOAP 服务器中的一个远程对象的调用，每个方法调用都有 0 个或多个参数。同样，SOAP 响应消息将返回 0 个或多个传出参数的返回值，将其作为返回结果。在 SOAP RPC 请求和响应中，方法调用被串行化为 SOAP 编码规则定义的、基于 XML 的数据类型。另外，使用基于 RPC 的通信，服务提供方和请求方都可以分别注册和发现服务。

采用何种通信模型(消息路由或 RPC)也取决于 Web 服务结构及其采用的协议。SOAP1.2 同时支持这两种通信模型。

9.2.4　实现 Web Service

1. Web Service 开发生命周期

Web Service 的开发生命周期包括设计、部署以及在运行时对服务注册中心、服务提供者和服务请求者的管理等。一般说来，Web Service 开发生命周期分为四个阶段：

- ◇ 构建。构建阶段包括开发和测试过程，诸如定义服务接口描述、服务实现和定义 Web Service 实现描述等都在此阶段完成。此过程可以通过创建新的 Web Service，把现有的应用程序封装成 Web Service 以及将其他 Web Service 或应用程序重组成新的 Web Service 来实现。
- ◇ 部署。此阶段包括向服务注册中心发布服务接口和服务实现定义，以及把 Web Service 的可执行文件部署到执行环境中。
- ◇ 运行。Web Service 部署完毕后，服务请求者可以通过服务注册中心进行特定

Web Service 的查找，并根据规范实现绑定、调用操作。
- 管理。管理阶段包括持续的管理和经营 Web Service 应用程序。如解决安全性、可用性、性能、服务质量、业务流程等问题。

创建 Web Service 的过程与创建其他类型应用程序的过程别无二致，事实上就是"设计与实现→部署与发布→发现与调用"的一个过程。这个生命周期内的每一阶段都有一些特有的步骤，要想成功完成一个阶段并继续下一阶段，必须执行这些步骤。

2. 实现 Web Service

Web Service 应用程序的设计和开发过程与分布式应用程序的实现过程没有不同之处。只是在 Web 服务中，所有组件都只有在运行时才使用标准协议进行动态绑定。

实现 Web Service 的基本步骤如下：

(1) 服务提供方将 Web 服务创建为基于 SOAP 协议的服务接口，然后将这些服务部署到服务容器中，以便其他用户调用。服务提供方同时将这些 Web 服务创建基于 WSDL 的服务描述，这种描述使用统一的方法来标识服务位置、操作及其通信模式，以定义客户端和服务容器。

(2) 服务提供方使用服务代理注册基于 WSDL 的服务描述，服务代理方通常是 UDDI 注册表。

(3) UDDI 注册表将服务描述存储为绑定模板和到服务提供方环境中 WSDL 的 URL。

(4) 服务请求方通过查询 UDDI 注册表找到所需服务并获取绑定信息和 URL，以确定服务提供方。

(5) 服务请求方使用绑定信息激活服务提供器，并检索已注册服务的 WSDL 服务描述，通过创建客户代理应用程序，建立与服务器间的通信。

(6) 最后，服务请求方与服务提供方通信，并通过调用服务容器中的服务进行信息交换。

可以将 Web Service 创建为新应用程序，也可以将现有应用程序更改为 Web Service。在 Web 服务的实现方案中，可以通过封装底层应用程序的核心业务概念，将现有应用程序发布为服务。这些应用程序可以是以任何编程语言实现的应用程序，也可以是在任何平台上运行的应用程序。

将现有商业应用程序开发为 Web 服务的一般步骤如下：

(1) 使用 SOAP 将应用程序的商业组件封装为面向服务的接口，然后将其部署在 Web Service 服务容器中，发布为 Web 服务。基于这些接口，服务容器可以处理所有传入的、基于 SOAP 的消息交换操作，并将其映射为底层商业应用程序的方法或参数。

(2) 生成基于 WSDL 的服务描述，这些服务描述将驻留在服务容器中。这些基于 WSDL 的服务描述将在 UDDI 注册表中发布为服务模板及其位置 URL。

(3) 服务请求方通过查询 UDDI 注册表找到所需服务并获取绑定信息和 URL，然后连接服务提供方，以获取 WSDL。

(4) 要调用服务提供方发布的服务，服务请求方(服务发送环境)需要根据 WSDL 中定义的服务描述实现基于 SOAP 的客户接口。

上述步骤通常适用于所有级别的 Web Service 开发，而无需考虑目标应用程序的环境

(如 J2EE、CORBA、Microsoft.NET)或应用程序本身(如 Java、C++、VB 等)以及原有应用程序和主架构环境。因此，实现 Web 服务实际上是 J2EE、CORBA、.NET 和其他基于 XML 的应用程序与互操作性及数据共享的统一。

3. Web Service 开发平台

Web Service 发展至今，各软件供应商在 Web Service 框架核心、开发和部署 Web Service 的体系结构、平台和软件解决方案等方面提供了完善的成熟产品。

◆ Sun 公司的产品

Sun 公司发布了基于 Java 和 XML 技术的 API 及其实现方案 JAX Pack，用于开发、测试 Java 和基于开放式标准的 Web Service 解决方案。另外，Sun 公司还发布了一组全面的、专用于 Web Service 的开发工具包 JWSDP(Java Web Service Developer Pack)。

JWSDP 提供了库和工具的集合，包含了开发和测试 Web 服务的必需组件。JWSDP 支持行业标准，这就能够确保其与标准组织所发布的技术和规范具有互操作性，例如万维网协会(W3C)以及结构标准推动组织(OASIS)等。JWSDP 除了提供标准的接口库外，还提供了每个库的引用实现，同时，JWSDP 还提供多种辅助工具，例如 WSDLstub 编译器，它能够生成一个 WSDL 文件，用于 Web 服务和独立的 Web 服务 UDDI2.0 注册表。

JWSDP 包括下列常用组件：

- JAXP：XML 处理的 Java API，提供了解析和转换 XML 文档的标准化接口。
- JAXM：JAXM(Java API for XML Messaging)提供 SOAP1.1 带附件的 SOAP 标准接口，以便 Java 程序员能够方便地发送和接收 SOAP 消息。JAXM 给厂商提供了一种机制，既可以用于支持可靠的消息传输，也可以用于部分填充特定的基于 SOAP 协议(如 ebXML)的 SOAP 消息。
- JAX-RPC：基于 XML 远程过程调用的 Java API(Java API for XML-based Remote Procedure Calls，JAX-RPC)提供了一种机制，使得可以通过基于 SOAP 的消息跨网络调用对象。JAX-RPC 的作用与 RMI 大致相同，都是通过创建的插件对象调用远程对象，从概念上讲，可以同样地使用这两个系统。JAX-RPC 和 RMI 的不同之处在于两台机器之间所传递的数据格式。RMI 使用底层的 Java 特有的协议，而 JAX-RPC 使用的则是 XML。
- JAXR：JAXR(XML 注册中心的 Java API，Java API for XML Registries)提供了查询注册中心的抽象接口；JAXR 可用来让用户不必了解 UDDI 或 ebXML RegRep 的细节。
- JSSE：JSSE(Java Secure Socket Extension)提供了一种机制，可用于在加密的网络连接上进行通信，并且管理与加密有关的密钥。JSSE 提供了免版税的 SSL v3(安全套接字层，Secure Sockets Layer)的实现和 TLS(传输层安全，Transport Layer Security)1.0 的支持。JSSE 还提供了附加的 URL 处理器，以便 java.net.URL 类能够理解和处理 HTTP URL。
- JSTL：JSP 的标准标签库。
- ANT 和 Tomcat：ANT 是一个开放源代码构建工具。Tomcat 是 JSP 和 Servlet 标准的引用实现。它同样允许开发基于 Servlet 的 Web 服务托管。

- WSDP：WSDP(Web 服务开发人员包，Web Service Developer Package) Registry 服务器。这是一个简单的 UDDI 服务器，可用于开发和测试。
- Sun ONE Application Server 产品套装是 Sun 公司推出的基于 Java/J2EE 的、用于构建和部署 Web Service 的解决方案。Sun ONE 套装的体系结构基于 SOAP、WSDL 和 UDDI 等开放式标准，提供了一种可供用户和开发人员迁移到下一代 Web 服务的全面的 Web 服务软件环境。
- Sun ONE 主要的优点是不会出现任何客户锁定问题或其他所有权解决方案导致的问题。它的最主要的缺点是对 Web Service 的描述和发现的两个标准(WSDL 和 UDDI)的支持尚不完善。

◆ IBM Web Service

IBM 电子商务是 IBM 公司基于开放式标准的产品，用于提供 Web 服务的开发和部署。IBM 提供的产品基于 Java/J2EE、SOAP、WSDL 和 UDDI 等 Web 服务标准，全面反映了 Web 服务技术在动态电子商务中的应用。

IBM WebSphere Application Server 提供用于部署基于 Web 服务的应用程序的基础结构解决方案。IBM 还为开发人员提供 Web 服务工具包(Web Service ToolKit，WSTK)，用作创建、发布和测试基于 XML、SOAP、WSDL 和 UDDI 等开放标准的 Web 服务解决方案的运行时环境，使用 WSTK 无需对现有应用程序进行重编程即可生成 WSDL 包装器。

◆ Microsoft.NET

Microsoft.NET 提供了用于开发、部署基于标准的 Web 服务和所有类型的应用程序的.NET 平台的框架和编程模型。这一框架定义了三个层：Microsoft 操作系统、企业服务器和使用 Visual Studio 的.NET 构件块。基于.NET 的 Web 服务界面使用支持 SOAP、WSDL 和 UDDI 等标准的.NET 构件开发实现。

Microsoft 提出的 Web Service 解决方案及开发工具无疑是最方便实用的，但其缺点也很明显——无法在 Windows 之外的平台上使用。

本 章 小 结

通过本章的学习，学生能够学会：
- Web Service 是建立于 SOA 基础之上的最新分布式计算技术。
- Web Service 建立在 XML 标准上，可使用任何编程语言、协议或平台开发。
- 主要有四种标准和技术用于构建和使用 Web 服务：XML、SOAP、WSDL 和 UDDI。
- SOAP 是一种基于 XML 的轻量级消息交换协议。
- WSDL 是一种 XML 格式，用于描述网络服务及其访问信息。
- UDDI 提供了在 Web 上描述并发现商业服务的框架。
- Web Service 应用在跨防火墙通信、应用程序集成、B2B 集成和数据重用等场合中会体现极大的优势。
- 在单机应用程序和局域网应用程序中，Web Service 无法体现其优势。

◆ Web Service 体系结构基于三种逻辑角色——服务提供者、服务注册中心和服务请求者。
◆ Web Service 体系结构中，角色之间可以单次或反复出现发布、查找、绑定三种操作。
◆ 最简单的协议栈包括网络层的 HTTP，基于 XML 的消息传递层的 SOAP 协议以及服务描述层的 WSDL。
◆ 在 Web Service 体系结构中，根据功能要求的不同，可以实现基于消息路由的同步/异步通信模型或基于 RPC 的异步模型。
◆ Web Service 开发生命周期分为构建、部署、运行、管理四个阶段。

本 章 练 习

1. Web Service 应用程序具备_____特征。(多选)
   A. 封装性
   B. 松散耦合
   C. 使用标准协议规范
   D. 高度可集成性
2. Web Service 应用的优势体现在_____等场景中。(多选)
   A. 跨防火墙通信
   B. 应用程序集成
   C. B2B 集成
   D. 数据重用
3. Web Service 体系结构基于_____三种逻辑角色。(多选)
   A. 服务提供者
   B. 服务注册中心
   C. 服务请求者
   D. 消息
4. 用于构建和使用 Web 服务主要有四种标准和技术：_____、_____、_____ 和_____。
5. Web Service 体系结构中，角色之间可以单次或反复出现三种操作：_____、_____ 和_____。
6. 最简单的协议栈包括_____、_____以及_____。
7. 简要描述 Web Service 应用程序的特征。
8. 简要描述 Web Service 的主要技术及各种技术的作用。
9. 什么是 SOAP？简要描述 SOAP 的组成。

第10章 SOAP、WSDL 和 UDDI

本章目标

- 了解 SOAP 的应用背景
- 掌握 SOAP 的消息结构
- 掌握 SOAP 消息交换模型
- 了解 SOAP 的常用应用模式
- 理解 WSDL 的作用
- 熟悉 WSDL 的文档结构
- 了解 UDDI 的作用
- 了解 UDDI 的实现机制
- 了解 UDDI 的数据结构

10.1 SOAP

SOAP 是一种基于 XML 的消息规范,其描述了数据消息的格式以及一整套串行化规则,包括结构化类型和数组。SOAP 可以使用各种 Internet 标准协议(如 HTTP 和 SMTP)作为其消息传输工具,还可以提供表示 RPC 和文档驱动的消息交换等通信模型的约定。这样就可以在分布式环境中实现应用程序之间的通信,并可以实现网络上异构应用程序之间的交互操作。SOAP 已经受到主要的 IT 供应商和 Web 开发人员的广泛欢迎,从而在基于 Web Service 的商业应用程序中流行起来,被广为采用。

10.1.1 SOAP 介绍

SOAP(Simple Object Access Protocol,简单对象访问协议)是一个基于 XML 的协议,它是分布式系统之间交换信息的轻量级方法,它广泛支持各种系统和 RPC 以及 Messaging 等通信模型,是一种非常好的跨平台和跨厂商的技术,并且得到了各大软件供应商的支持。目前最新版本的 SOAP 1.2 是 Sun Microsystems、IBM、BEA、Microsoft 和 Oracle 等供应商领导的 W3C XML 工作组推出并维护的。

SOAP 的两个目标是简单性和可扩展性,这就意味着有一些传统消息系统或分布式对象系统中的某些性质将不是 SOAP 规范的一部分。SOAP 是一种分布式计算中的技术,它被有意设计为轻量级的协议,它的某些功能是和其他一些机制(如 RMI)共有的,但也存在许多不同的功能,如不支持通过引用传递对象、对象激活、消息批处理等。SOAP 也被设计成可扩展的,而简单性和可扩展性意味着 SOAP 的使用不包含任何特定的编程模式,给定实现的语义是极为灵活的。

SOAP 基于 XML 语言和 XSD 标准,其定义了一套编码规则,该规则定义如何将数据表示为消息,以及怎样通过 HTTP 协议来传输 SOAP 消息,它主要由四部分组成:

- ◇ SOAP 信封(Envelope)定义了一个框架,该框架描述了消息中的内容是什么,包括消息的内容、发送者、接受者、处理者以及如何处理等信息。
- ◇ SOAP 编码规则,它定义了一种序列化的机制,用于交换应用程序所定义的数据类型的实例。
- ◇ SOAP RPC 表示,它定义了用于表示远程过程调用和应答的协定。
- ◇ SOAP 绑定,它定义了一种使用底层传输协议来完成在节点间交换 SOAP 信封的约定。

SOAP 消息基本上是从发送端到接收端的单向传输,它们常常结合起来执行类似于请求/应答的模式。不需要把 SOAP 消息绑定到特定的协议,SOAP 可以运行在任何其他传输协议(HTTP、SMTP、FTP 等)上。另外,SOAP 提供了标准的 RPC 方法来调用 Web Service,以请求/响应模型运行。

 完整地介绍 SOAP 超出了本书的范围,关于 SOAP 的详细介绍,读者可参考链接 http://www.w3.org/TR/soap/。

10.1.2　SOAP 消息结构

SOAP 定义了基于 XML 的消息规则和机制，可用于实现应用程序之间的通信，更重要的是，SOAP 采用了 XML Schema 和命名空间等 XML 语法和标准作为其消息结构的组成部分。所有的 SOAP 消息都使用 XML 编码，一条 SOAP 消息就是一个普通的 XML 文档，该文档包含下列元素：

- ◆ Envelope(信封)元素，必选，可把此 XML 文档标识为一条 SOAP 消息。
- ◆ Header(报头)元素，可选，包含头部信息。
- ◆ Body(主体)元素，必选，包含所有的调用和响应信息。
- ◆ Fault 元素，位于 Body 内，可选，提供有关处理此消息所发生错误的信息。
- ◆ Attachment(附件)，可选，可通过添加一个或多个附件扩展 SOAP 消息。

如图 10-1 所示，描述了带附件的 SOAP 消息的基本结构。

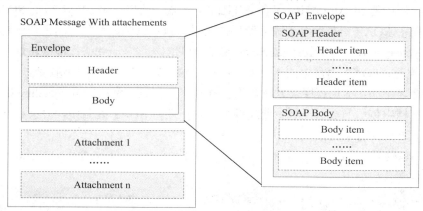

图 10-1　带附件的 SOAP 消息的基本结构

下述代码用于实现：演示 SOAP1.1 规范下的消息的基本结构。

```xml
<?xml version="1.0"?>
<soap-env:Envelope xmlns:soap-env="http://schemas.xmlsoap.org/soap/envelope/"
soap-env:encodingStyle="http://schemas.xmlsoap.org/soap/encoding/">
    <soap-env:Header>
        <!--报头定义-->
    </soap-env:Header>
    <soap-env:Body>
        <!--消息体定义-->
        <soap-env:Fault>
            <!--相关错误处理信息-->
        </soap-env:Fault>
    </soap-env:Body>
</soap-env:Envelope>
```

SOAP 虽然是 XML 文档，但其编写需满足如下语法规则：

- ◆ SOAP 消息必须用 XML 来编码；

- SOAP 消息必须使用 SOAP Envelope 命名空间；
- SOAP 消息必须使用 SOAP Encoding 命名空间；
- SOAP 消息不能包含 DTD 引用；
- SOAP 消息不能包含 XML 处理指令。

1. SOAP 信封

SOAP Envelope 是 SOAP 消息结构的主要容器，也是 SOAP 消息的根元素，它必须出现在每个 SOAP 消息中，用于把此 XML 文档标识为一条 SOAP 消息。SOAP 中，使用 XML 命名空间将 SOAP 标识符与应用程序的特定标识符区分开，将 SOAP 消息的元素的作用域限制在一个特定的领域。下述代码描述了 SOAP 的一个空信封。

```
<soap-env:Envelope xmlns:soap-env="http://schemas.xmlsoap.org/soap/envelope/"
 soap-env:encodingStyle="http://schemas.xmlsoap.org/soap/encoding/">
</soap-env:Envelope>
```

上述代码中的 SOAP 信封不包含主体(Body)元素，所以不是一个有效的 SOAP 消息，但是它说明了 SOAP 消息中有关命名空间的重要一点：SOAP 命名空间由该信封定义为具有"http://schemas.xmlsoap.org/soap/envelope/"的 URI 和"soap-env"前缀。这是因为按照 SOAP1.1 规范，SOAP 消息中的所有元素必须由这个特定的命名空间进行限定，如果使用了不同的命名空间，应用程序会发生错误，并抛弃此消息。SOAP 的 encodingStyle 属性用于定义在文档中使用的数据类型。此属性可出现在任何 SOAP 元素中，并会被应用到元素的内容及元素的所有子元素上。

对于 SOAP1.2 规范，相关联的命名空间是"http://www.w3.org/2001/12/soap-envelope"，对应的空信封代码如下：

```
<soap:Envelope xmlns:soap="http://www.w3.org/2001/12/soap-envelope"
 soap:encodingStyle="http://www.w3.org/2001/12/soap-encoding">
</soap:Envelope>
```

如无特殊说明，本章关于 SOAP 的介绍都是基于 SOAP1.1 的，关于 SOAP1.2 的详细介绍可参考链接 http://www.w3.org/TR/soap12。

SOAP Envelope 的语法规则如下：
- 元素名为 Envelope，该元素必须在 SOAP 消息中作为根元素出现；
- 该元素可以包含命名空间声明和额外的属性，如果声明额外的属性，必须使用命名空间修饰。
- Envelope 可以包含额外的子元素，但必须使用命名空间修饰并且跟在 SOAP Body 元素之后。

2. SOAP 报头

SOAP Header(报头)元素应当作为 SOAP Envelope 的第一个直接子元素，它必须使用有效的命名空间。Header 还可以包含 0 个或多个可选的子元素，这些子元素称为 Header 项，所有 Header 项都必须是完整修饰的，即必须由一个命名空间 URI 和局部名组成，不允许没有命名空间修饰的 Header 项存在。

Header 元素用于与消息一起传输附加消息,如身份验证或事务信息。Header 元素也可以包含某些属性。SOAP 在默认的命名空间中定义了三个属性:actor、mustUnderstand 以及 encodingStyle。这些被定义在 SOAP 头部的属性可通知容器如何对 SOAP 消息进行处理。

- ◇ encodingStyle 属性用于指明 Header 项的编码风格。
- ◇ mustUnderstand 属性用于指明消息的接收方对 SOAP 报头的处理是否是必须的。如果设置为 1,指示处理此头部的接收者必须认可此元素,假如此接收者无法认可此元素,则认为此消息无效。缺省值为 0。
- ◇ actor 属性可被用于将 Header 元素寻址到一个特定的接收者。

下述的 SOAP 信封中包含一个可忽略身份验证的消息报头。

```
<soap-env:Envelope xmlns:soap-env="http://schemas.xmlsoap.org/soap/envelope/">
    <soap-env:Header>
        <auth:UserID xmlns:auth="some-URI">
            Admin
        </auth:UserID>
    </soap-env:Header>
</soap-env:Envelope>
```

在该消息报头中,使用前缀 "auth" 和 URI "some-URI" 定义了新命名空间的附加元素。这样的命名空间可以由任何人进行定义,本例中的实际元素名(UserID)表明它包含身份验证信息。如果消息的接收者理解 UserID 元素的意思(在已定义的命名空间内),他应该处理该元素(如,承认 Admin 是一个经过身份验证的账户名)。如果消息的接收者不知道如何处理该元素,则他可以忽略。

3. SOAP 主体

SOAP Body 元素作为子元素包含在 SOAP 信封中。SOAP1.1 规范规定一条消息中必须有一个或多个 SOAP Body,SOAP 消息的 Body 块可以包含下面的任何元素:

- ◇ RPC 方法及其参数;
- ◇ 目标应用程序(消息接收者)专用数据;
- ◇ 报告故障和状态信息的 SOAP 故障(Fault)。

SOAP 消息中,所有的 Body 元素必须是 SOAP Envelope 元素的直接子元素。若该消息中包含 Header 元素,则 Body 元素必须直接跟随 Header 作为兄弟元素;若 Header 不出现,则它必须是 Envelope 的第一个直接子元素。

所有 Body 元素的直接子元素都称为 Body 项,Body 项都必须是 Body 元素的直接子元素,Body 项必须由命名空间修饰。Body 项自身可以包含下级子元素,但这些元素不是 Body 项,而是 Body 项的内容。

下述代码用于显示一个消息主体,该主体表示用于从 "www.fruit.com" 获取苹果 (Apples)的价格信息的 RPC 调用。

```
<soap-env:Envelope xmlns:soap-env="http://schemas.xmlsoap.org/soap/envelope/">
    <soap-env:Body>
        <m:GetPrice xmlns:m="http://www.fruit.com/prices">
            <m:Item>Apples</m:Item>
```

```
            </m:GetPrice>
        </soap-env:Body>
</soap-env:Envelope>
```

请注意，上面的 m:GetPrice 和 Item 元素使用了"http://www.fruit.com/prices"命名空间，它们是应用程序专用的元素，它们并不是 SOAP 标准的一部分。

对于上述请求，SOAP 响应可能如下：

```
<soap-env:Envelope xmlns:soap-env="http://schemas.xmlsoap.org/soap/envelope/">
    <soap-env:Body>
        <m:GetPriceResponse xmlns:m="http://www.fruit.com/prices">
            <m:Price>1.90</m:Price>
        </m:GetPriceResponse>
    </soap-env:Body>
</soap-env:Envelope>
```

4. SOAP Fault

SOAP Fault 元素用于在 SOAP 消息中传输错误及状态信息。如果 SOAP 消息需要包括 SOAP Fault 元素，它必须作为一个 Body 项出现，而且至多出现一次。SOAP Fault 元素有以下子元素：

- ◇ faultcode：必须在 SOAP Fault 元素中出现，该元素用来标识故障，它包含用于标识该 SOAP 应用程序的故障或状态的标准值。这些 faultcode 值的命名空间标识符在 http://schemas.xmlsoap.org/soap/envelope/中定义。
- ◇ faultstring：该元素提供 SOAP 故障的可读描述。
- ◇ faultactor：该元素描述在消息路径中错误的引发者。类似于 SOAP actor 属性，不过它记录的不是 Header 的接收者，而是指示错误源。
- ◇ detail：该元素提供与已定义的 Body 块相关的、特定于应用程序的故障或状态信息。detail 元素的所有直接子元素都称为 detail 项。

下述代码用于演示如何在 SOAP 消息中表示 SOAP Fault。

```
<soap-env:Envelope xmlns:soap-env="http://schemas.xmlsoap.org/soap/envelope/">
    <soap-env:Body>
        <soap-env:Fault>
            <faultcode>soap-env:MustUnderstand</faultcode>
            <faultstring>Header element missing</faultstring>
            <faultactor>http://www.fruit.com/prices</faultactor>
            <detail>
                <fruit:error xmlns:fruit="http://www.fruit.com/prices">
                    <problem>The Furit name missing.</problem>
                </fruit:error>
            </detail>
        </soap-env:Fault>
    </soap-env:Body>
```

```
</soap-env:Envelope>
```

下述代码显示了因服务器故障引起的 SOAP Fault。

```
<soap-env:Fault>
    <faultcode>soap-env:Server</faultcode>
    <faultstring>Server Internal failure</faultstring>
    <faultactor>http://www.fruit.com/prices</faultactor>
</soap-env:Fault>
```

5. 附件

按照 SOAP1.1 规范的规定，SOAP 消息可以包含 XML 格式的主 SOAP 信封，以及含 ASCII 或二进制等任何数据格式的 SOAP 附件。如果 SOAP 消息包含附件，那么 SOAP 消息将是一个 MIME 编码的消息，它包含 SOAP 内容和一个或多个其他类型的附件。因此 SOAP 消息实际上分为两种类别：

- ✧ 仅包含 XML 内容的消息。
- ✧ MIME 编码的消息，包含初始的 XML 有效内容以及任何数量的附件。这些附件可以是任何类型的数据。

> **注 意** 多用途 Internet 邮件扩展(Multi-purpose Internet Mail Extensions，MIME)是一组技术规范，其目的是使用不同字符集来传递文本，也可以在计算机之间传递各种各样的多媒体数据，关于 MIME 的详细介绍，读者可参考相关资料。

SOAP 消息结构中的每一个 MIME 附件都使用 Content-ID 或 Content-Location 作为附件的标签引用。SOAP 消息头和消息正文也可以指向消息中的这些标签。每个消息附件都可使用 Content-ID(通常使用 URL 模式的 href 属性)或 Content-Location(与附件关联的 URI 引用)标识。下述代码使用 apples.gif 作为附件，说明 Content-ID 引用在 SOAP 消息中的应用。

```
MIME-Version:1.0
Content-Type:Multipart/Related;boundary=MIME_boundary;type=text/xml;
start="<http://www.fruit.com/coverdetail.xml>"
Content-Description:SOAP message description
--MIME_boundary--
Content-Type: text/xml;charset=UTF-8
Content-Transfer-Encoding:8bit
Content-ID:<http://www.fruit.com/coverdetail.xml>
Content-Location: http://www.fruit.com/coverdetail.xml
<soap-env:Envelope xmlns:soap-env="http://schemas.xmlsoap.org/soap/envelope/">
    <soap-env:Body>
        <!--SOAP BODY-->
        <theCoverPage href="http://www.fruit.com/img/apples.gif"/>
        <!--SOAPBODY-->
    </soap-env:Body>
</soap-env:Envelope>
```

```
--MIME_boundary--
Content-Type:image/gif
Content-Transfer-Encoding:binary
Content-ID:<http://www.fruit.com/img/apples.gif>
Content-Location:http://www.fruit.com/img/apples.gif
<!-- binary GIF image -->
--MIME_boundary--
```

该消息中使用了绝对 URI 引用项,以用于 Content-Location 消息头。

有关 SOAP 附件的详细介绍,读者可参见网站 http://www.w3.org/TR/SOAP-attachments。

10.1.3 SOAP 消息交换模型

SOAP 消息交换是从发送方到接收方的一种传输方法。从本质上说,SOAP 是一种无态(stateless)协议,它提供复合的单向消息交换框架,以便在称之为 SOAP 节点的 SOAP 应用程序之间传输 XML。

1. SOAP 节点

SOAP 节点表示 SOAP 消息路径的逻辑实体,用于执行消息路由或处理。SOAP 节点既可以是 SOAP 消息的发送方,也可以是 SOAP 消息的接收方,还可以是 SOAP 消息发送方和接收方间的 SOAP 消息中介。

在 SOAP 消息交换模型中,中间方为一种 SOAP 节点,负责提供发送消息的应用程序和接收消息的应用程序之间的消息交换和协议路由功能。中间方节点驻留在发送节点和接收节点之间,负责处理 SOAP 消息头中定义的部分消息。SOAP 发送方和接收方之间可以有 0 或多个 SOAP 中间方,它为 SOAP 接收方提供分布式处理机制,如图 10-2 所示。

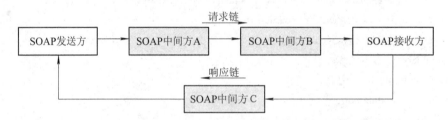

图 10-2　SOAP 消息交换模型

图 10-2 描述了发送方、接收方及其中间方齐全的完整消息交换模型示例。该示例中,消息源于发送方,经中间方 A 和 B 发送到接收方,从而形成了一条请求链;然后,响应消息从发送方(请求链的接收方)经中间方 C 发送回接收方(请求链的发送方),从而形成响应链。

一般说来,SOAP 消息中间方分为两种:

◇ 转发中间方:这一类型的中间方通过在所转发消息的 SOAP 消息头块中描述和构造语义与规则,从而实现消息处理。

第 10 章　SOAP、WSDL 和 UDDI

◆ 活动中间方：这一类型的中间方利用一组功能为接收方节点修改外部绑定消息，从而提供更多的处理操作。

在 SOAP 消息交换路径中，借助于 SOAP 中间方，使得分布式处理模型在 SOAP 消息交换中得以实现。通过使用 SOAP 中间方，可以向 SOAP 应用程序中集成各种功能(如转发、过滤、事务、安全、日志记录、智能路由等)。

2. SOAP actor 属性

一个 SOAP 消息从发送方到接收方的过程中，可能沿着消息路径经过一系列 SOAP 中间节点。SOAP 中间节点是可以接收、转发 SOAP 消息的应用程序。中间节点和接收方由 URI 区分。可能 SOAP 的接收方并不需要消息的所有部分，而在消息路径上的一个和某几个中间节点可能需要这些内容。头元素的接收者扮演的角色类似于一个过滤器，防止这些只发给本接收者的消息部分扩散到其他节点。即一个头元素的接收者必须不转发这些头元素到 SOAP 消息路径上的下一个应用程序。同样的，接收者可能插入一个相似的头元素。SOAP actor 属性可以用于指示头元素的接收者。SOAP actor 属性的值是一个 URI，用于将 SOAP 接收方节点的名称标识为最终目标位置。下述代码演示了 actor 属性的使用。

```
<soap-env:Envelope xmlns:soap-env="http://schemas.xmlsoap.org/soap/envelope/">
    <soap-env:Header>
        <f:Name xmlns:f="http://www.fruit.com/FruitService/"
        soap-env:actor="http://www.fruit.com/ws"
        soap-env:mustUnderstand="1">
        WebServices
        </f:Name>
    </soap-env:Header>
    <soap-env:Body>
        <m:GetPrice xmlns:m="http://www.fruit.com/prices">
            <m:Item>Apples</m:Item>
        </m:GetPrice>
    </soap-env:Body>
</soap-env:Envelope>
```

另外，SOAP 还有一个特殊的 URI："http://schemas.xmlsoap.org/soap/actor/next"，通过该 URI 定义的 actor，将使用消息头元素的逐段式(hop-by-hop)通信，在这种通信模型中，SOAP 消息逐一经过多个中间方到达最终目标位置。

SOAP actor 值是用来识别 SOAP 节点的，与路由或消息交换的语义没有联系。

3. SOAP 消息处理

SOAP 消息从发送方到接收方是单向传送的，但正如上面所述，SOAP 消息经常以请求/应答的方式实现。SOAP 实现可以通过开发特定网络系统的特性来优化。例如，HTTP 绑定使 SOAP 应答消息以 HTTP 应答的方式传输，并使用同一个连接返回请求。不管 SOAP 被绑定到哪个协议，SOAP 消息采用所谓的"消息路径"发送，这使得在终节点(接

• 183 •

收者)之外的中间节点都可以处理消息。一个接收 SOAP 消息的 SOAP 应用程序必须按顺序执行以下的动作来处理消息：

(1) 识别应用程序需要处理的 SOAP 消息的所有必需内容。

(2) 检验应用程序是否支持第一步中识别的消息的所有必需内容并处理它。如果不支持，则丢弃消息。

(3) 在不影响处理结果的情况下，处理器可能忽略第一步中识别出的可选部分。如果这个 SOAP 应用程序不是这个消息的最终目的地，则在转发消息之前删除第一步中识别出来的所有部分。

关于 SOAP 消息处理有以下特点和规定：

- 如果定位到 SOAP 节点的 SOAP 条目有 soap-env:mustUnderstand="1"，但没有被节点理解，则产生一个 SOAP mustUnderstand 错误，如果产生这样的错误，必须停止进一步的处理。
- 如果没有定义 soap-env:mustUnderstand="1"，那么 SOAP 节点可以不处理或忽略该 SOAP 条目。如果一个 SOAP 条目被处理，那么这个 SOAP 节点必须理解该 SOAP 条目而且必须以和该 SOAP 条目说明完全一致的样式进行处理。对于错误，也必须和 SOAP 条目的说明一致。
- 如果 SOAP 节点是 SOAP 中间方，SOAP 消息的样式和处理的结果可以沿着 SOAP 消息路径继续传递。该传递过程以同样的顺序包括来自 SOAP 发送方的所有 SOAP Header 项和 SOAP Body 项。但那些指向 SOAP 中间方的 SOAP Header 项必须被删除。传递过程中，附加的 SOAP Header 项可以插入到 SOAP 消息中。

10.1.4　SOAP 应用模式

为了增强 SOAP 节点之间的通信和消息路径模型，SOAP 选择了一种取决于该通信模型的交互操作模式，如图 10-3 所示。尽管这种模式取决于 SOAP 实现方案，SOAP 消息仍然可以支持下列消息交换模式，以便定义 SOAP 节点(包括中间方)之间的消息路径和传输。

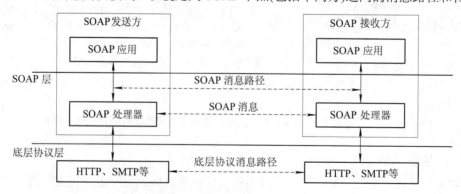

图 10-3　基于底层传输的请求/响应模式

1. 请求/响应模式

请求/响应模式经常用于电子商务交易。该应用模型中，发送方会将一个或多个文档封装在一个请求消息中,然后发送给接收方;接收方处理该消息的内容后响应发送方。请求/响应模式需要通过"请求/响应"消息特性来实现,如图10-4所示。

图10-4 请求/响应模式

2. 多消息异步响应模式

这种模式类似于请求/响应模式,不同的是,应用程序以异步方式向服务器(接收方)发送请求消息,该请求消息在 SOAP 服务器中产生 0 个或多个响应消息并传回客户端(发送方)。这种模式常常在被请求的消息无法一次被完整提供而又要保证较好的系统性能的场合下使用,比如在分布式 Web 搜索这样的场合下应用。如图10-5所示。

图10-5 多消息异步响应模式

3. 单向模式

单项模式也称为"fire-and-forget",最初源于军事术语,指武器被发射出去以后就能够自行攻击目标,发射者无需再提供控制。在 SOAP 消息的应用模式中,"fire-and-forget"是指 SOAP 客户应用程序将 SOAP 消息发送给自己的 SOAP 服务器,然后不再去处理与该消息相关的操作。该模式无需返回任何响应,常见于电子邮件消息中,如图10-6所示。

图10-6 单向模式

4. 事件通知模式

事件通知模式一般发生于订阅情形。应用程序(订阅者,即 SOAP 客户端)向一个事件源(SOAP 服务器)订阅了一些具有明确名称的事件通知,在满足条件的情况下,SOAP 服务器可以将此类事件发送给订阅者及其他应用程序,而无需考虑响应消息。例如,一个应用程序可以向打印机驱动程序发出关于打印机状态变化(如,缺纸、缺墨等)的事件请求,而这些事件的通知可以发送给该程序和其他管理程序。事件通知模式如图10-7所示。

图 10-7 事件通知模式

10.2 WSDL

WSDL(Web Service Description Language，Web Service 描述语言)是一种用来描述 Web Service 的功能特征的语言，主要由 IBM、微软在 2000 年提出。WSDL 描述了 Web Service 的接口和语义等信息，通过 WSDL，Web Service 的使用者就可以了解这个 Web Service 支持哪些功能调用，以及如何来调用这些功能，进而用户就可以向这个 Web Service 发送 SOAP(或其他协议类型)请求，最终使用这个 Web 服务。

10.2.1 WSDL 概述

Web Service 是一种定义在 Web 上的对象，Web Service 的开发者需要对服务的调用方式进行某种结构化的说明，以便服务的调用者能够正确地使用这些服务。WSDL 就是专门用来描述 Web Service 的一种语言，其规定了一套基于 XML 的语法，能够提供关于 Web Service 的以下 4 方面的重要信息：

- ✧ 描述服务功能的信息；
- ✧ 描述这些功能的传入(请求)和传出(响应)消息的类型信息；
- ✧ 描述服务的协议绑定信息；
- ✧ 描述用于查找特定服务的地址信息。

WSDL 将 Web Service 定义为端口的集合，一个端口代表一个服务访问点。WSDL 把服务访问点和消息的抽象化描述与具体的服务部署及数据格式的绑定分离，从而使对服务的抽象定义可以方便地重用。

WSDL 文档包含 8 个关键的构成元素：

- ✧ <definitions>

该元素是 WSDL 文档的根元素，用来定义 Web Service 的名称，并声明 WSDL 中使用的命名空间。

- ✧ <types>

该元素用于描述 Web Service 与调用者之间传递消息时所使用的数据类型。WSDL 支持任何类型的系统，默认采用 XML Schema 类型系统。

- ✧ <message>

该元素是 Web Service 与调用者之间传递的消息的逻辑定义。一个消息可能包含多个部分，每一部分用<part>元素表示，可以使用<types>中定义的数据类型来定义每个<part>的类型。

◆ <operation>

该元素是 Web Service 中所支持的操作的抽象定义。通常一个 operation 描述一个服务访问点的请求／响应消息对。

◆ <portType>

该元素是某个访问点所支持的所有操作的抽象定义。

◆ <binding>

该元素定义了特定<portType>定义的操作和消息的格式、协议之间的绑定。

◆ <port>

该元素定义了 Web Service 的绑定地址。

◆ <service>

该元素描述了相关的服务访问点的集合。

上述元素中，<types>、<message>、<operation>和<portType>元素是 Web Service 的抽象定义，与具体的 Web Service 部署细节无关，可以被重用；而<binding>、<port>和<service>元素是 Web Service 的具体描述，其中定义了 Web Service 的技术细节。

WSDL 被设计成与语言和平台无关的一种描述语言，其可被用于描述使用任何语言实现的、部署在任何平台上的 Web Service。

10.2.2 WSDL 文档结构

WSDL 文档是一种具有特定含义的 XML 文档，其中使用一些固定的元素来描述 Web Service，其具体关系如图 10-8 所示。

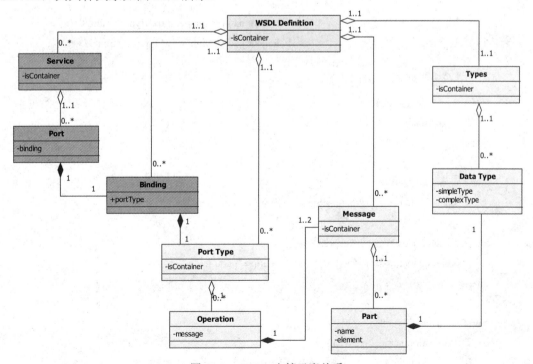

图 10-8　WSDL 文档元素关系

【示例 10.1】 编制天气预报 Web Service 的 WSDL 文档。

```xml
<?xml version="1.0" encoding="UTF-8"?>
<definitions name="Weather"
        xmlns="http://schemas.xmlsoap.org/wsdl/"
        xmlns:soap="http://schemas.xmlsoap.org/wsdl/soap/"
        xmlns:tns="http://www.example.org/Weather/"
        xmlns:xsd="http://www.w3.org/2001/XMLSchema"
        targetNamespace="http://www.example.org/Weather/">

    <types>
        <xsd:schema targetNamespace="http://www.example.org/Weather/">
            <xsd:element name="WeatherRequest">
                <xsd:complexType>
                    <xsd:sequence>
                        <xsd:element name="city" type="xsd:string" />
                        <xsd:element name="date" type="xsd:date" />
                    </xsd:sequence>
                </xsd:complexType>
            </xsd:element>
            <xsd:element name="WeatherResponse">
                <xsd:complexType>
                    <xsd:sequence>
                        <xsd:element name="temperature" type="xsd:int" />
                        <xsd:element name="humidity" type="xsd:int" />
                    </xsd:sequence>
                </xsd:complexType>
            </xsd:element>
        </xsd:schema>
    </types>

    <message name="getWeatherRequest">
        <part element="tns:WeatherRequest" name="parameters" />
    </message>
    <message name="getWeatherResponse">
        <part element="tns:WeatherResponse" name="parameters" />
    </message>

    <portType name="Weather">
        <operation name="getWeather">
            <input message="tns:getWeatherRequest" />
```

```xml
                <output message="tns:getWeatherResponse" />
            </operation>
        </portType>

        <binding name="WeatherSOAP" type="tns:Weather">
            <soap:binding style="document"
                    transport="http://schemas.xmlsoap.org/soap/http" />
            <operation name="getWeather">
                <soap:operation
                            soapAction="http://www.example.org/Weather/getWeather" />
                <input>
                    <soap:body use="literal" />
                </input>
                <output>
                    <soap:body use="literal" />
                </output>
            </operation>
        </binding>

        <service name="Weather">
            <port binding="tns:WeatherSOAP" name="WeatherSOAP">
                <soap:address location="http://www.example.org/" />
            </port>
        </service>
</definitions>
```

上述代码中，使用 WSDL 的各种元素完整地描述了一个简单的天气预报 Web Service，具体含义如下：

1. <definitions>

<definitions>元素用来定义 WSDL 文档的名称，并且引入需要的 XML 命名空间。weather.wsdl 中的<definitions>元素如下：

```xml
<definitions name="Weather"
    xmlns="http://schemas.xmlsoap.org/wsdl/"
    xmlns:soap="http://schemas.xmlsoap.org/wsdl/soap/"
    xmlns:tns="http://www.example.org/Weather/"
    xmlns:xsd="http://www.w3.org/2001/XMLSchema"
    targetNamespace="http://www.example.org/Weather/">
```

上述代码中，指定了服务名称为"Weather"，然后声明了三个必需的命名空间，即 WSDL、SOAP 和 XSD，并将 WSDL 命名空间"xmlns="http://schemas.xmlsoap.org/wsdl/""指定为此 WSDL 文档的默认命名空间，也就是文档中所有没有命名前缀的元素

(如<types>、<message>、<portType>、<binding>等)都属于该命名空间；targetNamespace 指定了 WSDL 文档中出现的新元素与属性的命名空间，xmlns:tns 指定了这个命名空间的前缀为 tns。

2. <types>

<types>(类型)元素规定了与消息相关的数据类型的定义。weather.wsdl 中的<types>元素如下：

```xml
<types>
    <xsd:schema targetNamespace="http://www.example.org/Weather/">
        <xsd:element name="WeatherRequest">
            <xsd:complexType>
                <xsd:sequence>
                    <xsd:element name="city" type="xsd:string" />
                    <xsd:element name="date" type="xsd:date" />
                </xsd:sequence>
            </xsd:complexType>
        </xsd:element>
        <xsd:element name="WeatherResponse">
            <xsd:complexType>
                <xsd:sequence>
                    <xsd:element name="temperature" type="xsd:int" />
                    <xsd:element name="humidity" type="xsd:int" />
                </xsd:sequence>
            </xsd:complexType>
        </xsd:element>
    </xsd:schema>
</types>
```

上述代码中，使用<types>元素定义了 WeatherRequest 和 WeatherResponse 两个复杂类型，其中 WeatherRequest 包含 city 和 date 两个子元素，表示查询某个城市在某一天的天气，WeatherResponse 包含 temperature 和 humidity 两个子元素，表示得到温度和湿度。

3. <message>

<message>(消息)元素定义了传递的消息的数据结构。一个<message>元素由一个或多个<part>(消息片断)元素构成，<part>元素可以使用<types>元素中定义的元素类型。weather.wsdl 中的<message>元素如下：

```xml
<message name="getWeatherRequest">
    <part element="tns:WeatherRequest" name="parameters" />
</message>
<message name="getWeatherResponse">
    <part element="tns:WeatherResponse" name="parameters" />
</message>
```

上述代码中，定义了 getWeatherRequest 和 getWeatherResponse 两个<message>元素，分别代表后续的 getWeather 操作的输入和输出消息。<message>元素包含的<part>元素是操作的参数或返回值的名称和类型，即 getWeatherRequest 消息定义了 getWeather 操作的参数名为 parameters，类型为 WeatherRequest，getWeatherResponse 消息定义了 getWeather 操作的返回值名称为 parameters，类型为 WeatherResponse。如果操作使用多个参数或者多个返回值，则<message>元素中可定义多个<part>元素。

4. <portType>

<portType>(端口类型)元素是抽象操作和抽象消息的组合。weather.wsdl 中的<portType>元素如下：

```
<portType name="Weather">
    <operation name="getWeather">
        <input message="tns:getWeatherRequest" />
        <output message="tns:getWeatherResponse" />
    </operation>
</portType>
```

上述代码中，在<portType>元素中组合了 input 和 output 消息，定义了一个名为 getWeather 的操作，即 getWeather 操作的输入消息为 getWeatherRequest，输出消息为 getWeatherResponse。WSDL 支持 4 种类型的操作：

- One-way：单向操作。此类型的操作可以接收消息，但不会返回响应，通常由一个<input>元素定义。
- Request-response：请求响应操作。此类型的操作可接收请求消息并返回响应消息，通常由一个<input>元素和一个<output>元素定义，还可以包含一个可选的<fault>元素，用于定义错误消息的抽象数据格式。
- Solicit-response：征求响应操作。此类型的操作可发送请求消息并接收响应消息，通常由一个<output>元素和一个<input>元素定义，也可以包含一个可选的<fault>元素。
- Notification：通知操作。此类型的操作可发送消息，通常由一个<output>元素定义。

5. <binding>

<binding>(绑定)元素用来具体化<portType>元素，其中定义了<portType>元素中的操作和消息的格式与协议等。一个<portType>可以对应多个<binding>。weather.wsdl 中的<binding>元素如下：

```
<binding name="WeatherSOAP" type="tns:Weather">
    <soap:binding style="document"
        transport="http://schemas.xmlsoap.org/soap/http" />
    <operation name="getWeather">
        <soap:operation
            soapAction="http://www.example.org/Weather/getWeather" />
```

```
                <input>
                    <soap:body use="literal" />
                </input>
                <output>
                    <soap:body use="literal" />
                </output>
            </operation>
        </binding>
```

上述代码中，<binding>元素的 type 属性指明了其所绑定的<portType>为 Weather，<soap:binding>元素指明绑定方式为 SOAP，关于 WSDL 绑定的详细介绍见下一节。

6. <service>

<service>(服务)元素指定了 Web Service 的位置。一个<service>元素可以包含多个<port>(端口)元素，端口的集合构成了 service。weather.wsdl 中的<service>元素如下：

```
<service name="Weather">
    <port binding="tns:WeatherSOAP" name="WeatherSOAP">
        <soap:address location="http://www.example.org/" />
    </port>
</service>
```

上述代码中，使用<port>元素定义了一个地址，因为在<binding>元素中使用了 SOAP 的绑定方式，所以<port>元素中使用<soap:address>指定了服务的地址为"http://www.example.org/"。

10.2.3 WSDL 绑定

在 WSDL 中，绑定指的是将协议、数据格式与<message>、<operation>、<portType>等抽象实体进行关联的过程。WSDL 支持的 4 种操作类型(单向、请求响应、征求响应、通知)是抽象的定义，而绑定描述了这些抽象概念的具体关联。因此必须为特定的操作类型定义绑定，才能够成功执行该类型的操作。

WSDL 中允许在 WSDL 命名空间定义的元素中使用用户自定义的元素，这些元素称为扩展元素。扩展元素为 WSDL 提供了强大的扩展机制，WSDL 规范中定义了 3 种绑定扩展：

 ✧ SOAP 绑定；
 ✧ HTTP GET POST 绑定；
 ✧ MIME 绑定。

其中 SOAP 绑定是最常用的一种方式。

WSDL 虽然支持 4 种操作类型(单向、请求响应、征求响应、通知)，但是 WSDL 规范只对单向和请求响应类型的操作定义了绑定。如果需要描述另外两种类型的操作，那么使用的通信协议必须定义 WSDL 绑定扩展才行。

WSDL1.1 针对 SOAP1.1 定义了绑定扩展。在天气预报 Web Service 的 WSDL 文档中就使用了 SOAP 绑定，weather.wsdl 中关于 SOAP 绑定的代码如下：

```xml
<binding name="WeatherSOAP" type="tns:Weather">
    <soap:binding style="document"
        transport="http://schemas.xmlsoap.org/soap/http" />
    <operation name="getWeather">
        <soap:operation
            soapAction="http://www.example.org/Weather/getWeather" />
        <input>
            <soap:body use="literal" />
        </input>
        <output>
            <soap:body use="literal" />
        </output>
    </operation>
</binding>
```

上述代码中，使用了 SOAP 命名空间下的<soap:binding>、<soap:operation>和<soap:body>三个元素完成绑定。

<soap:binding>元素规定了采用 SOAP 协议格式的绑定，该元素不提供有关消息格式或编码的信息，但是只要服务使用 SOAP 绑定，就必须声明此元素。

<soap:binding>元素的 style 属性指定了绑定的操作是面向 RPC 还是面向文档(document)的。在面向 RPC 的通信中，消息包含参数和返回值；在面向文档的通信中，消息包含文档，文档的格式没有限制，通常应该是消息的发送者和接收者达成一致的 XML 文档。

<soap:binding>元素的 transport 属性指定了 SOAP 的传输类型，如上述代码中的 transport 属性值 "http://schemas.xmlsoap.org/soap/http" 代表了 HTTP 传输。不同的值可以代表其他类型的传输，如 SMTP、FTP 等。

<soap:operation>元素定义了 SOAP 操作，其中 soapAction 属性指定了 SOAP 消息报头值。

<soap:body>元素定义了抽象的<part>元素在 SOAP 消息中的具体外观。其中 use 属性指定了消息片断(<part>)使用特定的编码规则还是已定义的具体模式，对应值为"encoded"和"literal"。

10.3 UDDI

要调用一个 Web Service，需要几方面的信息。首先需要找到满足需要的 Web Service，还需要了解传送请求的模式，即如何调用这个 Web Service。而 Web Service 是一个不固定的环境，新的 Web Service 在持续地增加，旧的 Web Service 在不断地删除，已有的 Web Service 的调用方式可能会随时发生变化，所以客观上需要在 Web Service 的发布者和调用者之间建立一种便于查找和发布的机制。UDDI 规范为解决这些问题提供了一种途径，Web Service 的发布者可以将其注册到注册中心，而 Web Service 的调用者可以从注册中心查找到需要的 Web Service 并进行调用。

UDDI(Universal Description，Discovery and Integration，统一描述、发现和集成)是一种基于 Web 的分布式的 Web Service 信息注册中心的实现规范，即它是一种目录服务，企业可以通过它对 Web Service 进行注册和检索。UDDI 技术是 SOAP 和 WSDL 之外的另一项 Web Service 的核心技术。UDDI 可以使提供 Web Service 服务的企业注册服务信息，从而使企业的合作伙伴或潜在的客户能够发现并访问这些 Web Service，也可以使企业发现其他企业提供的服务，以便扩展潜在的业务伙伴关系。通俗地讲，UDDI 相当于 Web Service 的一个公共的注册表，可以理解成电子商务应用与服务的"网络黄页"。因此，UDDI 为企业提供了跨入新市场和服务的机会，使任何规模的企业更为迅速地在全球市场中拓展业务。

10.3.1 UDDI 注册中心

UDDI 规范的实现方案称为 UDDI 注册中心(UDDI Registry)，UDDI 注册中心分为公共(public)和私有(private)两种。

公共的 UDDI 注册中心基于 Internet，面向全球企业，任何人都可以在 Internet 上查询或发布商业服务信息。公共注册中心通常包含多个节点，节点之间采用对等网络进行通信，各个节点同步复制了注册信息，因此访问任何一个节点都可以获得与访问其他节点相同的信息。

私有的 UDDI 注册中心由一个组织或一组协作的组织操作，信息只限于成员之间共享。私有的 UDDI 注册中心可以添加更多的安全性控制，以保证 Web Service 注册信息的安全，防止未经授权的用户进行访问。

UDDI 注册中心的数据可以分为三类：
- 白页：企业的基本信息，如企业的名称、地址、联系方式、税号等。
- 黄页：根据企业的业务类别来划分的信息类别。
- 绿页：具体描述企业发布的 Web Service 的行为和功能等。

UDDI 注册中心本身也是一个 Web Service，用户可以使用 UDDI 规范中定义的 SOAP API 查询注册信息。

由于各种原因，公共的 UDDI 注册中心并没有广泛的流行。

10.3.2 UDDI 数据结构

UDDI 注册中心存储的信息以 XML 形式表示，称为 UDDI 数据结构，UDDI 规范中定义了这些数据结构的含义以及彼此之间的关系。UDDI 的使用者需要处理的就是这些数据结构，可以使用这些数据结构以及相关的 API 来处理 UDDI 注册中心的信息，对 UDDI 注册中心的搜索结果也是使用这些数据结构来表达，所以 UDDI 数据结构实际上是 UDDI 编程 API 的输入输出参数。

UDDI 数据结构主要包括下列五种元素：

- <businessEntity>：表示商业实体，包含企业的主要信息，如名称、联系方式、根据特定分类法的企业类别、与其他商业实体的关系和特定业务的说明等。
- <publisherAssertion>：表示与其他商业实体的业务关系，比如业务伙伴关系或客户/供应商的关系等。除非双方商业实体都声明了这个业务关系，否则这个业务关系是不对外公开的。
- <businessService>：表示业务服务。这些服务可以是 Web Service 或其他任何类型的服务。<businessService>元素和<bindingTemplate>元素共同构成了"绿页"信息。一个<businessEntity>元素包含一个或多个<businessService>元素，同时一个<businessService>元素可以被多个<businessEntity>元素使用。
- <bindingTemplate>：表示绑定模板。其中包含了指向特定 Web Service 的 URL 和这个 Web Service 的相关技术规范说明。当用户需要调用某个特定的 Web Service 时，必须依据<bindingTemplate>元素中的信息，这样才能保证调用被正确执行。一个<businessService>元素包含了一个或多个<bindingTemplate>元素。
- <tModel>：表示技术模型。其中包含了 Web Service 的分类法或调用规范的引用。一个<bindingTemplate>元素包含了一个或多个<tModel>元素的引用。

上述 5 个 UDDI 核心元素的关系如图 10-9 所示。

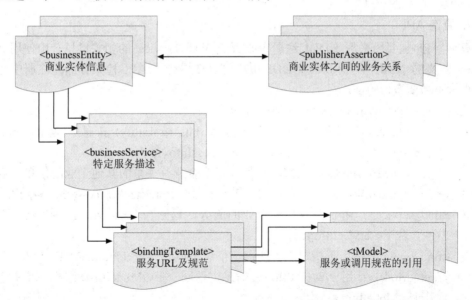

图 10-9　UDDI 核心元素关系

除了上述 5 个核心元素外，还有两个辅助数据结构<identifierBag>和<categoryBag>，用来表示主数据结构的标识信息和类别。其中：

- <identifierBag>：使<businessEntity>和<tModel>包含常见的标识信息，如税号

等，这是一个可选的元素，但是如果标识了<identifierBag>，可以极大提高查询 API 的搜索能力。
- <categoryBag>：可根据任何分类机制对<businessEntity>、<businessService>和<tModel>进行分类，这是一个可选的元素，但是如果标识了<categoryBag>，可以极大提高查询 API 的搜索能力。

UDDI 的一个重要功能是可以对数据进行分类，这有助于提高搜索效率。UDDI 的<businessEntity>、<businessService>和<tModel>元素可以包含<categoryBag>子元素，其中包含了分类信息。UDDI 内置支持三种业务标准分类系统：
- NAICS：北美工业分类系统(North American Industry Classification System)。
- UNSPSC：通用标准产品和服务分类(Universal Standard Products and Services Classification)。
- ISO3166：基于地理位置的标准分类系统。

同时，UDDI2.0 规范也允许第三方注册新的分类系统。

UDDI 为<businessEntity>、<businessService>、<bindingTemplate>和<tModel>指定了 128 位的通用唯一标识符(UUID)，这些标识符可作为访问 UDDI 注册中心中特定数据的 key。

10.3.3 UDDI API

UDDI 规范定义了查询和发布两类 API，可用于与 UDDI 注册中心节点进行通信，这些 API 都是基于 XML 的。

1. 查询 API

查询 API 主要用来从 UDDI 注册中心查找 Web Service 的相关信息，由使用 UDDI Schema 定义的 XML 消息构成。UDDI 用户可以使用这些 API 检索存储在注册中心的信息，查询不需要身份验证。

通过下列函数可以查找 UDDI 注册中心的信息：
- <find_business>：用于查找商业实体(businessEntity)信息，返回一个<businessList>结构，其中包含若干<businessInfo>结构。
- <find_relatedBusinesses>：用于查找与指定企业有关系的其他企业的信息，返回一个<relatedBusinessesList>结构，其中包含若干<relatedBusinessesInfo>结构。
- <find_service>：用于查找指定企业的服务，返回一个<serviceList>结构，其中包含若干<serviceInfo>结构。
- <find_binding>：用于指定服务的绑定信息，返回一个<bindingDetail>结构。
- <find_tModel>：用于查找 tModel 信息，返回一个<tModelList>结构，其中包含若干<tModelInfo>结构。

如果需要 UDDI 注册中心提供更详尽的信息，可使用下列 API：
- <get_businessDetail>：用于获得指定商业实体的<businessEntity>信息，返回<businessDetail>结构。
- <get_businessDetailExt>：用于获得指定商业实体的扩展<businessEntity>信

息，返回<businessDetailExt>结构。

- <get_serviceDetail>：用于获得指定服务的<businessService>信息，返回<serviceDetail>结构。
- <get_bindingDetail>：用于获得指定绑定的<bindingTemplate>信息，返回<bindingDetail>结构。
- <get_tModelDetail>：用于获得指定的<tModel>信息，返回<tModelDetail>结构。

以 get_xxx 方式命名的函数可用于查找<businessEntity>、<businessService>、<bindingTemplate>和<tModel>等主要 UDDI 数据结构的详细信息。

2. 发布 API

发布 API 用来对 UDDI 注册中心的数据进行添加、修改和删除。将信息发布到 UDDI 注册中心需要进行身份验证，验证机制需要自己实现，通常使用 HTTPS(Hypertext Transfer Protocol over Secure Socket Layer，安全的超文本传输协议)协议来传递发布调用的请求/响应消息。

通过下列函数可以向 UDDI 注册中心发布信息：

- <get_authToken>：用于向 UDDI 注册中心请求一个身份验证令牌。调用发布 API 中的任何函数，都需要有效的身份验证令牌。返回一个代表令牌的<authToken>结构。
- <discard_authToken>：用于通知 UDDI 注册中心节点丢弃与当前会话关联的活动的身份验证令牌，相当于注销。返回一个包含执行错误或成功信息的<dispositionReport>结构。
- <get_registeredInfo>：用于获得由该用户管理的全部<businessEntity>和<tModel>文档的列表。返回一个<registerInfo>结构。
- <get_publisherAssertions>：用于获得该用户发布的<publisherAssertions>结构的列表。返回一个<publisherAssertions>结构。
- <set_publisherAssertions>：用于将<publisherAssertions>作为响应的一部分返回，其中包含替换<publisherAssertions>结构的集合。返回一个<publisherAssertions>结构。
- <add_publisherAssertions>：用于添加一个或多个<publisherAssertion>结构。返回一个包含执行错误或成功信息的<dispositionReport>结构。
- <get_assertionStatusReport>：用于返回该用户或其他用户创建的全部<publisherAssertion>列表。返回一个<assertionStatusReport>结构。
- <save_business>：用于添加或更新<businessEntity>结构。返回一个<businessDetail>结构。
- <delete_business>：用于删除<businessEntity>结构。与该<businessEntity>结构关联的<businessService>、<bindingTemplate>和<publisherAssertion>会被同时删除。返回一个包含执行错误或成功信息的<dispositionReport>结构。
- <save_service>：用于添加或更新<businessService>结构。返回一个

<serviceDetail>结构。
- ◆ <delete_service>：用于删除<businessService>结构。返回一个包含执行错误或成功信息的<dispositionReport>结构。
- ◆ <save_binding>：用于添加或更新<bindingTemplate>结构。返回一个<bindingDetail>结构。
- ◆ <delete_binding>：用于删除<bindingTemplate>结构。返回一个包含执行错误或成功信息的<dispositionReport>结构。
- ◆ <save_tModel>：用于添加或更新<tModel>结构。返回一个<tModelDetail>结构。
- ◆ <delete_tModel>：用于删除<tModel>结构。返回一个包含执行错误或成功信息的<dispositionReport>结构。

10.3.4 WSDL 映射到 UDDI

WSDL 是用来描述 Web Service 的一种语言，一个完整的 WSDL 服务描述由一个服务接口和一个服务实现文档组成。WSDL 中的服务接口表示服务的可重用的抽象定义，它在 UDDI 注册中心被作为<tModel>发布；服务实现描述了服务的具体实例，在 WSDL 中表示为<service>元素，每个 WSDL <service>元素都在 UDDI 注册中心发布为<businessService>元素。

当发布一个 WSDL 服务描述时，在服务实现被作为<businessService>发布之前，必须将其对应的服务接口作为<tModel>发布。

WSDL 到 UDDI 的映射关系如图 10-10 所示。

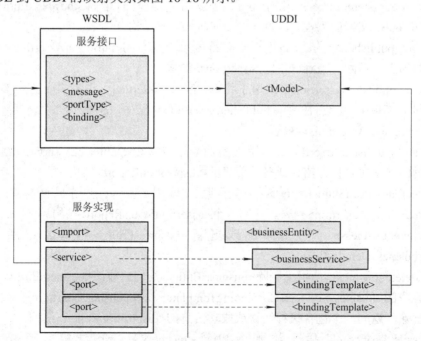

图 10-10 WSDL 到 UDDI 的映射关系

1. 服务接口映射到 tModel

在 UDDI 注册中心，服务接口是作为<tModel>元素由服务接口的提供者发布的。<tModel>元素中的一些子元素是由 WSDL 服务接口描述中的信息构建的，一个有效的对 WSDL 服务接口定义的<tModel>元素引用应该使用 targetNamespace 命名，并且必须包含<overviewURL>和<categoryBag>设置。如表 10-1 所示列出了<tModel>元素的子元素及创建方式。

表 10-1 创建 tModel 的步骤

	UDDI<tModel>的子元素	WSDL 服务接口	描 述	必需
1	<name>	<definitions>元素的 targetNamespace 属性	<name>元素使用服务接口文档的目标名称空间设置。名称需要一致，以确保只使用服务实现文档中的信息就可以定位 tModel	是
2	<description>	<definitions>元素的 documentation 属性	<description>元素被限制为只能使用 256 个字符。这个元素的值可根据<definitions>元素的前 256 个字符设置。如果<documentation>元素不存在，那么应该使用<definitions>元素中的 name 属性	否
3	<overviewURL>	服务接口文档的 URL 和绑定规范	服务接口文档的位置必须在<overviewURL>元素中设置。如果服务接口文档中有多个绑定，那么必须在 URL 中对绑定进行编码	是
4	<categoryBag>	WSDL 中没有对应信息	<categoryBag>元素必须至少包含一个引用键。这个键必须包含一个对 uddi-org:types tModel 的引用，而且键名必须是"wsdlSpec"。这个条目把 tModel 当作一个 WSDL 服务接口定义	是

【示例 10.2】 根据 WSDL 服务接口文档创建 UDDI 的 tModel。

```
<?xml version="1.0"?>
<definitions name="StockQuoteService-interface"
    targetNamespace="http://www.getquote.com/StockQuoteService-interface"
    xmlns:tns="http://www.getquote.com/StockQuoteService-interface"
    xmlns:xsd="http://www.w3.org/2001/XMLSchema"
    xmlns:soap="http://schemas.xmlsoap.org/wsdl/soap/"
    xmlns="http://schemas.xmlsoap.org/wsdl/">
<documentation>
    Standard WSDL service interface definition for a stock quote service.
```

```xml
        </documentation>
        <message name="SingleSymbolRequest">
            <part name="symbol" type="xsd:string" />
        </message>
        <message name="SingleSymbolQuoteResponse">
            <part name="quote" type="xsd:string" />
        </message>

        <portType name="SingleSymbolStockQuoteService">
            <operation name="getQuote">
                <input message="tns:SingleSymbolRequest" />
                <output message="tns:SingleSymbolQuoteResponse" />
            </operation>
        </portType>
        <binding name="SingleSymbolBinding"
                 type="tns:SingleSymbolStockQuoteService">
            <soap:binding style="rpc"
                transport="http://schemas.xmlsoap.org/soap/http" />
            <operation name="getQuote">
                <soap:operation soapAction="http://www.getquote.com/GetQuote" />
                <input>
                    <soap:body use="encoded"
                        namespace="urn:single-symbol-stock-quotes"
                        encodingStyle="http://schemas.xmlsoap.org/soap/encoding/"/>
                </input>
                <output>
                    <soap:body use="encoded"
                        namespace="urn:single-symbol-stock-quotes"
                        encodingStyle="http://schemas.xmlsoap.org/soap/encoding/"/>
                </output>
            </operation>
        </binding>
</definitions>
```

根据表 10-1 中所列的创建方式，创建<tModel>元素，代码如下：

```xml
<tModel tModelKey="">
    <name>http://www.getquote.com/StockQuoteService-interface</name>
    <description xml:lang="en">
        Standard service interface definition for a stock quote service.
    </description>
    <overviewDoc>
```

```
            <description xml:lang="en">
                    WSDL Service Interface Document
            </description>
            <overviewURL>
    http://www.getquote.com/services/
    SQS-interface.wsdl#SingleSymbolBinding
            </overviewURL>
    </overviewDoc>
    <categoryBag>
            <keyedReference tModelKey=
                    "UUID:C1ACF26D-9672-4404-9D70-39B756E62AB4"
                    keyName="uddi-org:types" keyValue="wsdlSpec" />
            <keyedReference tModelKey=
                    "UUID:DB77450D-9FA8-45D4-A7BC-04411D14E384"
                    keyName="Stock market trading services"
                    keyValue="84121801" />
    </categoryBag>
</tModel>
```

2. 服务实现映射到 businessService

在 UDDI 注册中心，服务的实现是作为带有一个或多个<bindingTemplate>的<businessService>由服务提供者发布的。WSDL 服务实现文档中定义的每个<service>元素都需要创建一个<businessService>元素。

如表 10-2 所示，列出了<businessService>元素的子元素及创建方式，这些元素可根据 WSDL 服务实现文档的内容创建。

表 10-2 <businessService>的子元素列表

	UDDI<businessService>的子元素	WSDL 服务实现	描述	必需
1	<name>	<service>元素的 name 属性	<name>元素根据服务实现文档中的<service>元素的 name 属性设置	是
2	<description>	<definitions>元素的 documentation 属性	<description>元素的值根据与<service>元素关联的<documentation>子元素中的前 256 个字符设置。如果<documentation>元素不存在，那么就不创建<description>元素	否

WSDL 文档中的<service>元素代表一个服务的实现，<service>元素的每个<port>元素在 UDDI 中对应一个<bindingTemplate>元素。

如表 10-3 所示列出了<bindingTemplate>元素的子元素及创建方式，这些元素可根据 WSDL 服务实现文档的内容创建。

表 10-3 \<bindingTemplate>的子元素列表

	UDDI\<bindingTemplate>的子元素	WSDL 服务实现	描　述	必需
1	\<description>	\<definitions>元素的 targetNamespace 属性	\<description>元素的值根据与\<port>元素关联的\<documentation>子元素中的前 256 个字符设置。如果\<documentation>元素不存在，那么就不创建\<description>元素	否
2	\<accessPoint>	\<port>元素关联的 location 属性	\<accessPoint>元素根据与\<port>元素关联的扩展元素的 location 属性设置。这个元素将包含 URL，且 URLType 属性是根据此 URL 中的协议设置的。对于不使用 URL 规范的协议绑定，应该使用 URLType 属性指出协议绑定的类型，并且\<accessPoint>元素应该包含一个可用于定位使用指定协议的 Web 服务的值	是
3	\<tModelInstanceInfo>	WSDL 中没有对应信息	\<bindingTemplate>元素包含其引用的每个\<tModel>元素的一个\<tModelInstanceInfo>元素。至少将有一个\<tModelInstanceInfo>元素包含对表示服务接口文档的\<tModel>元素的直接引用	是
4	\<overviewURL>	WSDL 文档地址	\<overviewURL>元素可能包含对服务实现文档的一个直接引用，即 WSDL 文件的地址，这只是为了人来读取，这个文档中的其他所有信息都应该能够通过 UDDI 数据实体访问。通过维持对原始 WSDL 文档的直接引用，可以确保被发布的文档就是查找操作返回的文档。如果这个文档包含多个端口，那么这个元素应该包含对端口名的直接引用。由于可能会有多个端口引用同一个绑定，只使用\<tModel>元素中的直接引用是不够的。端口名被指定为 overviewURL 上的片段标识符。片段标识符是 URL 的一个扩展，使用"#"字符作为一个分隔符	否

【示例 10.3】 根据 WSDL 服务实现文档创建 UDDI 的 businessService 结构。

```xml
<?xml version="1.0"?>
<definitions name="StockQuoteService"
    targetNamespace="http://www.getquote.com/StockQuoteService"
    xmlns:interface="http://www.getquote.com/StockQuoteService-interface"
    xmlns:xsd="http://www.w3.org/2001/XMLSchema"
    xmlns:soap="http://schemas.xmlsoap.org/wsdl/soap/"
    xmlns="http://schemas.xmlsoap.org/wsdl/">
    <documentation>
        This service provides an implementation of a standard stock quote service.
        The Web service uses the live stock quote service provided by XMLtoday.com.
        The XMLtoday.com stock quote service uses an HTTP GET interface to request
        a quote, and returns an XML string as a response.
        For additional information on how this service obtains stock quotes,go to
        the XMLtoday.com web site:
        http://www.xmltoday.com/examples/soap/stock.psp.
    </documentation>
    <import
        namespace="http://www.getquote.com/StockQuoteService-interface"
        location="http://www.getquote.com/wsdl/SQS-interface.wsdl" />
    <service name="StockQuoteService">
        <documentation>Stock Quote Service</documentation>
        <port name="SingleSymbolServicePort"
              binding="interface:SingleSymbolBinding">
            <documentation>Single Symbol Stock Quote Service
            </documentation>
            <soap:address  location=
                "http://www.getquote.com/stockquoteservice"/>
        </port>
    </service>
</definitions>
```

根据表 10-3 中的子元素列表及列表中所列的创建方式，创建<businessService>元素，代码如下：

```xml
<businessService businessKey="..." serviceKey="...">
    <name>StockQuoteService</name>
    <description xml:lang="en">
        Stock Quote Service
```

```
        </description>
        <bindingTemplates>
            <bindingTemplate bindingKey="..." serviceKey="...">
                <description>
                    Single Symbol Stock Quote Service
                </description>
                <accessPoint URLType="http">
                    http://www.getquote.com/singlestockquote
                </accessPoint>
                <tModelInstanceDetails>
                    <tModelInstanceInfo tModelKey=
                        "[服务实现对应的 tModel key]">
                        <instanceDetails>
                            <overviewURL>
                                http://www.getquote.com/services/SQS.wsdl
                            </overviewURL>
                        </instanceDetails>
                    </tModelInstanceInfo>
                </tModelInstanceDetails>
            </bindingTemplate>
        </bindingTemplates>
        <categoryBag>
            <keyedReference tModelKey=
                "UUID:DB77450D-9FA8-45D4-A7BC-04411D14E384"
                keyName="Stock market trading services"
                keyValue="84121801" />
        </categoryBag>
</businessService>
```

本 章 小 结

通过本章的学习，学生能够学会：

- ◆ SOAP 是一个基于 XML 的协议，它是分布式系统之间交换信息的轻量级方法。
- ◆ SOAP 是基于 XML 语言和 XSD 标准的，它由四部分组成：SOAP 信封、SOAP 编码规则、SOAP RPC 表示、SOAP 绑定。
- ◆ SOAP 消息可包含如下元素：Envelope(信封)、Header(报头)、Body(主体)、Fault、attachment(附件)，其中 Envelope、Body 部分必须在 SOAPMessage 中出现。

第 10 章 SOAP、WSDL 和 UDDI

- SOAP Envelope 是 SOAP 消息结构的主要容器，也是 SOAP 消息的根元素，它必须出现在每个 SOAP 消息中。
- WSDL 是专门用来描述 Web Service 的一种语言。
- WSDL 文档包含 7 个关键的构成元素。
- WSDL 绑定指的是将协议、数据格式与<message>、<operation>、<portType>等抽象实体进行关联的过程。
- WSDL 绑定 SOAP 是最常见的绑定方式。
- UDDI(Universal Description，Discovery and Integration，统一描述、发现和集成)是一种基于 Web 的分布式的 Web Service 信息注册中心的实现规范。
- UDDI 数据机构的五种元素。
- UDDI 规范定义了查询和发布两类 API，可用于与 UDDI 注册中心节点进行通信。
- WSDL 和 UDDI 的数据结构具有映射关系。

本 章 练 习

1. 关于 SOAP 消息结构的描述，错误的是_____。
   A. Envelope 元素，必选，可把此 XML 文档标识为一条 SOAP 消息
   B. Header 元素，必选，包含头部信息
   C. Body 元素，必选，包含所有的调用和响应信息
   D. Fault 元素，可选，提供有关处理此消息所发生错误的信息
2. _____是 SOAP 支持的应用模式。(多选)
   A. 请求/响应模式
   B. 多消息异步响应模式
   C. 单向模式
   D. 事件通知模式
3. 下面不是 WSDL 文档结构的关键要素的是_____。
   A. <definitions>
   B. <types>
   C. <message>
   D. <output>
4. 下面是 WSDL 文档结构的关键要素是_____。
   A. <portType>
   B. <binding>
   C. <service>
   D. <input>
5. SOAP 的两个目标是_____和_____。
6. SOAP 消息可包含如下元素：Envelope、Header、Body、Fault、attachment(附件)，其

中_____、_____部分必须在 SOAPMessage 中出现。
7. UDDI 注册中心的数据可以分为三类，分别是_____、_____和_____。
8. 什么是 SOAP？简要描述 SOAP 的组成。
9. 简述 UDDI 的功能及特点。

实践篇

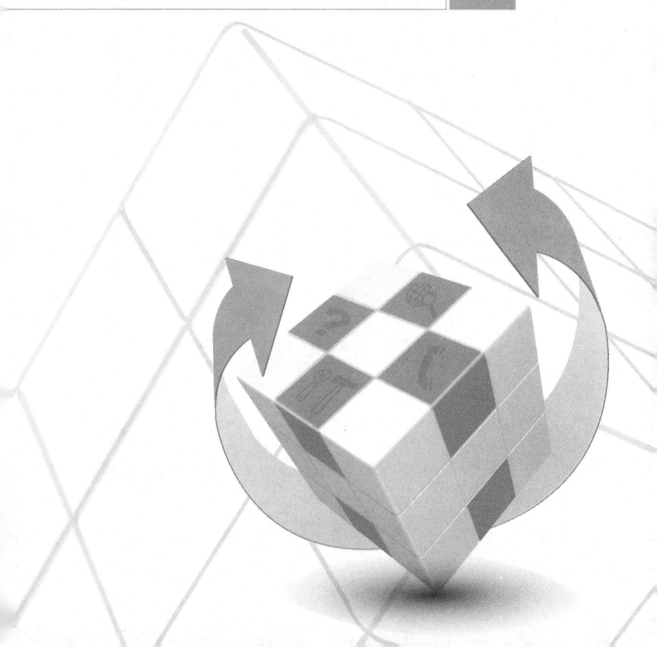

实践 1　Servlet 基础

实践指导

实践 1.1

完成 Java Web 开发环境的安装部署，包括 JDK、Eclipse、Tomcat，搭建开源的 Java 企业开发环境平台。

【分析】

(1) JDK 是整个 Java 平台的核心，是搭建 Java 开发环境的第一步，包括了 Java 运行环境(Java Runtime Envirnment)、一系列的 Java 工具和 Java 基础的类库。

(2) Eclipse 是著名的跨平台的集成开发环境(IDE)。最初主要用来做 Java 语言开发，目前也有人通过插件使其作为其他语言(比如 C++和 PHP)的开发工具。Eclipse 本身只是一个框架平台，但是众多插件的支持使得 Eclipse 拥有其他功能相对固定的 IDE 工具很难具有的灵活性。许多软件开发商以 Eclipse 为框架开发自己的 IDE。

(3) Tomcat 服务器是一个免费的开放源代码的 Web 服务器。因为 Tomcat 技术先进、性能稳定且开源免费，所以深受 Java 开发人员的喜爱，并得到了部分软件开发商的认可，成为目前比较流行的 Web 服务器。

【参考解决方案】

1. 安装 JDK

(1) JDK 的官方网址是 http://java.sun.com，下载 jdk-8u25-windows-i586.exe 并运行安装文件，如图 S1.1 所示。

(2) 单击"下一步"按钮，界面如图 S1.2 所示。

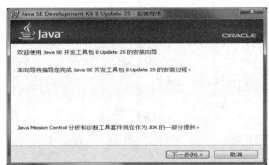　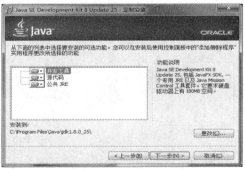

图 S1.1　JDK 的安装界面　　　　　　图 S1.2　JDK 安装的下一步

(3) 单击"更改"按钮，更改安装目录，界面如图 S1.3 所示。
(4) 单击"下一步"按钮进行安装，界面如图 S1.4 所示。

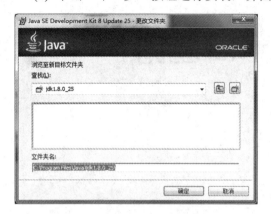 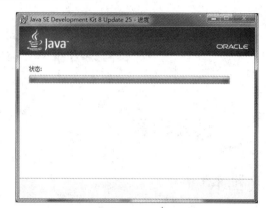

图 S1.3　更改安装目录界面　　　　　图 S1.4　JDK 安装进度

(5) 安装 JRE 时，"更改"安装目录，界面如图 S1.5 所示。
(6) 单击"下一步"按钮，界面如图 S1.6 所示。

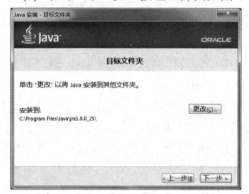 

图 S1.5　JRE 的选择安装目录界面　　　图 S1.6　JRE 安装进度

(7) 安装完毕，界面如图 S1.7 所示。

图 S1.7　安装完毕

(8) 单击"关闭"按钮，则 JDK 安装完成。

实践 1　Servlet 基础

2. 配置 Java 环境变量

(1) 右击"我的电脑→属性"项，界面如图 S1.8 所示。

(2) 单击"属性"后的界面如图 S1.9 所示。

图 S1.8　配置 Java 环境　　　　　　　图 S1.9　选择环境变量

(3) 选择"高级"选项卡，单击"环境变量"按钮，界面如图 S1.10 所示。

图 S1.10　配置环境变量

(4) 在系统变量中单击"新建"按钮，建立 JAVA_HOME 变量，并设置值为"D:jdk1.8.0_31"，此路径是 JDK 的安装根目录，界面如图 S1.11 所示。

(5) 单击"确定"按钮后，再继续新建 CLASSPATH 变量，并设置其值为".;%JAVA_HOME%/lib/dt.jar;%JAVA_HOME%/lib/tools.jar"(Java 类、包的路径)，界面如图 S1.12 所示。

图 S1.11　新建 JAVA_HOME　　　　　图 S1.12　新建 CLASSPATH

(6)单击"确定"按钮后,选中系统变量 Path,把 JDK 的 bin 路径设置进去,界面如图 S1.13 所示。在 Path 的最后,增加";%JAVA_HOME\bin"。

图 S1.13 修改 Path

 可以使用";"与前面的路径隔开,再把路径"%JAVA_HOME% /bin"附加上。

3. 获取 Eclipse 和 Tomcat 并解压

(1)获取 Eclipse 压缩包的官方网址是 http://www.eclipse.org/downloads,下载 Eclipse IDE for java EE Developers 压缩包并解压到硬盘根目录下,文件夹为 eclipse。

(2)获取 Tomcat 压缩包的官方网址是 http://tomcat.apache.org,下载 tomcat 7.0 压缩包并解压到硬盘根目录下。

(3)打开步骤(1)中解压的 eclipse 文件夹,将创建该文件夹中 eclipse.exe 在桌面的快捷方式,双击运行 Eclipse,设置工作目录。

4. 在 Eclipse 中集成 Tomcat

(1)打开 Eclipse,单击"Window→Preferences"菜单项,界面如图 S1.14 所示。

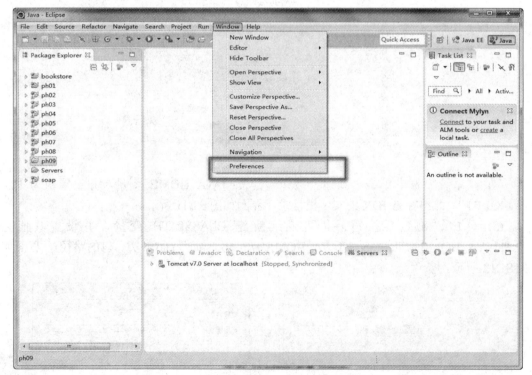

图 S1.14 选择 Preferences 菜单项

(2) 在打开的窗口中选择"Server→Runtime Environments",单击"Add"按钮,界面如图 S1.15 所示。

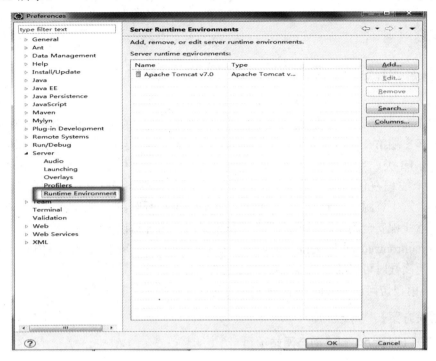

图 S1.15　编辑 Server 环境

(3) 在打开的窗口中选择 Apache Tomcat v7.0,界面如图 S1.16 所示。

(4) 单击"Next"按钮,在打开的窗口中设置 Tomcat 的安装目录,界面如图 S1.17 所示。

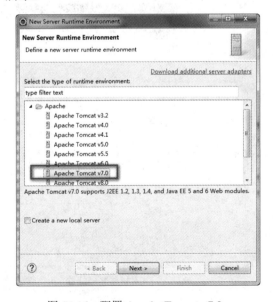 

图 S1.16　配置 Apache Tomcat v7.0　　　图 S1.17　选择 Tomcat 和 JRE

(5) 单击"Finish"按钮,完成 Tomcat 服务器的配置。

在学习 Java SE 时，不需要配置 Web 服务器；现在学习 Java EE，所有的程序都是运行在 Web 服务器上的，因此一定要配置正确，否则会影响程序的正常运行。

实践 1.2

编写一个线程安全的 Servlet，并显示该 Servlet 被访问的次数。

【分析】

(1) Servlet 体系结构是建立在 Java 多线程机制之上的，它的生命周期是由 Web 容器负责的。当客户端第一次请求某个 Servlet 时，Servlet 容器将会根据 web.xml 配置文件实例化这个 Servlet 类。当有新的客户再请求该 Servlet 时，一般不会再实例化该 Servlet 类，也就是有多个线程在使用同一个实例。这样，当两个或多个线程同时访问同一个 Servlet 时，可能会发生资源争用的情况，得到不正确的结果。所以在用 Servlet 构建 Web 应用时如果不注意线程安全的问题，可能带来并发错误，而这种错误一般很难检查。

(2) synchronized(同步)关键字能保证一次只有一个线程可以访问被保护的代码块，因此统计访问次数时可以通过同步操作来保证线程安全。

(3) 当用户访问该 Servlet 时，Servlet 中的计数器加 1，并在页面中显示。

【参考解决方案】

1. 打开 Eclipse，创建动态网站项目

(1) 单击"File→New→Dynamic Web Project(动态网站项目)"菜单项，界面如图 S1.18 所示。

(2) 在打开的窗口中输入项目名称，即在 Project name 后输入项目名称，如"ph01"，界面如图 S1.19 所示。

图 S1.18　新建动态项目

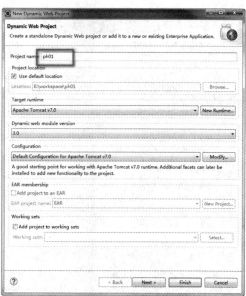
图 S1.19　填写项目名称

(3) 单击"Finish"按钮，一个动态网站站点目录即建好，界面如图 S1.20 所示。

实践 1　Servlet 基础

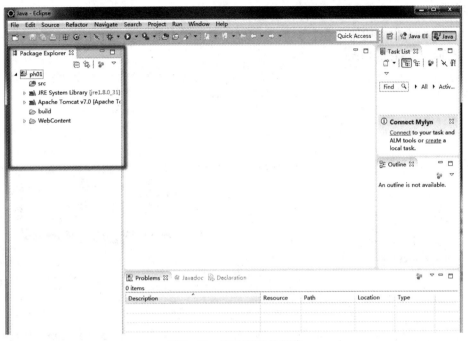

图 S1.20　完成项目的创建

2. 在项目中新建一个 Servlet

(1) 右击 ph01 项目，选择"New→Servlet"菜单项，界面如图 S1.21 所示。

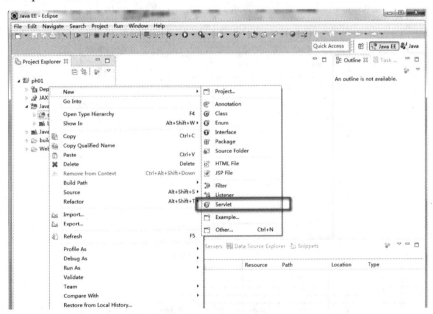

图 S1.21　创建 Servlet

Eclipse 工具栏中的 Servlet 快捷图标只有在 Java EE 视图下才会出现。

(2) 在打开的窗口中输入包名和类名，界面如图 S1.22 所示。

· 215 ·

(3) 单击"Next"按钮,在打开的窗口中配置 Servlet。如果想修改 Servlet 的访问地址,则单击"Edit"按钮,在打开的对话框中修改访问地址,如"/number1"(自定义名称),界面如图 S1.23 所示。

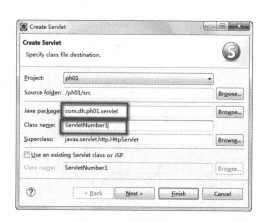

图 S1.22　编辑报名和类名　　　　图 S1.23　修改 URL Mappings

(4) 单击"Next"按钮,打开新的窗口,在需要重写的 Servlet 方法前打对钩,为了能使 Servlet 对 Post/Get 两种提交方式都进行处理,一般这两种方法都要选上,界面如图 S1.24 所示。

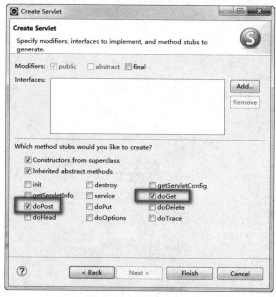

图 S1.24　设置实现方法

(5) 单击"Finish"按钮,完成 Servlet 的创建。此时在 ServletNumber 类中自动生成注解,代码如下:

@WebServlet("/number")

该注解用于将一个类声明为 Servlet，在部署时被容器处理。

低版本的 Eclipse 会在 WebContent/WEB-INF/web.xml 配置文件中生成针对该 Servlet 的配置信息，容器通过识别 web.xml 中的配置部署 Servlet。

3. 编辑 Servlet 并运行

（1）打开创建的 Servlet，在 Servlet 中编写代码，代码如下：

```java
public class ServletNumber extends HttpServlet {
    //定义一个全局变量用于计数
    int number = 0;
    public ServletNumber() { }
    //doGet()方法调用 doPost()方法
    protected void doGet(HttpServletRequest request, HttpServletResponse response) throws ServletException, IOException {
        doPost(request, response);
    }
    protected void doPost(HttpServletRequest request,
        HttpServletResponse response)
        throws ServletException, IOException {
        //设置响应文档类型是 html，编码字符集是 GBK（中文）
        response.setContentType("text/html;charset=GBK");
        //获取输出流
        PrintWriter out = response.getWriter();
        out.println("<html>");
        out.println("<body>");
        //同步
        synchronized(this){
            number++;
            out.println("<h1>您是第"+number+"个访问该页面!</h1>");
        }
        out.println("</body>");
        out.println("</html>");
    }
}
```

上述代码中，定义了一个用于计数的全局变量 number，为使 number 计数正确(同一时刻不能多个线程同时访问)，使用 synchronized 关键字，将访问 number 的代码块同步。

synchronized 关键字可以用来给对象和方法或者代码块加锁，当它锁定一个方法或一个代码块的时候，同一时刻最多只有一个线程执行这个代码。当有多个线程同时访问时，其他线程必须等待多线程执行完以后才能继续执行目标代码。

（2）右击 ph01 项目，选择"Run As→Run on Server"菜单项，界面如图 S1.25 所示。

Java Web 程序设计及实践

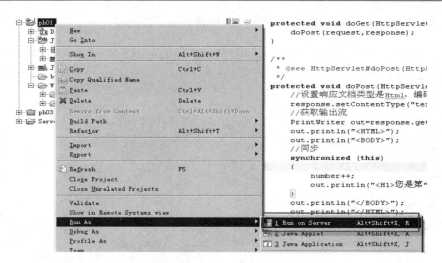

图 S1.25　在服务器中运行

(3) 在打开的服务器窗口中选择 Tomcat 服务器，界面如图 S1.26 所示。

(4) 单击"Next"按钮进入下一步，将项目 ph01 部署到服务器，界面如图 S1.27 所示。

图 S1.26　选择 Tomat 服务器

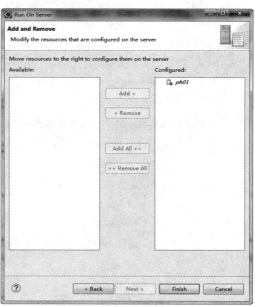

图 S1.27　选择要运行的项目

(5) 单击"Finish"按钮，Tomcat 服务器就启动了，界面如图 S1.28 所示。

图 S1.28　Server 已启动

· 218 ·

(6) 在 IE 浏览器地址栏输入 http://localhost:8080/ph01/number 并回车，界面如图 S1.29 所示。

图 S1.29 访问 Servlet

(7) 打开 IE 浏览器多次访问此 Servlet，或刷新页面，可以观察到数值的变化结果。

知识拓展

1. SingleThreadModel 接口

SingleThreadModel 是一个标记接口，此接口定义在 javax.servlet 包中，是 Java EE 规范的一部分。如果一个 Servlet 实现 SingleThreadModel 接口，那么此 Servlet 中的 service() 方法在同一时刻不会被两个线程同时执行，以此确保线程安全。

代码示例如下：

```
public class BpAllBadThingsServletsV1c extends HttpServlet
        implements SingleThreadModel {
    private int numberOfRows = 0;
    private javax.sql.DataSource ds = null;
    public void doGet(HttpServletRequest request,
            HttpServletResponse response)
            throws ServletException, IOException {
        Connection conn = null;
        ResultSet rs = null;
        PreparedStatement pStmt = null;
        int startingRows = numberOfRows;
        try {
            String employeeInformation = null;
            conn = ds.getConnection("db2admin", "db2admin");
            pStmt = conn.prepareStatement(
                    "select * from db2admin.employee");
            rs = pStmt.executeQuery();
```

```
            } catch (Exception es)
            {
                    //Error handling code here.
            }
      }
}
```

对于实现了 SingleThreadModel 接口的 Servlet，Servlet 引擎在每次请求时为此 Servlet 创建一个单独的实例，这将引起大量的系统开销，降低服务器效率。因此从 Servlet 2.4 以后已不再提倡使用 SingleThreadModel 接口。

2. Servlet 调试

Eclipse SDK 是针对 Java 开发工具(Java Development Tools，JDT)的项目，它具有一个内置的 Java 调试器，可以提供所有标准的调试功能，包括分步执行、设置断点和值、检查变量和值、挂起和恢复线程的功能。Eclipse 还有一个特殊的 Debug 视图，用于在工作台中管理程序的调试或运行。

Servlet 调试的步骤如下：

(1) 首先在程序代码中设置断点。在需要加断点的行前双击，就出现断点标志，界面如图 S1.30 所示。

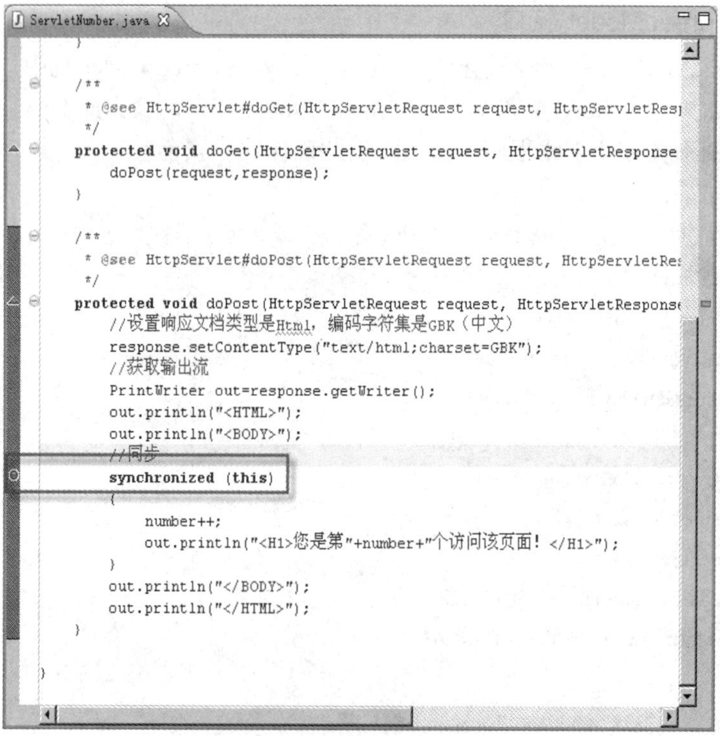

图 S1.30 添加调试断点

(2) 调试运行。右击项目，选择"Debug As→Debug on Server"菜单项，界面如图 S1.31 所示。

实践 1　Servlet 基础

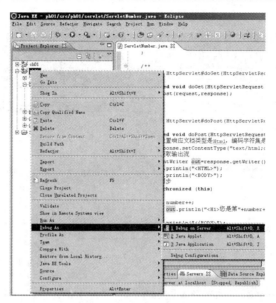

图 S1.31　选择 Debug on Server

(3) 在 IE 浏览器地址栏输入地址，访问 Servlet，此时 Eclipse 会打开如图 S1.32 所示的对话框。

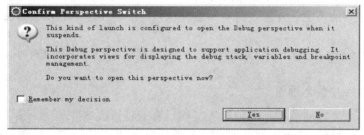

图 S1.32　选择"Yes"

(4) 单击"Yes"按钮，进入 Debug 视图界面，界面如图 S1.33 所示。

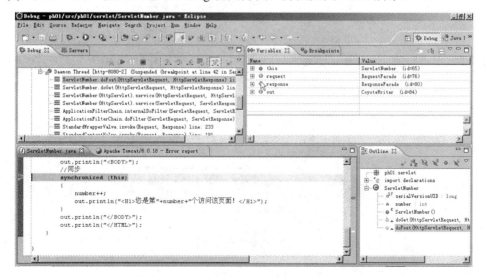

图 S1.33　进入 Debug 视图界面

Java Web 程序设计及实践

(5) 按 F6 键单步执行，注意变量值的变化，查找 Bug 所在位置，界面如图 S1.34 所示。

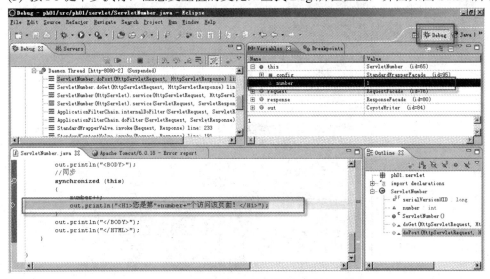

图 S1.34　单步执行

(6) 按 F8 键程序可以继续向下执行，查看执行结果。

在程序出现问题时，使用这种调试运行方法，可以逐一排除问题所在。调试是软件开发过程中非常重要的技能，开发人员应该会调试自己的程序，不断积累调试经验。

调试运行时，Eclipse 会进入到 Debug 视图，正常编码时需要再切换到 Java EE 视图。

3. 在 Eclipse 中导入项目

在开发过程中，经常需要从其他位置复制已有的项目，这些项目不需要重新创建，通过 Eclipse 的导入功能，即可将这些项目导入到 Eclipse 的工作空间，操作步骤如下：

(1) 单击"File→Import"菜单项，界面如图 S1.35 所示。

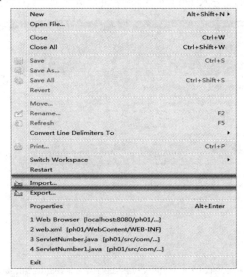

图 S1.35　导入工程

· 222 ·

(2) 在打开的窗口中，选中"General→Existing Projects into Workspace"项，如图 S1.36 所示。

图 S1.36　选择导入方式

(3) 单击"Next"按钮，打开导入项目窗口，单击"Browse"按钮，选中项目文件夹，界面如图 S1.37 所示。

(4) 单击"确定"按钮，界面如图 S1.38 所示。

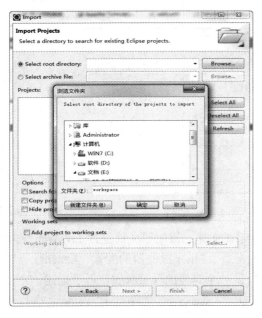

图 S1.37　选择目录

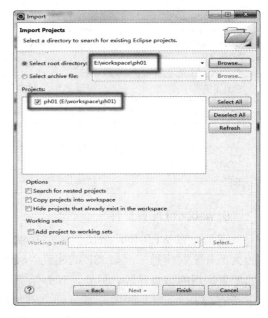

图 S1.38　选择工程

(5) 单击"Finish"按钮，完成项目导入。此时项目已经引入到 Eclipse 工作空间中，界面如图 S1.39 所示。

图 S1.39　导入完成

4. Eclipse 快捷键

常用的几个 Eclipse 快捷键如表 S1-1 所示。

表 S1-1　Eclipse 快捷键

快捷键	功　能	作用域
Ctrl + Shift + F	格式化	Java 编辑器
Ctrl + /	注释或取消注释	
Ctrl + Shift + M	添加导入	
Ctrl + Shift + O	组织导入	
Ctrl + Shift + B	添加/去除断点	全局
Ctrl + 1	快速修复	
Ctrl + T	快速显示当前类的继承结构	
F5	单步跳入	
F6	单步跳过	
F7	单步返回	
F8	继续运行	

5. web.xml 配置文件

在工程的 WEB-INF 路径下有一个 web.xml 配置文件，该配置文件包含 JavaWeb 应用的大部分配置信息，例如 JSP 的配置、Servlet 的配置、Filter 过滤器的配置、Listener 监听器配置应用的首页等等。另外，Web 容器还会提供一个容器的 web.xml，用于描述该容器下所有 web 应用共同的配置属性，例如 Tomcat 的 web.xml 文件位于 Tomcat 根目录 /conf/web.xml。

对于 WEB-INF 文件夹下的内容，客户端浏览器无法直接访问。

拓展练习

练习 1.1

实现新用户注册，具体要求如下：

(1) 注册页面 regist.html 中有登录名、密码、确认密码、性别、地址和联系电话，其中登录名、密码、确认密码必须输入。

(2) 单独写一个访问数据库的类，用于连接、查询、插入和修改数据库。

(3) RegisterServlet 提取表单数据，调用数据库访问类，将数据插入到数据库。

练习 1.2

编写一个 Servlet，随机生成一组验证码并输出到页面中，要求如下：

(1) 四位验证码。

(2) 随机生成。

实践 2　Servlet 会话跟踪

实践指导

从本章实践开始，将逐步实现网上书店贯穿案例中的所有功能模块，如图 S2.1 所示。

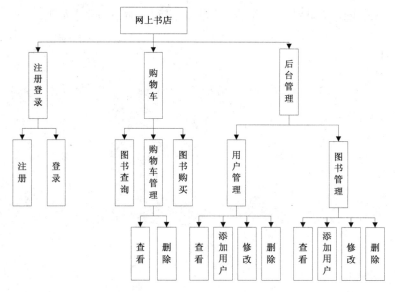

图 S2.1　网上书店的功能模块

针对图 S2.1，网上书店系统模块对应的页面名称及描述，如表 S2-1 所示。

表 S2-1　系统模块及对应页面

模块名	页面名	Servlet/JSP 名称	功能简述
注册登录	登录	regist.html	RegistServlet	用户注册
	注销	top.jsp	DestroyServlet	用户注销
	注册	login.jsp	LoginServlet	用户前台登录，如果登录成功，则进入 main.jsp 页面
购物车	图书查询	booklist.jsp	SearchBookServlet	前台图书查询
	图书详情	booklist.jsp	book.jsp	在 booklist.jsp 中显示的图书列表中单击"查看详细"，就在 book.jsp 中显示图书的详细信息
	购物车管理	cart.jsp booklist.jsp	BuyServlet DelBookFromCart	查看或删除购物车中图书，显示购物车中图书总价，把图书加入购物车中

续表

模块名		页面名	Servlet/JSP 名称	功能简述
后台主页面及登录	后台登录	adminLogin.jsp	AdminLoginServlet	后台管理员登录
	页面框架	top.jsp leftTree.htm adminMain.jsp	无	后台页面框架由 top、left(导航树)和 main(操作区)组成
用户管理	用户添加	addUser.html	AddUserServlet	添加用户，保存至数据库
	用户管理	editUser.jsp userManage.jsp	EditUserServlet DelUserServlet SearchUserServlet	对用户进行删除、更新和查询操作
图书管理	图书添加	addBook.html	AddBookServlet	添加图书，保存至数据库
	图书管理	editBook.jsp bookManage.jsp	DelBookServlet EditBookServlet SearchBookAdminServlet	对图书进行删除、更新和查询操作

网上书店贯穿案例所采用的目录结构如图 S2.2 所示。

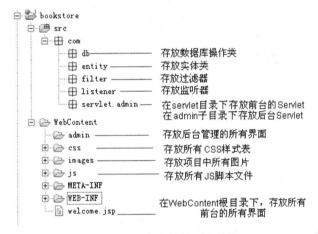

图 S2.2　网上书店的目录结构

实 践 2.1

实现购物网站中的用户注册功能，具体要求如下：

(1) 注册信息有登录名、密码、确认密码，要求登录名和密码不能为空，密码和确认密码必须相同。

(2) 表单提交给 Servlet 处理，Servlet 将客户注册信息插入到数据库 userDetail 表中。

(3) 在 web.xml 配置文件中配置数据库的连接信息，包括服务器、数据库、用户及密码。

(4) Servlet 连接数据库时，先从 web.xml 配置文件中读取数据库连接信息。

【分析】

(1) 题目要求将数据保存到数据库，首先应创建一个数据库，在数据库中建一张表，用于存放用户信息。

(2) 新建一个注册页面，该页面表单中有三项信息：登录名、密码和确认密码。在此页面中先使用 JavaScript 进行初始验证，验证这三项信息不能为空，密码和确认密码必须相同。验证成功后,表单被提交给 RegistServlet 进行处理。

(3) 创建数据库访问类 DBOper,该类提供数据库的连接、插入和查询的方法。

(4) 建立 RegisterServlet 类,在此 Servlet 中先读取表单数据,再获取 web.xml 中配置的数据库连接信息,通过调用 DBOper 类中的方法连接数据库,并将用户注册信息插入到数据库表中。

【参考解决方案】

1. 创建数据库及表

在 MySql 中创建一个名为"dh"的数据库,在数据库中建一个名为"userdetail"的表,表中有五个字段:username(登录名)、userpass(密码)、role(权限)、regtime(注册时间)和 lognum(登录次数)。其中,username 为主键,userpass 非空,role 的缺省值为 0(普通用户级别),lognum 的缺省值为 0,如图 S2.3 所示。

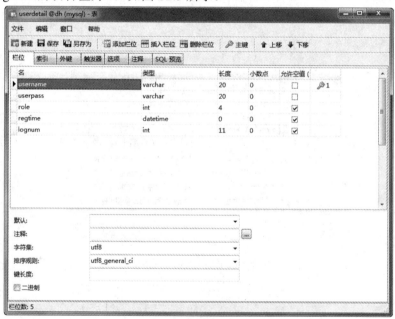

图 S2.3 userdetail 表结构

创建数据库时,为使数据库支持中文,应指定数据库字符集为 utf8。

2. 创建注册界面

在 WebContent 根目录中新建一个注册页面 regist.html,代码如下:

```
<html>
<head>
<meta http-equiv="Content-Type" content="text/html; charset=GBK">
<link type="text/css" rel="stylesheet" href="./css/mp.css">
<link type="text/css" rel="stylesheet" href="./css/examples.css">
<script language="javascript">
    //全局变量
```

```javascript
var flag = 0;
function sub() {
        var username = document.getElementById("username").value;
        var password = document.getElementById("password").value;
        var passwordAgain =
                document.getElementById("passwordAgain").value;
        //登录用户信息判断
        if (username != null && password != null &&
                passwordAgain != null)   {
                if (flag >= 3) {
                        //验证成功，表单提交
                        document.regist.submit();
                } else {
                        alert("请认真填写注册信息！");
                        document.getElementById("username").value = "";
                        document.getElementById("password").value = "";
                        document.getElementById("passwordAgain").value = "";
                        document.getElementById("usName").innerHTML = "";
                        document.getElementById("ps1").innerHTML = "";
                        document.getElementById("ps2").innerHTML = "";
                }
        }
}
function res() {
        document.getElementById("username").value = "";
        document.getElementById("password").value = "";
        document.getElementById("passwordAgain").value = "";
}
function chang1(obj) {
        var obValue = obj.value;
        if (obValue.length > 8 || obValue.length < 3) {
                document.getElementById("usName").innerHTML = "<font
                        name='usName' style='font-size:12px;color=red'>
                        长度要求 3~8 位！</font>";
                flag = 0;
        } else {
                document.getElementById("usName").innerHTML = "<font
                        name='usName' style='font-ize:12px;color=green'>
                        可以使用</font>";
                flag++;
```

```
            }
        }
        function chang2(obj) {
                var obValue = obj.value;
                if (obValue.length > 8 || obValue.length < 6) {
                        document.getElementById("ps1").innerHTML = "<font
                        style='font-size:12px;color=red'>长度要求6~8位！</font>";
                        flag = 0;
                } else {
                        document.getElementById("ps1").innerHTML = "<font
                        style='font-size:12px;color=green'>可以使用</font>";
                        flag++;
                }
        }
        function chang3(obj) {
                var obValue = obj.value;
                var prrValue = document.getElementById("password").value;
                if (prrValue != obValue) {
                        document.getElementById("ps2").innerHTML = "<font
                        style='font-size:12px;color=red'>请在此确认</font>";
                        flag = 0;
                } else {
                        document.getElementById("ps2").innerHTML = "<font
                        style='font-size:12px;color=green'>通过</font>";
                        flag++;
                }
        }
</script>
<title>网上书店系统</title>
</head>
<body>
<form method="POST" name="regist" action="RegistServlet">
<table style="height: 100%; width: 100%">
        <tr align="center" valign="middle">
                <td>
                <table width="392" height="200" border=0 align="center"
                        cellPadding=0    cellSpacing=0 style="background-image:
                        url(./images/login_Page/logPage.jpg);
                            height: 200; width: 392">
                        <tbody>
```

```html
<tr valign="middle" align="center">
    <td colSpan=3 height=40 valign="middle"
        align="center">
        <font   face="黑体" size="4px"
        color="#196ed1" style="padding-left: 20px;
        vertical-align: middle">用户注册</font>
    </td>
</tr>
<tr>
    <td width="80" height="20"
        class="login_td">   登录名：</td>
    <td width="120" height="20" class="login_td">
        <inputtype="text" name="username"
            id="username" value=""
            style="WIDTH:110px"
            onChange="chang1(this)"></td>
    <td id="usName"></td>
</tr>
<tr>
    <td height="20" class="login_td">
           密  码：
    </td>
    <td height="20" class="login_td">
        <input type="password"
            name="password" id="password"
            value="" style="WIDTH: 110px"
            onChange="chang2(this)"></td>
    <td id="ps1"></td>
</tr>
<tr>
    <td height="20" class="login_td">
               确认密码：
    </td>
    <td height="20" class="login_td">
        <input type="password"
        name="passwordAgain" id="passwordAgain"
        value="" style="WIDTH: 110px"
        onChange="chang3(this)"></td>
        <td id="ps2"></td>
</tr>
```

```html
                    <tr>
                            <td height="20" colspan="2" align="center">
                            <button class="login_button" onClick="res()">
                                  重置
                             </button>
                              
                             <button class="login_button" onClick="sub()">
                                  提交
                             </button>
                              </td>
                             <td class="login_td" align="left" width=81>
                                  <a href="login.jsp">返回</a></td>
                    </tr>
                </tbody>
            </table>
        </form>
        </td>
    </tr>
</table>
</body>
</html>
```

上述代码中，首先使用 JavaScript 进行初始验证，当数据不符合要求时会进行提示；当数据符合要求时，通过表单对象的 submit()方法把表单数据提交给 RegistServlet 处理。

3. 创建数据库访问类

创建数据库访问类 DBOper，该类放在 com.dh.db 包中，代码如下：

```java
public class DBOper {
    Connection conn = null;
    PreparedStatement pstmt = null;
    ResultSet rs = null;
    /**
     * 得到数据库连接
     */
    public Connection getConn(String server, String dbname, String user,
                String pwd) throws ClassNotFoundException, SQLException,
                InstantiationException, IllegalAccessException {
        String DRIVER = "com.mysql.jdbc.Driver";
        String URL = "jdbc:mysql://" + server + ":3306/" + dbname +
                "?user="+ user + "&password=" + pwd
                + "&useUnicode=true&characterEncoding=utf8";
        //注册驱动
```

```java
            Class.forName(DRIVER);
            //获得数据库连接
            conn = DriverManager.getConnection(URL);
            //返回连接
            return conn;
        }
        /**
         * 释放资源
         */
        public void closeAll() {
            try {
                //如果 rs 不空，关闭 rs
                if (rs != null) {
                    rs.close();
                }
            } catch (SQLException e) {
                e.printStackTrace();
            } finally {
                try {
                    //如果 pstmt 不空，关闭 pstmt
                    if (pstmt != null) {
                        pstmt.close();
                    }
                } catch (SQLException e) {
                    e.printStackTrace();
                } finally {
                    try {
                        conn.close();
                    } catch (SQLException e) {
                        e.printStackTrace();
                    }
                }
            }
        }
        /**
         * 执行 SQL 语句，可以进行查询
         */
        public ResultSet executeQuery(String preparedSql, String[] param) {
            //处理 SQL,执行 SQL
            try {
```

```java
            //得到 PreparedStatement 对象
            pstmt = conn.prepareStatement(preparedSql);
            if (param != null) {
                for (int i = 0; i < param.length; i++) {
                    //为预编译 sql 设置参数
                    pstmt.setString(i + 1, param[i]);
                }
            }
            //执行 SQL 语句
            rs = pstmt.executeQuery();
        } catch (SQLException e) {
            //处理 SQLException 异常
            e.printStackTrace();
        }
        return rs;
    }
    /**
     * 执行 SQL 语句,可以进行增、删、改的操作,不能执行查询
     */
    public int executeUpdate(String preparedSql, String[] param) {
        int num = 0;
        //处理 SQL,执行 SQL
        try {
            //得到 PreparedStatement 对象
            pstmt = conn.prepareStatement(preparedSql);
            if (param != null) {
                for (int i = 0; i < param.length; i++) {
                    //为预编译 sql 设置参数
                    pstmt.setString(i + 1, param[i]);
                }
            }
            //执行 SQL 语句
            num = pstmt.executeUpdate();
        } catch (SQLException e) {
            //处理 SQLException 异常
            e.printStackTrace();
        }
        return num;
    }
}
```

上述代码中,提供了访问数据库的四个方法:获取数据库连接、关闭数据库、查询数据和更新数据。其中,连接数据库时需要传四个参数,分别是服务器地址、数据库名、用户和密码。其中的关闭资源方法,为了保证所有相关数据库的相关对象都能得到关闭,使用嵌套 finally,保证不管是否发生异常都要执行 close()操作。

4. 配置连接参数

在 web.xml 中配置数据库的连接信息参数,代码如下:

```xml
<context-param>
    <param-name>server</param-name>
    <param-value>localhost</param-value>
</context-param>
<context-param>
    <param-name>dbname</param-name>
    <param-value>dh</param-value>
</context-param>
<context-param>
    <param-name>user</param-name>
    <param-value>root</param-value>
</context-param>
<context-param>
    <param-name>pwd</param-name>
    <param-value>root</param-value>
</context-param>
```

在 web.xml 配置文件中,配置了四个初始参数,分别是连接数据库时用到的服务器地址、数据库名、用户以及密码信息。

5. 创建 RegisterServlet

建立 RegisterServlet,代码如下:

```java
public class RegistServlet extends HttpServlet {
    protected void doGet(HttpServletRequest request, HttpServletResponse response)
            throws ServletException, IOException {
        doPost(request, response);
    }
    protected void doPost(HttpServletRequest request, HttpServletResponse response)
            throws ServletException, IOException {
        //将输入转换为中文
        request.setCharacterEncoding("GBK");
        //设置输出为中文
        response.setContentType("text/html;charset=GBK");
        PrintWriter out = response.getWriter();//获取输出流
        //获取表单登录名
```

```java
String username = request.getParameter("username");
//获取表单用户密码
String userpass = request.getParameter("password");
ServletContext ctx = this.getServletContext();
//通过 ServletContext 获得 web.xml 中设置的初始化参数
String server = ctx.getInitParameter("server");//获取服务器地址
String dbname = ctx.getInitParameter("dbname");//获取数据库名
String user = ctx.getInitParameter("user");//获取数据库登录名
String pwd = ctx.getInitParameter("pwd");//获取数据库密码
DBOper db = new DBOper();
try {
    //连接数据库
    db.getConn(server, dbname, user, pwd);
    //向 userdetail 插入一条记录
    String sql = "INSERT INTO
        userdetail(username,userpass,regtime)
        values(?,?,?)";
    //获取当前注册时间
    Date curTime=new Date();
    //格式化当前日期
    SimpleDateFormat dateFormat=
        new SimpleDateFormat("yyyy-MM-dd  hh:mm:ss");
    String regtime=dateFormat.format(curTime);
    //执行插入操作，username 和 userpass 放入数组中作为参数
    int rs = db.executeUpdate(sql, new String[] { username,
    userpass,regtime });
    if (rs > 0) {//插入成功
        out.println("注册成功!请记住您的登录名和密码");
        out.println("<br><a href='index.html'>请登录</a>");
    } else {//插入失败
        out.println("注册失败!");
        out.println("<br><a href='regist.html'>重新注册</a>");
    }
} catch (ClassNotFoundException e) {
    e.printStackTrace();
} catch (Exception e) {
    e.printStackTrace();
}
}
}
```

上述代码中，除了读取表单数据外，还需要通过 ServletContext 获取 web.xml 中四个数据库的初始化参数。实例化 DBOper 类，调用该类中的 executeUpdate()方法将新用户信息插入到数据库，并提示是否注册成功的信息。

6. 添加 jar 包并运行工程

将 JDBC 驱动 jar 包 mysql-connector-java-5.1.10-bin.jar 拷贝到 WebContent/WEB-INF/lib 目录下，如图 S2.4 所示。

右击"bookstore"项目，选择"Run As→Run on Server"菜单，启动服务器，如图 S2.5 所示。

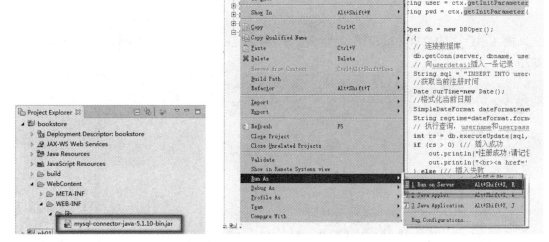

图 S2.4　拷贝 mysql 驱动包　　　　　　　　图 S2.5　运行项目

在 IE 地址栏中输入 http://localhost:8080/ph02/regist.html，访问注册页面，运行结果如图 S2.6 所示。

图 S2.6　用户注册页面

输入合法的登录名和密码，则提示注册成功，运行结果如图 S2.7 所示。

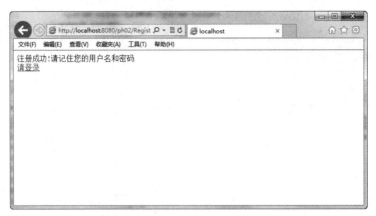

图 S2.7　注册成功

输入不合法的登录名或密码(例如该登录名已经注册过)，则提示注册失败，运行结果如图 S2.8 所示。

图 S2.8　注册失败

实 践 2.2

基于实践 2.1，实现网上书店项目中的登录功能，具体要求如下：

(1) 登录信息有登录名和密码，要求登录名和密码不能为空。

(2) 登录页面中提供一个"新用户注册"的超链接，链接实践 2.1 中的注册页面。

(3) 当用户输入正确的登录名和密码时，将用户信息保存到 Cookie 和 Session 中，并跳转至主页面；否则提示"登录失败"。

(4) 主页面中显示登录名和登录时间。

【分析】

(1) 新建一个登录页面，该页面表单中有两项信息：登录名和密码，在此页面中先使用 JavaScript 进行初始验证，验证登录名和密码不能为空。验证通过将表单提交给 LoginServlet 进行处理。

(2) 在 LoginServlet 中，提取表单信息，调用 DBOper 类中的查询方法，查询用户信息是否合法。如果信息合法，先将用户信息保存到 Cookie 和 Session 中，再跳转到 MainServlet 中；如果信息不合法则提示"登录失败"。

(3) 在 MainServlet 中从 Session 中提取登录名和登录时间，并将信息输出显示。

【参考解决方案】

1. 创建登录界面

新建一个登录页面 index.html,代码如下：

```html
<HTML>
<HEAD>
<TITLE>网上书店系统</TITLE>
<meta http-equiv=Content-Type content="text/html; charset=gb2312">
<meta http-equiv="pragma" content="no-cache">
<meta http-equiv="cache-control" content="no-cache">
<meta http-equiv="expires" content="0">

<script language="javascript">
    /*****************************************************
        函数名称：loginClick
        功能：验证登录
        输入参数：无
        输出参数：无
    *****************************************************/
    function loginClick() {
        //登录用户信息判断
        var user = document.getElementById("username").value;
        var pass = document.getElementById("password").value;
        if (user == null || user == "") {
            alert("请填写登录名");
            document.getElementById("username").focus();
        } else if (pass == null || pass == "") {
            alert("请填写密码");
            document.getElementById("password").focus();
        } else
            document.Login.submit();
    }
    function res() {
        document.getElementById("username").value = "";
        document.getElementById("password").value = "";
    }
</script>
```

```
<style type="text/css">
<!--
.login_td {
        font-family: 宋体;
        font-size: 12px;
        color: #000066;
}

.login_button {
        padding: 2 4 0 4;
        font-size: 12px;
        height: 18;
        background: url(./images/button_bk.gif) border-width : 1px;
        cursor: hand;
        border: 1px solid #003c74;
        padding-left: 4px;
        padding-right: 4px;
        padding-top: 1px;
        padding-bottom: 1px;
}
-->
</style>
</HEAD>
<body bgColor=#ffffff>
    <table style="background-image: url(./images/login_Page/logPage.jpg);
        height: 100%; width: 100%">
    <tr align="center" valign="middle">
        <td>
            <TABLE style="height: 300; width: 492"
                cellSpacing=0 cellPadding=0 border=0 align="center">
                <TBODY>
                    <TR valign="middle">
                        <TD colSpan=2
                            style="background-image:
                             url(./images/login_Page/loginPage_01.jpg)"
                            height=44>
                            <font face="黑体" size="4px"color="#196ed1"
                            style="padding-left: 20px;
                                vertical-align: middle">
                            网上书店系统-用户登录
```

```html
                </font>
            </TD>
        </TR>
        <TR>
            <TD width="203"><IMG height=200 alt=""
                src="./images/login_Page/loginPage_02.jpg"
                width=202></TD>
            <TD
                style="background-image:
                url(./images/login_Page/loginPage_03.jpg)"
                height=200 width=497>
                <form method="POST" name="Login"
                action="LoginServlet">
                <table>
                    <tr>
                        <td width="66" height="20"
                            class="login_td">登录名：
                        </td>
                        <td width="115" height="20"
                class="login_td">
                            <input type="text" name="username"
                            value="" style="WIDTH: 110px">
                        </td>
                        <td></td>
                    </tr>
                    <tr>
                        <td height="20" class="login_td">
                            密　码：</td>
                        <td height="20" class="login_td">
                        <input type="password"
                        name="password" value=""
                        style="WIDTH:110px"></td>
                        <td></td>
                    </tr>
                    <tr>
                        <td height="20" colspan="2"
                            align="center">
                        <button class="login_button"
                            onClick=res();>重置
                        </button>
```

```html
                                 
                                <button class="login_button"
                                  onClick=loginClick();> 登录
                                </button>
                                 </td>
                                <td class="login_td" align="left"
                                    width=71><a href="regist.html">
                                新用户注册</a>
                                </td>
                            </tr>
                        </table>
                    </form>
                    </TD>
                </TR>
                <TR>
                    <TD colSpan=2
                        style="background-image:
                        url(./images/login_Page/loginPage_04.jpg)"
                        height=56 align="center" class="login_td">
                        版权所有
                    </TD>
                </TR>
            </TBODY>
        </TABLE>
        </td>
    </tr>
</table>
</BODY>
</HTML>
```

2. 创建 LoginServlet

创建用于处理登录的 LoginServlet，代码如下：

```java
public class LoginServlet extends HttpServlet {
    public void destroy() {
        super.destroy();
    }
    public void doGet(HttpServletRequest request,
        HttpServletResponse response)
        throws ServletException, IOException {
        doPost(request, response);
    }
```

```java
public void doPost(HttpServletRequest request,
        HttpServletResponse response)
        throws ServletException, IOException {
    request.setCharacterEncoding("GBK");
    response.setContentType("text/html;charset=GBK");
    PrintWriter out = response.getWriter();
    //获取表单登录名
    String username = request.getParameter("username");
    //获取表单用户密码
    String userpass = request.getParameter("password");
    ServletContext ctx = this.getServletContext();
    //通过 ServletContext 获得 web.xml 中设置的初始化参数
    String server = ctx.getInitParameter("server");//获取服务器地址
    String dbname = ctx.getInitParameter("dbname");//获取数据库名
    String user = ctx.getInitParameter("user");//获取数据库登录名
    String pwd = ctx.getInitParameter("pwd");//获取数据库密码
    DBOper db = new DBOper();
    try {
        //连接数据库
        db.getConn(server, dbname, user, pwd);
        //查询 userdetail 表中符合要求的记录
        String sql = "SELECT username,userpass,role FROM
                userdetail WHERE   username=? AND userpass=?";
        //执行查询，username 和 userpass 放入数组中作为参数
        ResultSet rs = db.executeQuery(sql,
                new String[] { username,      userpass });
        //合法的用户
        if (rs != null && rs.next()) {
            //获取 Session
            HttpSession session = request.getSession();
            //将登录名保存到 Session 中
            session.setAttribute("username", username);
            //获取用户登录时间，并保存到 Session 中
            SimpleDateFormat dateFormat=
                    new SimpleDateFormat("yyyy-MM-dd hh:mm:ss");
            String logtime=dateFormat.format(new Date());
            session.setAttribute("logtime", logtime);
            //向客户端发送 Cookie
            Cookie cookie = new Cookie("userName", username);
            cookie.setMaxAge(60 * 60 * 24 * 30);
```

```
                        response.addCookie(cookie);
                        //跳转到 MainServlet
                        RequestDispatcher dispatcher = request
                                    .getRequestDispatcher("MainServlet");
                        dispatcher.forward(request, response);
                    } else { //不合法的用户
                        out.println("登录失败!");
                        out.println("<br><a href='index.html'>重新登录</a>");
                    }
                } catch (ClassNotFoundException e) {
                    e.printStackTrace();
                } catch (Exception e) {
                    e.printStackTrace();
                }
            }
            public void init() throws ServletException {
            }
        }
```

上述代码中，使用 request.getParameter()获取表单参数信息；使用 ServletContext 对象中的 getInitParameter()方法获取 web.xml 文件中配置的初始化参数信息；使用 DBOper 类中的 executeQuery()查询数据库；使用 Session 中的 setAttribute()方法将数据保存到 Session；使用 Cookie 将登录名信息保存到客户端；使用 request.getRequestDispatcher()方法跳转到主页面。

3. 创建 MainServlet

编写 MainServlet，代码如下：

```
public class MainServlet extends HttpServlet {
    private static final long serialVersionUID = 1L;
    protected void doGet(HttpServletRequest request,
            HttpServletResponse response)
            throws ServletException, IOException {
        doPost(request, response);
    }
    protected void doPost(HttpServletRequest request,
            HttpServletResponse response)
            throws ServletException, IOException {
        //将输入转换为中文
        request.setCharacterEncoding("GBK");
        //设置输出为中文
        response.setContentType("text/html;charset=GBK");
        //获取输出流
```

```
        PrintWriter out = response.getWriter();
        //获取 Session
        HttpSession session = request.getSession();
        //从 Session 中提取登录名
        String username = (String) session.getAttribute("username");
        //从 Session 中提取用户登录时间
        String logtime = (String) session.getAttribute("logtime");
        //输出
        out.println("登录名：" + username +   "  |  登录时间：" + logtime);
        out.println("欢迎" + username);
    }
}
```

在上述代码中，使用 Session 的 getAttribute()方法从 Session 中获取了保存的数据。

4. 运行项目

打开 IE，在地址栏中输入 http://localhost:8080/bookstore/index.html，访问登录页面，运行结果如图 S2.9 所示。

图 S2.9　登录页面

输入错误的登录名或密码(数据库中没有的用户)，则登录失败，提示用户重新登录，运行结果如图 S2.10 所示。

图 S2.10　重新登录

输入正确的登录名或密码，则登录成功，跳转到 MainServlet 中，并显示登录名和登录时间，运行结果如图 S2.11 所示。

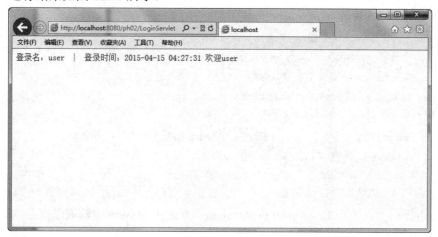

图 S2.11　登录成功

 知识拓展

1. 在 Servlet 中输出图片

通过 Servlet 动态生成图片，代码如下：

```
public class AuthImage extends HttpServlet {
    private static final long serialVersionUID = 8165458985542870320L;
    //设置图形验证码中字符串的字体的大小
    private Font mFont = new Font("Arial Black", Font.PLAIN, 16);
    /**
     *
     * 生成随机颜色
     *
     * @param fc
     *
     * @param bc
     *
     * @return
     */
    public Color getRandColor(int fc, int bc) {
        Random random = new Random();
        if (fc > 255)
            fc = 255;
        if (bc > 255)
            bc = 255;
```

```java
        int r = fc + random.nextInt(bc - fc);
        int g = fc + random.nextInt(bc - fc);
        int b = fc + random.nextInt(bc - fc);
        return new Color(r, g, b);
}
public void doGet(HttpServletRequest request,
    HttpServletResponse response)
    throws ServletException, IOException {
    //阻止生成的页面内容被缓存，保证每次重新生成随机验证码
    response.setHeader("Pragma", "No-cache");
    response.setHeader("Cache-Control", "no-cache");
    response.setDateHeader("Expires", 0);
    response.setContentType("image/jpeg");
    //指定图形验证码图片的大小
    int width = 80;//宽度
    int height = 20;//高度
    BufferedImage image = new BufferedImage(width, height,
        BufferedImage.TYPE_INT_RGB);
    //准备在图片中绘制内容
    Graphics g = image.getGraphics();
    Random random = new Random();
    g.setColor(getRandColor(200, 250));
    g.fillRect(1, 1, width - 1, height - 1);
    g.setColor(new Color(102, 102, 102));
    g.drawRect(0, 0, width - 1, height - 1);
    g.setFont(mFont);
    g.setColor(getRandColor(160, 200));
    //生成随机线条
    for (int i = 0; i < 155; i++) {
        int x = random.nextInt(width - 1);
        int y = random.nextInt(height - 1);
        int xl = random.nextInt(6) + 1;
        int yl = random.nextInt(12) + 1;
        g.drawLine(x, y, x + xl, y + yl);
    }

    for (int i = 0; i < 70; i++) {
        int x = random.nextInt(width - 1);
        int y = random.nextInt(height - 1);
        int xl = random.nextInt(12) + 1;
```

```java
                int yl = random.nextInt(6) + 1;
                g.drawLine(x, y, x - xl, y - yl);
            }
            String sRand = "";
            //生成随机的字符串并加入到图片中
            int LEN = 4; //控制随机码的长度
            for (int i = 0; i < LEN; i++) {

                String tmp = getRandomChar();
                sRand += tmp;
                g.setColor(new Color(20 + random.nextInt(110), 20 + random
                        .nextInt(110), 20 + random.nextInt(110)));
                g.drawString(tmp, 15 * i + 10, 15);
            }
            HttpSession session = request.getSession(true);
            //将其自动转换为小写，也就是说，用户在输入验证码的时候，
            //不需要区分大小写，方便输入
            session.setAttribute("randomImageStr", sRand.toLowerCase());
            g.dispose();
            ImageIO.write(image, "JPEG", response.getOutputStream());
        }
        /**
         *
         * 随机生成字符串
         *
         * @return
         */
        private String getRandomChar() {
            int rand = (int) Math.round(Math.random() * 2);
            long itmp = 0;
            char ctmp = '\u0000';
            switch (rand) {
            case 1:
                itmp = Math.round(Math.random() * 25 + 65);
                ctmp = (char) itmp;
                return String.valueOf(ctmp);
            case 2:
                itmp = Math.round(Math.random() * 25 + 97);
                ctmp = (char) itmp;
                return String.valueOf(ctmp);
```

```
            default:
                itmp = Math.round(Math.random() * 9);
            return String.valueOf(itmp);
        }
    }
}
```

在上述 Servlet 中，通过 response 的 setContentType()方法，将它的值设置为"image/jpeg"，也就是该 Servlet 输出内容的 MIME 格式，为了避免浏览器使用其缓存里的图像，在程序中使用三条语句来避免客户端缓存：

response.setHeader("Pragma", "No-cache");
response.setHeader("Cache-Control", "no-cache");
response.setDateHeader("Expires", 0);

然后使用 BufferedImage 在内存中创建一个缓冲图像，通过 getGraphics()方法得到 Graphics 对象，其上可以绘制图形：随机产生一个长度为 4 的字符串，并将它绘制到图像缓冲区中。为了在登录时将用户输入的验证码和图形中的验证码进行比较，在生成验证码字符串时将其保存到 Session 对象中，代码如下：

HttpSession session = request.getSession(true);
// 将其自动转换为小写，也就是说，用户在输入验证码的时候，不需要区分大小写，方便输入
session.setAttribute("randomImageStr", sRand.toLowerCase());

最后，使用 ImageIO 的静态方法 write()将图形对象按照"JPEG"格式输出到页面，结果如图 S2.12 所示。

图 S2.12 验证码

2. 应用 Servlet 产生的图片

在登录页面中，使用上个案例产生的图片作为表单登录验证码，代码如下：

```
<!DOCTYPE html PUBLIC "-//W3C//DTD HTML 4.01 Transitional//EN"
"http://www.w3.org/TR/html4/loose.dtd">
<html>
<head>
<meta http-equiv="Content-Type" content="text/html; charset=UTF-8">
<title>验证码测试</title>
</head>
<body>
```

```html
<form action="login" method="post">
<table cellpadding="0" cellspacing="0" align="center">
    <tr>
        <td>姓名</td>
        <td><input type="text" name="userName" /></td>
    </tr>
    <tr>
        <td>密码</td>
        <td><input type="password" name="Pwd" /></td>
    </tr>
    <tr>
        <td>验证码</td>
        <td><input type="text" size="10" name="Valcode" />
            <img src="authImg" />
        </td>
    </tr>
    <tr>
        <td colspan="2" align="center"><input type="submit" value="登录" /></td>
    </tr>
</table>
</form>
</body>
</html>
```

在上述 HTML 代码中，定义了一个表单，用于接收用户的登录名和密码，另外，在这两个表单元素的基础上，加上了一个验证码的输入框，用户必须在登录的时候输入这个验证码。运行结果如图 S2.13 所示。

图 S2.13　登录验证码

用于处理登录的 LoginServlet 的代码如下：

```java
public class LoginServlet extends HttpServlet {
    protected void doGet(HttpServletRequest req, HttpServletResponse resp)
            throws ServletException, IOException {
        doPost(req, resp);
    }
```

```
        protected void doPost(HttpServletRequest req,
                HttpServletResponse resp)
                throws ServletException, IOException {
            resp.setContentType("text/html;charset=GBK");
            PrintWriter out = resp.getWriter();
            String valcode = req.getParameter("Valcode");
            HttpSession session = req.getSession();
            String randomImageStr =
                    (String) session.getAttribute("randomImageStr");
            if (valcode != null) {
                if (valcode.toLowerCase().equals(randomImageStr)) {
                    out.println("验证码匹配！");
                } else {
                    out.println("验证码不匹配");
                    out.println("<a href='login.html'>重新登录</a>");
                }
            }
        }
}
```

上述代码中，首先通过 getParameter()方法获取用户输入的验证码，然后从 Session 对象中获取图片中的验证码，把两者进行比较，如下述代码所示：

```
if (valcode.toLowerCase().equals(randomImageStr)) {
    out.println("验证码匹配！");
}
```

如果匹配，则打印"验证码匹配！"，否则，提示用户重新登录。

为突出重点，在 LoginServlet 中并没有对登录名和密码进行处理，仅判断了验证码的正确性。

拓展练习

练习 2.1

使用 Servlet 实现对字符串的处理，具体要求如下：

(1) index.html 中有一个表单，用于接收用户输入的字符串。其中字符串不能为空，提交到 UpperServlet 处理。

(2) UpperServlet.java 负责将字符串转换成大写，再转到 ConvertServlet 继续处理。

(3) ConvertServlet.java 将字符串倒序，再转到 DisplayServlet 继续处理。

(4) DisplayServlet.java 显示原始字符串和处理后的字符串。

处理流程如图 S2.14 所示。

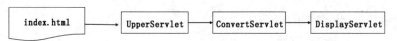

图 S2.14　字符串处理流程

练习 2.2

使用 Session 完成下述功能：

(1) 在登录页面 login.html 中输入登录名和密码，都不能为空。

(2) CheckServlet.java 对登录名和密码进行验证，如果登录名为"admin"，密码当"123456"，则跳转到主页，否则显示错误提示。

(3) MainServlet.java 作为主页，显示当前登录名，同时显示 SessionID、Session 的创建时间和时效，并提供一个"注销"超链接。

(4) DestroySession.java 对当前用户进行注销，销毁 Session 对象。

处理流程如图 S2.15 所示。

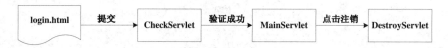

图 S2.15　登录流程

实践 3　JSP 基础

 实践指导

实践 3.1

升级实践 2.2 中的登录模块，具体要求如下：
(1) 用户再次登录时，登录页面中的登录名文本栏里显示上次登录成功的登录名。
(2) 使用 JSP 替换原来的 MainServlet，并在页面中增加"注销"超链接，单击后退出登录。

【分析】
(1) 需要显示上次登录成功的登录名，这可以通过 Cookie 实现，在实践 2.2 中已经将登录名信息保存在 Cookie 中，所以只需读取 Cookie 即可。因此需要将原来的 index.html 静态页面改为 login.jsp 动态页面，其中通过 Java 代码读取客户端的 Cookie，显示登录名信息。
(2) 使用 top.jsp 替换 MainServlet，其中添加"注销"超链接。
(3) 添加 DestroyServlet，其中完成 Session 的销毁，并跳转到 login.jsp 页面。
(4) 升级后，网上书店登录模块的业务流程图如图 S3.1 所示。

图 S3.1　登录模块的业务流程图

【参考解决方案】

1. 编写 login.jsp

将 index.html 升级为 login.jsp，代码如下：

```
<%@ page language="java" contentType="text/html; charset=GBK"%>
<HTML>
<HEAD>
<TITLE>网上书店系统</TITLE>
<meta http-equiv="pragma" content="no-cache">
<meta http-equiv="cache-control" content="no-cache">
<meta http-equiv="expires" content="0">
```

```
<script language="javascript">
    /*****************************************************
        函数名称：loginClick
        功能：验证登录
        输入参数：无
        输出参数：无
    *****************************************************/
    function loginClick() {
            //登录用户信息判断
            var user = document.getElementById("username").value;
            var pass = document.getElementById("password").value;
            if (user == null || user == "") {
                    alert("请填写登录名");
                    document.getElementById("username").focus();
            } else if (pass == null || pass == "") {
                    alert("请填写密码");
                    document.getElementById("password").focus();
            } else
                    document.Regsiter.submit();
    }
    function res() {
            document.getElementById("username").value = "";
            document.getElementById("password").value = "";
    }
</script>
<style type="text/css">
<!--
.login_td {
      font-family: 宋体;
      font-size: 12px;
      color: #000066;
}

.login_button {
      padding: 2 4 0 4;
      font-size: 12px;
      height: 18;
      background: url(./images/button_bk.gif);
border-width:1px;
      cursor: hand;
```

```
        border: 1px solid #003c74;
        padding-left: 4px;
        padding-right: 4px;
        padding-top: 1px;
        padding-bottom: 1px;
}
-->
</style>
</HEAD>
<body bgColor=#ffffff>
<table
        style="background-image: url(./images/login_Page/logPage.jpg);
        height: 100%; width: 100%">
        <tr align="center" valign="middle">
            <td>
                <TABLE style="height: 300; width: 492" cellSpacing=0
                        cellPadding=0 border=0 align="center">
                    <TBODY>
                        <TR valign="middle">
                            <TD colSpan=2        style="background-image:
                                    url(./images/login_Page/loginPage_01.jpg)"
                                    height=44><font face="黑体" size="4px"
                                    color="#196ed1"        style="padding-left: 20px;
                                    vertical-align: middle">
                                    网上书店系统-用户登录</font></TD>
                        </TR>
                        <TR>
                            <TD width="203"><IMG height=200 alt=""
                                    src="./images/login_Page/loginPage_02.jpg"
                                    width=202></TD>
                            <TD
                                    style="background-image:
                                    url(./images/login_Page/loginPage_03.jpg)"
                                    height=200 width=497>
                                <form method="POST" name="Login"
                                    action="LoginServlet">
<%
        Cookie[] cookies =request.getCookies();
        String userName = "";
        //如果 cookie 数组不为 null 且长度大于 0，读取 Cookie
```

```
			if (cookies != null && cookies.length > 0) {
				for (int i = 0; i < cookies.length; i++) {
					//取出登录名
					if (cookies[i].getName().equals("userName")) {
						userName = cookies[i].getValue();
					}
				}
			}
		%>
					<table>
						<tr>
							<td width="66" height="20" class="login_td">
								登录名：</td>
							<td width="115" height="20" class="login_td">
								<input type="text" name="username"
									value="<%=userName %>"
									style="WIDTH: 110px"></td>
							<td>
							</td>
						</tr>
						<tr>
							<td height="20" class="login_td">密 码：</td>
							<td height="20" class="login_td">
								<input type="password"       name="password"
									style="WIDTH: 110px"></td>
							<td></td>
						</tr>
						<tr>
							<td height="20" colspan="2" align="center">
								<button class="login_button"
									onClick="res()">重置</button> 
								<button class="login_button"
									onClick="loginClick()">登录</button>
								 
							</td>
							<td class="login_td" align="left" width=71><a
								href="regist.html">新用户注册</a></td>
						</tr>
					</table>
				</form>
```

```
                    </TD>
                </TR>
                <TR>
                    <TD colSpan=2
                        style="background-image: url(./images/login_Page/loginPage_04.jpg)"
                        height=56 align="center" class="login_td">
                    版权所有</TD>
                </TR>
            </TBODY>
        </TABLE>
    </td>
</tr>
</table>
</BODY>
</HTML>
```

上述 JSP 页面代码中，使用 request.getCookies()读取客户端的 Cookie，通过遍历 Cookie 数组，找到对应的登录名，并存放到 userName 变量中，将 userName 变量通过 JSP 表达式显示在文本框中。

2. 使用 top.jsp 页面替换 MainServlet

使用 top.jsp 页面替换 MainServlet，代码如下：

```
<%@ page language="java" contentType="text/html; charset=GBK"%>
<html>
<head>
<link type="text/css" rel="stylesheet" href="./css/mp.css"/>
<title>网上书店系统</title>
<script language="javascript">
function userCancel(){
    if( window.confirm("您确认要注销？")){
        window.parent.location="./DestroyServlet";
    }
}
</script>
</head>
<body topmargin="0px">
<%
//从 Session 中提取登录名
String username = (String) session.getAttribute("username");
//从 Session 中提取用户登录时间
String logtime = (String) session.getAttribute("logtime");
```

```
%>
    <div class="top_header">
    <img src="./images/banner01.jpg" style="cursor:auto"/>
        <div class="headfont"
            style="position: absolute; right: 1px; top: 58px;
            z-index: 1000;">
            <span>登录名：</span><span><%=username %></span>
            <span>登录时间：</span><span><%=logtime %></span>
            <span onClick="userCancel()" style="cursor:hand">[注销]</span>
        </div>
    </div>
</body>
</html>
```

在上述 JSP 页面中，通过 session.getAttribute()方法从 Session 中获取登录名、登录时间信息，使用 JSP 表达式显示在页面中。

3. 修改 LoginServlet

原来跳转到"MainServlet"修改为"top.jsp"，修改的部分如下：

```
RequestDispatcher dispatcher = request.getRequestDispatcher("top.jsp");
dispatcher.forward(request, response);
```

4. 建立 DestroySerlvet 类

在 com.dh.ph03.servlets 包中添加 DestroyServlet，代码如下：

```
public class DestroyServlet extends HttpServlet {
    protected void doGet(HttpServletRequest request,
            HttpServletResponse response)
                throws ServletException, IOException {
        doPost(request, response);
    }
    protected void doPost(HttpServletRequest request,
            HttpServletResponse response)
                throws ServletException, IOException {
        HttpSession session = request.getSession();
        if (session != null) {
            //销毁 Session
            session.invalidate();
        }
        //重定向到登录页面
        response.sendRedirect("login.jsp");
    }
}
```

5. 修改 web.xml 配置文件

设置 login.jsp 为欢迎页面，配置代码如下：

```xml
<?xml version="1.0" encoding="UTF-8"?>
<web-app id="WebApp_ID" version="2.4"
    xmlns="http://java.sun.com/xml/ns/j2ee" xmlns:xsi="http://www.w3.org/2001/XMLSchema-instance"
    xsi:schemaLocation="http://java.sun.com/xml/ns/j2ee http://java.sun.com/xml/ns/j2ee/web-app_2_4.xsd">
    <display-name>dh</display-name>
    <context-param>
        <param-name>server</param-name>
        <param-value>localhost</param-value>
    </context-param>
    <context-param>
        <param-name>dbname</param-name>
        <param-value>dh</param-value>
    </context-param>
    <context-param>
        <param-name>user</param-name>
        <param-value>root</param-value>
    </context-param>
    <context-param>
        <param-name>pwd</param-name>
        <param-value>zkl123</param-value>
    </context-param>
    <servlet>
        <display-name>LoginServlet</display-name>
        <servlet-name>LoginServlet</servlet-name>
    <servlet-class>com.dh.ph03.servlets.LoginServlet</servlet-class>
    </servlet>
    <servlet>
        <display-name>RegistServlet</display-name>
        <servlet-name>RegistServlet</servlet-name>
    <servlet-class>com.dh.ph03.servlets.RegistServlet</servlet-class>
    </servlet>
    <servlet>
        <display-name>MainServlet</display-name>
        <servlet-name>MainServlet</servlet-name>
    <servlet-class>com.dh.ph03.servlets.MainServlet</servlet-class>
    </servlet>
    <servlet>
        <display-name>DestroyServlet</display-name>
```

```xml
            <servlet-name>DestroyServlet</servlet-name>
            <servlet-class>com.dh.ph03.servlets.DestroyServlet</servlet-class>
        </servlet>
        <servlet-mapping>
            <servlet-name>LoginServlet</servlet-name>
            <url-pattern>/LoginServlet</url-pattern>
        </servlet-mapping>
        <servlet-mapping>
            <servlet-name>RegistServlet</servlet-name>
            <url-pattern>/RegistServlet</url-pattern>
        </servlet-mapping>
        <servlet-mapping>
            <servlet-name>MainServlet</servlet-name>
            <url-pattern>/MainServlet</url-pattern>
        </servlet-mapping>
        <servlet-mapping>
            <servlet-name>DestroyServlet</servlet-name>
            <url-pattern>/DestroyServlet</url-pattern>
        </servlet-mapping>
        <welcome-file-list>
            <welcome-file>login.jsp</welcome-file>
        </welcome-file-list>
</web-app>
```

在 web.xml 配置文件中，<welcome-file-list>元素用来设置首页，每个首页使用<welcome-file>元素来设置。在本项目中设置的首页是"login.jsp"。

6. 运行项目

在 IE 浏览器中访问 http://localhost:8080/ph03，运行结果如图 S3.2 所示。

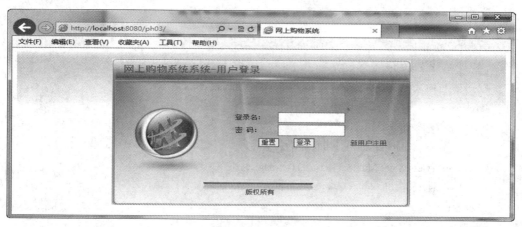

图 S3.2　登录页面

输入正确的登录名和密码，则跳转到 top.jsp 页面，运行结果如图 S3.3 所示。

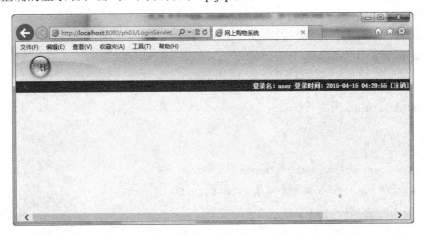

图 S3.3 登录成功

单击"注销"，则打开确认对话框，如图 S3.4 所示。

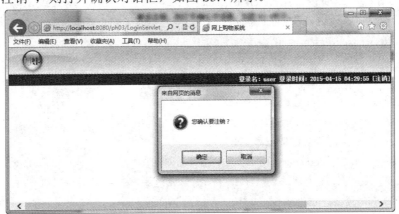

图 S3.4 注销确认对话框

单击"确定"按钮后，Session 销毁，页面跳转到 login.jsp。

实 践 3.2

实现网上书店项目后台用户管理模块的添加新用户功能，具体要求如下：
(1) 录入信息包括用户名、密码、确认密码及权限。
(2) 用户名、密码、确认密码不能为空，密码和确认密码必须相同。
(3) 权限有两个选择：普通用户和管理员。缺省时为普通用户。
(4) 提示相应的"添加成功"或"添加失败"信息。

【分析】

(1) 在 web 站点根目录下新建一个名为"admin"的目录，用于存放所有后台管理页面。

(2) 在 admin 目录下创建 addUser.html 页面，该页面表单中有四项信息，用户名、密码、确认密码和权限。使用 JavaScript 进行初始验证，验证成功则提交给 AddUserServlet

进行处理。

(3) 创建 AddUserServlet.java 程序,提取表单数据,并将数据插入到数据库中。如果数据添加成功,则提示"添加成功"信息;否则提示"添加失败"信息。

【参考解决方案】

1. 创建 addUser.html 页面

创建 addUser.html 页面代码如下:

```html
<html>
<head>
<meta http-equiv="Content-Type" content="text/html; charset=GBK">
<link type="text/css" rel="stylesheet" href="../css/examples.css">
<script language="javascript">
    function sub(){
        var user=document.regist.userName.value;
        var pass=document.regist.userPass.value;
        var repass=document.regist.rePass.value;
        if(user==null||user==""){
            alert("请填写用户名");
            document.regist.userName.focus();
        }
        else if(pass==null||pass==""){
            alert("请填写密码");
            document.regist.userPass.focus();
        }
        else if(repass==null||repass==""){
            alert("请填写确认密码");
            document.regist.rePass.focus();
        }
        else if(pass!=repass){
            alert("确认密码必须和密码相同!");
            document.regist.rePass.value="";
            document.regist.rePass.focus();
        }
        else{
            document.regist.submit();
        }
    }
    function res(){
        document.getElementById("userName").value = "";
        document.getElementById("userPass").value = "";
```

```
                        document.getElementById("rePass").value = "";
                        var chs = document.getElementsByName("role");
                        for(var i=0;i<chs.length;i++){
                                    chs[i].status = 'false';
                        }
            }
</script>
<title>网上书店后台管理系统</title>
<link href="../css/mp.css" rel="stylesheet" type="text/css">
</head>
<body>
<form method="POST" name="regist" action="AddUserServlet">
<center>
<table>
        <tr align="center" valign="middle">
            <td>
                <TABLE style="width: 300" cellSpacing=0 cellPadding=0 border=0
                        align="center">
                    <TBODY>
                        <TR valign="middle">
                            <td class="title_td" height=12>新增用户信息</td>
                        </TR>
                        <TR>
                            <table style="width: 300;">
                                <tr>
                                    <td class="item_td" width="26%">
                                        用户名：</td>
                                    <td class="input_td">
                                        <input type="text"
                                            name="userName"
                                            value="" style="width: 100%"
                                            class="input_input" size="30">
                                    </td>
                                </tr>
                                <tr>
                                    <td class="item_td" width="26%">
                                        密码：</td>
                                    <td class="input_td">
                                        <input type="password"
                                            name="userPass"
```

```
                                        value="" style="width: 100%"
                                        class="input_input" size="30">
                                </td>
                        </tr>
                        <tr>
                                <td class="item_td" width="26%">
                                    确认密码：</td>
                                <td class="input_td">
                                        <input type="password"
                                        name="rePass"
                                        value="" style="width: 100%"
                                        class="input_input" size="30">
                                </td>
                        </tr>
                        <tr>
                                <td class="item_td" width="26%">
                                    用户类别：</td>
                                <td class="input_td"> 
                                        <input name="role" type="radio"
                                        value="0" checked>普通用户 
                                        <input name="role"
                                        type="radio" value="1">管理员
                                </td>
                        </tr>
                    </table>
                </TD>
            </TR>
            <tr>
            <td colspan="2" align="center">
             
            <button onClick="res()" style="width:20%">
                    重置</button> 
            <button onClick="sub()" style="width: 20%">提交</button>
            <td>
            </tr>
            </TBODY>
        </TABLE>
    </td>
  </tr>
</table>
```

```
</center>
</form>
</body>
</html>
```

在上述代码中，表单 action 属性值为"AddUserServlet"，当初始验证通过时，使用表单对象的 submit()方法将表单提交给 AddUserServlet 进行处理。

2. 创建 AddUserServlet

在 com.dh.servlet.admin 包下添加 AddUserServlet.java，代码如下：

```java
public class AddUserServlet extends HttpServlet {
    protected void doGet(HttpServletRequest request,
            HttpServletResponse response)
                    throws ServletException, IOException {
        doPost(request, response);
    }
    protected void doPost(HttpServletRequest request,
            HttpServletResponse response)
                    throws ServletException, IOException {
        //将输入转换为中文
        request.setCharacterEncoding("GBK");
        //设置输出为中文
        response.setContentType("text/html;charset=GBK");
        //获取输出流
        PrintWriter out = response.getWriter();
        //获取表单登录名
        String username = request.getParameter("userName");
        //获取表单用户密码
        String userpass = request.getParameter("userPass");
        //获取权限
        String role = request.getParameter("role");
        //获取当前注册时间
        Date curTime = new Date();
        //格式化当前日期
        SimpleDateFormat dateFormat = new SimpleDateFormat(
                "yyyy-MM-dd hh:mm:ss");
        String regtime = dateFormat.format(curTime);
        ServletContext ctx = this.getServletContext();
        //通过 ServletContext 获得 web.xml 中设置的初始化参数
        String server = ctx.getInitParameter("server");//获取服务器地址
        String dbname = ctx.getInitParameter("dbname");//获取数据库名
        String dbuser = ctx.getInitParameter("user");//获取数据库用户名
```

```
                String pwd = ctx.getInitParameter("pwd");//获取数据库密码
                DBOper db = new DBOper();
                try {
                        //连接数据库
                        db.getConn(server, dbname, dbuser, pwd);
                        //向 userdetail 插入一条记录
                        String sql = "INSERT INTO
                                userdetail(username,userpass,role,regtime)
                                values(?,?,?,?)";
                        int rs = db.executeUpdate(sql,
                                new String[] { username, userpass,  role, regtime });
                        if (rs > 0) {//插入成功
                                out.println("添加成功!");
                                out.println("<br><a href='addUser.html'>返回</a>");
                        } else {//插入失败
                                out.println("添加新用户失败!");
                                out.println("<br><a href='addUser.html'>返回</a>");
                        }
                } catch (ClassNotFoundException e) {
                        e.printStackTrace();
                } catch (Exception e) {
                        e.printStackTrace();
                }
        }
}
```

上述代码与实践 2.1 用户注册功能类似，只是用户信息增加了权限。注意此 Servlet 的访问路径是"/admin/AddUserServlet"，在 web.xml 中的配置信息如下：

```
    <servlet>
        <description>
        </description>
        <display-name>AddUserServlet</display-name>
        <servlet-name>AddUserServlet</servlet-name>
<servlet-class>com.dh.servlet.admin.AddUserServlet</servlet-class>
    </servlet>
    <servlet-mapping>
        <servlet-name>AddUserServlet</servlet-name>
        <url-pattern>/admin/AddUserServlet</url-pattern>
    </servlet-mapping>
```

网上书店项目中用于后台管理的所有 Servlet，其访问路径都是在"/admin"路径下，与后台页面路径相对应。

3. 运行项目

在 IE 浏览器中访问 http://localhost:8080/ph03/admin/addUser.html，运行结果如图 S3.5 所示。

图 S3.5　增加用户

输入信息，单击"提交"按钮，保存成功后运行结果如图 S3.6 所示。

图 S3.6　增加成功

添加失败，则运行结果如图 S3.7 所示。

图 S3.7　增加失败

实践 3.3

实现网上书店项目中后台管理员用户的登录功能，具体要求如下：
(1) 登录信息有登录名和密码，要求登录名和密码不能为空。
(2) 只有管理员权限的用户才能登录成功，否则提示失败信息。
(3) 登录成功后，跳转到后台管理主页面。
(4) 后台管理主页面是框架结构，顶部显示登录登录名和登录时间，左边是菜单树，中间是主体内容。

【分析】

(1) 在 admin 目录中新建管理员登录页面 adminLogin.jsp，用于实现后台管理员的登录。该页面表单数据提交给 AdminLoginServlet 处理。

(2) 在 AdminLoginServlet 中提取表单信息，调用 DBOper 类中的查询方法，查询登录名和密码是否正确，并判断该用户是否是管理员。如果是管理员，跳转到 adminMain.jsp 页面。

(3) adminMain.jsp 页面是一个框架页面，页面分 3 部分：顶部、左边和中间。

(4) 创建顶部页面 top.jsp，在此页面中显示登录名和登录时间。

(5) 创建左边菜单树页面。

【参考解决方案】

1. 新建 adminLogin.jsp

该页面保存在 admin 目录中，代码如下：

```
<%@ page language="java" contentType="text/html; charset=GBK"%>
<HTML>
<HEAD>
<TITLE>网上书店后台管理系统</TITLE>
<meta http-equiv="pragma" content="no-cache">
<meta http-equiv="cache-control" content="no-cache">
<meta http-equiv="expires" content="0">

<script language="javascript">
    /*************************************************
        函数名称：loginClick
        功能：验证登录
        输入参数：无
        输出参数：无
    *************************************************/
    function loginClick() {
        //登录用户信息判断
        var user = document.getElementById("username").value;
```

```
                var pass = document.getElementById("password").value;
                if (user == null || user == "") {
                        alert("请填写登录名");
                        document.getElementById("username").focus();
                } else if (pass == null || pass == "") {
                        alert("请填写密码");
                        document.getElementById("password").focus();
                } else
                        document.Regsiter.submit();
        }
        function res() {
                document.getElementById("username").value = "";
                document.getElementById("password").value = "";
        }
</script>
<style type="text/css">
<!--
.login_td {
        font-family: 宋体;
        font-size: 12px;
        color: #000066;
}
.login_button {
        padding: 2 4 0 4;
        font-size: 12px;
        height: 18;
        background: url(../images/button_bk.gif);
border-width : 1px;
        cursor: hand;
        border: 1px solid #003c74;
        padding-left: 4px;
        padding-right: 4px;
        padding-top: 1px;
        padding-bottom: 1px;
}
-->
</style>
</HEAD>
<body bgColor=#ffffff>
<table
```

```html
style="background-image: url(../images/login_Page/logPage.jpg); height: 100%; width: 100%">
<tr align="center" valign="middle">
    <td>
        <TABLE style="height: 300; width: 492" cellSpacing=0
            cellPadding=0 border=0 align="center">
            <TBODY>
                <TR valign="middle">
                    <TD colSpan=2
                        style="background-image:
                        url(../images/login_Page/loginPage_01.jpg)"
                        height=44><font face="黑体" size="4px"
                        color="#196ed1"    style="padding-left: 20px;
                        vertical-align: middle">
                        网上购物后台管理系统-用户登录</font></TD>
                </TR>
                <TR>
                    <TD width="203"><IMG height=200 alt=""
                        src="../images/login_Page/loginPage_02.jpg"
                        width=202></TD>
                    <TD
                        style="background-image:
                        url(../images/login_Page/loginPage_03.jpg)"
                        height=200 width=497>
                        <form method="POST" name="Regsiter"
                            action="AdminLoginServlet">
                            <table>
                                <tr>
                                    <td width="66" height="20"
                                        class="login_td">登录名：</td>
                                    <td width="115" height="20"
                                        class="login_td">
                                        <input type="text"
                                            name="username" value=""
                                            style="WIDTH: 110px"></td>
                                    <td></td>
                                </tr>
                                <tr>
                                    <td height="20" class="login_td">
                                        密  码：</td>
                                    <td height="20" class="login_td">
```

```html
                                            <input type="password"
                                                name="password"
                                                style="WIDTH: 110px"></td>
                                    <td></td>
                                </tr>
                                <tr>
                                    <td height="20" colspan="2"
                                        align="center">
                                    <button class="login_button"
                                        onClick="res()">
                                    重置</button> 
                                    <button class="login_button"
                                        onClick="loginClick()">
                                    登录</button>
                                     </td>
                                </tr>
                            </table>
                            </form>
                            </TD>
                    </TR>
                    <TR>
                        <TD colSpan=2
                            style="background-image:
                            url(../images/login_Page/loginPage_04.jpg)"
                            height=56 align="center" class="login_td">
                        版权所有</TD>
                    </TR>
                </TBODY>
            </TABLE>
            </td>
    </tr>
</table>
</BODY>
</HTML>
```

2. 创建 AdminLoginServlet 类

将 AdminLoginServlet 类放在 com.dh.servlet.admin 包下，代码如下：

```java
public class AdminLoginServlet extends HttpServlet {
    public void doGet(HttpServletRequest request,
        HttpServletResponse response)
        throws ServletException, IOException {
```

```java
            doPost(request, response);
}
public void doPost(HttpServletRequest request,
        HttpServletResponse response)
            throws ServletException, IOException {
    request.setCharacterEncoding("GBK");
    response.setContentType("text/html;charset=GBK");
    PrintWriter out = response.getWriter();
    //获取表单登录名
    String username = request.getParameter("username");
    //获取表单用户密码
    String userpass = request.getParameter("password");
    ServletContext ctx = this.getServletContext();
    //通过 ServletContext 获得 web.xml 中设置的初始化参数
    String server = ctx.getInitParameter("server");//获取服务器地址
    String dbname = ctx.getInitParameter("dbname");//获取数据库名
    String user = ctx.getInitParameter("user");//获取数据库登录名
    String pwd = ctx.getInitParameter("pwd");//获取数据库密码
    DBOper db = new DBOper();
    try {
        //连接数据库
        db.getConn(server, dbname, user, pwd);
        //查询 userdetail 表中符合要求的管理员记录
        String sql = "SELECT username,userpass,role
            FROM Userdetail
            WHERE   username=? AND userpass=? AND role=1";
        //执行查询，username 和 userpass 放入数组中作为参数
        ResultSet rs = db.executeQuery(sql,
                new String[] { username,      userpass });
        //合法的用户
        if (rs != null && rs.next()) {
            //获取 Session
            HttpSession session = request.getSession();
            //将登录名保存到 Session 中
            session.setAttribute("adminuser", username);
            //获取用户登录时间，并保存到 Session 中
            SimpleDateFormat dateFormat
                    = new SimpleDateFormat("yyyy-MM-dd hh:mm:ss");
            String logtime = dateFormat.format(new Date());
            session.setAttribute("logtime", logtime);
```

```
                        //跳转到 adminMain.jsp
                        response.sendRedirect("adminMain.jsp");
                } else { //不合法的用户
                        out.println("登录失败!");
                        out.println("<br><a href='index.html'>重新登录</a>");
                }
        } catch (ClassNotFoundException e) {
                e.printStackTrace();
        } catch (Exception e) {
                e.printStackTrace();
        }
    }
}
```

3. 创建 adminMain.jsp

在 admin 目录下创建 adminMain.jsp，代码如下：

```
<%@ page language="java" contentType="text/html; charset=GBK"%>
<html>
<head>
<TITLE>网上书店后台管理系统</TITLE>
</head>
<frameset rows="80,*" cols="*" frameborder="no" border="0"
        framespacing="0">
    <frame src="top.jsp" name="topFrame" scrolling="no"
            noresize="noresize"    id="topFrame" title="topFrame" />
    <frameset cols="165,*" frameborder="no" border="0" framespacing="0">
        <frame src="leftTree.htm" name="frmLeft" scrolling="no"
                noresize="noresize" id="frmLeft" title="frmLeft" />
        <frame src="addUser.html" name="frmMain" id="frmMain"
                title="frmMain" />
    </frameset>
</frameset>
<noframes>
<body></body>
</noframes>
</html>
```

在此 JSP 页面的框架中，顶部引入"top.jsp"，左边引入"leftTree.htm"，中间引入"addUser.html"。

4. 创建顶部页面 top.jsp

该文件在 admin 目录中创建，在此页面中显示登录名和登录时间，代码如下：

```jsp
<%@ page language="java" contentType="text/html; charset=GBK"%>
<html>
<head>
<link type="text/css" rel="stylesheet" href="./css/mp.css"/>
<title>网上书店系统</title>
</head>
<body topmargin="0px">
<%
//从 Session 中提取登录名
String username = (String) session.getAttribute("username");
// 从 Session 中提取用户登录时间
String logtime = (String) session.getAttribute("logtime");
%>
    <div class="top_header">
    <img src="./images/banner01.jpg" style="cursor:auto"/>
        <div class="headfont"
            style="position: absolute; right: 1px; top: 58px;
            z-index: 1000;">
            <span>登录名：</span><span><%=username %></span>
            <span>登录时间：</span><span><%=logtime %></span>
        </div>
    </div>
</body>
</html>
```

5. 创建菜单树

树形页面为 leftTree.htm，代码如下：

```html
<html>
<head>
<meta http-equiv="Content-Type" content="text/html; charset=GBK">
<!--<meta http-equiv="refresh" content="1800">30min reload-->
<title>Menu</title>
<script language="javascript" src="../js/treeview.js" />
<style>
A.MzTreeView {
    Font-size:9pt;
    Padding-left:3px;
}
</style>
<script>
var tree = new MzTreeView("tree");
```

```
tree.icons["property"] = "property.gif";
tree.icons["css"] = "collection.gif";
tree.icons["book.gif"] = "book.gif";
tree.icons["user.png"] = "user.png";
tree.icons["monitor.png"] = "monitor.png";
tree.setIconPath("../images/tree/");
tree.nodes["0_1"] = "text:网站管理; icon:monitor.png";
tree.nodes["1_100"] = "text:图书管理; icon:book.gif";
tree.nodes["1_200"] = "text:用户管理; icon:user.png";
tree.nodes["100_1001"] = "text:添加图书; url:addBook.jsp";
tree.nodes["100_1002"] = "text:图书信息一览; url:SearchBookAdminServlet";
tree.nodes["200_2001"] = "text:添加新用户; url:user.png";
tree.nodes["200_2002"] = "text:用户信息一览; url:SearchUserServlet";
tree.setTarget("frmMain");
document.write(tree.toString());
</script>
</head>
<body>
</body>
</html>
```

在上述代码中，菜单链接的 bookManage.jsp 和 userManage.jsp 页面将在后续实践中实现。

6. 运行项目

在 IE 浏览器中访问 http://localhost:8080/ph03/admin/adminLogin.jsp，运行结果如图 S3.8 所示。

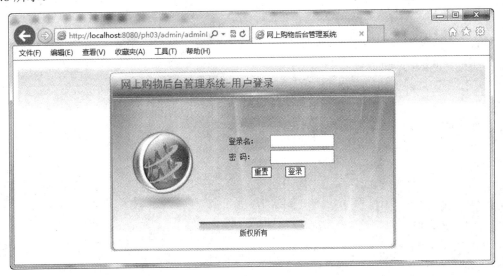

图 S3.8　管理系统登录

当输入管理员登录名和密码，登录成功后，显示后台主页面，运行结果如图 S3.9 所示。

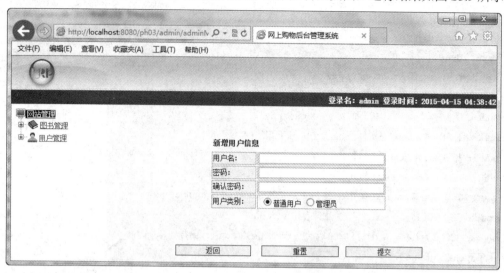

图 S3.9　管理系统登录成功

知识拓展

1. 翻译后的 JSP

JSP 页面在第一次被访问时，JSP 容器负责将其翻译成 Servlet，这是一个 java 源文件，然后 Servlet 会被编译成字节码，最终执行的是编译后的字节码文件。下述代码是一个简单的 JSP 页面：

```
<%@ page language="java" pageEncoding="GBK" isErrorPage="true"%>
<html>
<body>
<%!
    int a = 111;
    static void staticMethod() {
            System.out.println("staticMethod");
    }
    void method1() {
    System.out.println("method1");
    }
%>
<%
    staticMethod();
    method2();
%>
<%=a%>
```

```
<%!
    int b = 222;
    void method2() {
    System.out.println("method2");
    }
%>
<%
    method1();
%>
<%=b%>
</body>
</html>
```

上述代码中，使用了 JSP 的声明、脚本和表达式，声明了两个属性和三个方法，其中一个是静态方法。如果在 Tomcat 下运行此页面，第一次访问时，Tomcat 会将其翻译成 Java 源文件 test_jsp.java，并编译成字节码文件 test_jsp.class，这两个文件位于 Tomcat 的安装目录下，具体路径如图 S3.10 所示。

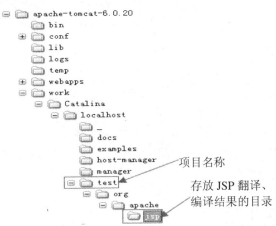

图 S3.10　Tomcat 下存放 JSP 翻译、编译后结果的路径

其中 test_jsp.java 的代码如下：

```
public final class test_jsp extends org.apache.jasper.runtime.HttpJspBase
    implements org.apache.jasper.runtime.JspSourceDependent {
    int a = 111;
    static void staticMethod() {
        System.out.println("staticMethod");
    }
    void method1() {
        System.out.println("method1");
    }
    int b = 222;
```

```java
    void method2() {
        System.out.println("method2");
    }
...... //省略部分代码
public void _jspService(HttpServletRequest request,
                                    HttpServletResponse response)
    throws java.io.IOException, ServletException {
    PageContext pageContext = null;
    HttpSession session = null;
    Throwable exception
    = org.apache.jasper.runtime.JspRuntimeLibrary.getThrowable(request);
    if (exception != null) {
        response.setStatus(HttpServletResponse.SC_INTERNAL_SERVER_ERROR);
    }
    ServletContext application = null;
    ServletConfig config = null;
    JspWriter out = null;
    Object page = this;
    JspWriter _jspx_out = null;
    PageContext _jspx_page_context = null;
    try {
    response.setContentType("text/html;charset=GBK");
    pageContext = _jspxFactory.getPageContext(this, request, response,
                    null, true, 8192, true);
    _jspx_page_context = pageContext;
    application = pageContext.getServletContext();
    config = pageContext.getServletConfig();
    session = pageContext.getSession();
    out = pageContext.getOut();
    _jspx_out = out;
    out.write("\r\n");
    out.write("<html>\r\n");
    out.write("<body>\r\n");
    out.write('\r');
    out.write('\n');
    staticMethod();
    method2();
    out.write('\r');
    out.write('\n');
    out.print(a);
```

```
            out.write('\r');
            out.write('\n');
            out.write('\r');
            out.write('\n');
            method1();
            out.write('\r');
            out.write('\n');
            out.print(b);
            out.write("\r\n");
            out.write("</body>\r\n");
            out.write("</html>");
        } catch (Throwable t) {
    if (!(t instanceof SkipPageException)){
    out = _jspx_out;
            if (out != null && out.getBufferSize() != 0)
                try { out.clearBuffer(); } catch (java.io.IOException e) {}
    if (_jspx_page_context != null)
                _jspx_page_context.handlePageException(t);
            }
        } finally {
        _jspxFactory.releasePageContext(_jspx_page_context);
        }
    }
}
```

上述代码是 Tomcat 将 test.jsp 翻译成的 Java 源代码。此类的名字为 JSP 页面名称加上 "_jsp"，继承了 org.apache.jasper.runtime.HttpJspBase，HttpJspBase 是由 Tomcat 提供的类，它继承了 HttpServlet，所以 JSP 翻译成的类是一个 Servlet。

在 JSP 页面声明部分的代码会成为此类的属性和方法，比如 a、b、method1()、method2()、staticMethod()；而脚本部分的代码会添加到此类的_jspService()方法中，比如对 method1()、method2()、staticMethod()三个方法的调用代码；表达式部分会转换为 out.print()语句添加到_jspService()方法中，比如对 a、b 两个变量的输出。

另外，还可以观察到，_jspService()方法有 request 和 response 两个参数，分别是请求和响应，这与 Servlet 中的 service()方法非常类似。在_jspService()方法中，有 pageContext、session、exception、application、config、out、page(就是 this)的定义，连同 request 和 response 两个参数，这些变量就是所有的 JSP 内置变量，由此可见，在 JSP 中声明部分是无法使用这些内置变量的。通过对上述 JSP 翻译成的 Servlet 源代码的分析，可以加深对 JSP 原理的理解。

在不同的 JSP 容器下，JSP 页面的翻译结果是不同的，上述内容是在 Tomcat6 下的运行结果。

2. 在 JSP 页面中输出一个等腰三角形

在 triangle.jsp 中输出等腰三角形，代码如下：

```jsp
<%@ page language="java" contentType="text/html; charset=GBK"%>
<html>
<head>
<title>triangle</title>
</head>
<body>
<%      int line = 20;
        //i 控制行数，循环 line 次
        for (int i = 0; i < line; i++) {
                //输出空格
                for (int j = 0; j < line - i; j++) {
                        out.print(" ");
                }
                //输出*号
                for (int k = 0; k <= i; k++) {
                        out.print("* ");
                }
                //换行
                out.print("<br>");
        }
%>
</body>
</html>
```

启动 Tomcat，在 IE 浏览器中访问 http://localhost:8080/ph03/triangle.jsp，运行结果如图 S3.11 所示。

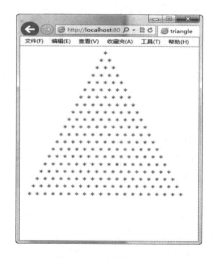

图 S3.11　等腰三角形

 **拓展练习**

练习 3.1

在 JSP 页面输出九九乘法表。

练习 3.2

编写一个留言页面，留言信息有标题、内容，标题不能为空，当往数据库插入留言信息时，自动添加时间和留言者，其中时间是当前系统时间，留言者是发表留言的当前登录登录名，如果没有登录则缺省为"游客"。

练习 3.3

练习 3.2 完成后，添加一个查看所有留言的页面，要求使用表格显示留言信息，信息包括标题、内容、留言人以及留言时间，时间按照"yyyy-MM-dd"格式显示。

实践 4 JSP 指令和动作

实践指导

实践 4.1

升级网上书店系统，使用 JavaBean 封装对 userdetail 用户表的操作，具体要求如下：
(1) 创建数据 Bean 用于存放 userdetail 表数据。
(2) 创建业务 Bean 封装对 userdetail 表的查询、修改及删除操作。
(3) 升级实践 3.2 中的 AddUserServlet（处理添加新用户的 Servlet），改为使用 Bean 进行操作。

【分析】

(1) 创建一个名为"User"的数据 Bean，用于存放 userdetail 表数据，这种封装业务实体数据的 JavaBean 常被称为"实体 Bean"。新建 com.dh.entity 包，用于存放与表对应的实体 Bean。

(2) 创建一个名为"UserDao"的业务 Bean，封装对 userdetail 表的数据访问操作。

(3) 修改 AddUserServlet，将使用 DBOper 进行数据库操作的代码改为使用 UserDao 完成。

注意   DAO(Data Access Object，数据访问对象)是一种将底层的数据访问操作与高层的业务逻辑进行分离的设计模式，采用这种模式会使程序代码减少冗余，结构清晰，并以面向对象的形式来访问关系型数据库。

【参考解决方案】

1. 创建实体类 User

该类放在 com.dh.entity 包中，代码如下：

```java
public class User implements Serializable{
    private String username;
    private String userpass;
    private int role;
    private String regtime;
```

```java
        private int lognum;
        public String getUsername() {
                return username;
        }
        public void setUsername(String username) {
                this.username = username;
        }
        public String getUserpass() {
                return userpass;
        }
        public void setUserpass(String userpass) {
                this.userpass = userpass;
        }
        public int getRole() {
                return role;
        }
        public void setRole(int role) {
                this.role = role;
        }
        public String getRegtime() {
                return regtime;
        }
        public void setRegtime(String regtime) {
                this.regtime = regtime;
        }
        public int getLognum() {
                return lognum;
        }
        public void setLognum(int lognum) {
                this.lognum = lognum;
        }
}
```

在上述代码中，User 类实现 Serializable 接口，标识该类对象数据可以序列化和反序列化。User 类中的私有属性对应于 userdetail 表中的每一个字段，都提供公开的 get 和 set 方法。

Eclipse 提供了快捷方式生成属性的 get/set 方法，在编写完所有属性后，右击鼠标，选择"Source→Generate Getters and Setters"菜单，如图 S4.1 所示。

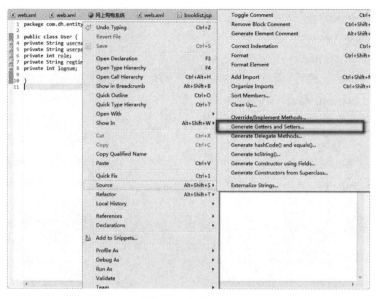

图 S4.1　生成方法

在弹出的窗口中，单击"Select All"按钮，所有属性会被选中，如图 S4.2 所示。

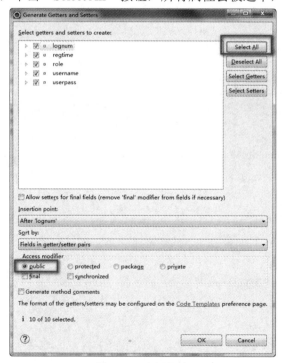

图 S4.2　选择方法

单击"OK"按钮，会自动生成属性的 get 和 set 方法。

把对象转化为字节序列的过程称为对象的序列化；把字节序列恢复为对象的过程称为反序列化。对象的序列化，可以用于把对象的字节序列永久地保存在硬盘上，通常是保存为一个文件形式，也可以用于在网络上传送对象的字节序列。SerialVersionUID，即序列化版本号，实现

Serializable 接口的类，都要有一个表示序列化版本标识符的静态变量。它可以用于当需要类的不同版本对序列化兼容时，类的不同版本具有相同的 SerialVersionUID 即可，也可以用于当不需要类的不同版本对序列化兼容时，类的不同版本具有不同的 SerialVersionUID 即可。

2. 创建 DAO 类 UserDao

类 UserDao 放在 com.dh.db 包中，代码如下：

```java
public class UserDao extends DBOper {
    // 返回所有用户
    public List<User> getAllUser() {
        List<User> userList = new ArrayList<User>();
        String sql = "SELECT * FROM userdetail";
        try {
            ResultSet rs = this.executeQuery(sql, null);
            while (rs.next()) {
                User user = new User();
                user.setUsername(rs.getString("username"));
                user.setUserpass(rs.getString("userpass"));
                user.setRole(rs.getInt("role"));
                user.setRegtime(rs.getString("regtime"));
                user.setLognum(rs.getInt("lognum"));
                userList.add(user);
            }
        } catch (SQLException e) {
            e.printStackTrace();
        } finally {
            this.closeAll();
        }
        return userList;
    }
    //根据登录名查找用户
    public User getUserByName(String name) {
        User user = null;
        String sql = "SELECT * FROM userdetail WHERE username=?";
        try {
            ResultSet rs = this.executeQuery(sql, new String[] {name});
            if (rs.next()) {
                user = new User();
                user.setUsername(rs.getString("username"));
                user.setUserpass(rs.getString("userpass"));
                user.setRole(rs.getInt("role"));
```

```java
                    user.setRegtime(rs.getString("regtime"));
                    user.setLognum(rs.getInt("lognum"));
                }
        } catch (SQLException e) {
                e.printStackTrace();
        } finally {
                this.closeAll();
        }
        return user;
    }
    //添加新用户
    public boolean addUser(User user) {
        boolean r = false;
        try {
                String sql = "INSERT INTO userdetail
                    (username,userpass,role,regtime) values(?,?,?,?)";
                int rs = this.executeUpdate(sql,
                        new String[] { user.getUsername(),
                        user.getUserpass(),"" + user.getRole(),
                        user.getRegtime() });
                if (rs > 0) {
                        r = true;
                }
        } catch (Exception e) {
                e.printStackTrace();
        } finally {
                this.closeAll();
        }
        return r;
    }
    //修改用户信息
    public boolean editUser(User user) {
        boolean r = false;
        try {
                String sql = "UPDATE userdetail
                    SET userpass=?,role=?,regtime=?,lognum=?
                    WHERE username=?";
                int rs = this.executeUpdate(sql, new String[]
                        { user.getUserpass(),
                        "" + user.getRole(), user.getRegtime(),
```

```
                    "" + user.getLognum(), user.getUsername() });
            if (rs > 0) {
                r = true;
            }
        } catch (Exception e) {
            e.printStackTrace();
        } finally {
            this.closeAll();
        }
        return r;
    }
    //删除指定用户
    public boolean delUser(String name) {
        boolean r = false;
        try {
            String sql = "DELETE FROM userdetail WHERE username=?";
            int rs = this.executeUpdate(sql, new String[] { name });
            if (rs > 0) {
                r = true;
            }
        } catch (Exception e) {
            e.printStackTrace();
        }
        return r;
    }
}
```

在上述代码中,提供了查找所有用户、查找指定用户、添加新用户、修改用户以及删除用户的方法,这些方法都是对 userdetail 表进行的操作。

3. 修改 AddUserServlet 类

修改 AddUserServlet 类后的代码如下:

```
public class AddUserServlet extends HttpServlet {
    protected void doGet(HttpServletRequest request,
        HttpServletResponse response)
        throws ServletException, IOException {
        doPost(request, response);
    }
    protected void doPost(HttpServletRequest request,
        HttpServletResponse response)
        throws ServletException, IOException {
```

```java
//将输入转换为中文
request.setCharacterEncoding("GBK");
//设置输出为中文
response.setContentType("text/html;charset=GBK");
//获取输出流
PrintWriter out = response.getWriter();
//获取表单登录名
String username = request.getParameter("userName");
//获取表单用户密码
String userpass = request.getParameter("userPass");
String role = request.getParameter("role");// 获取权限
//获取当前注册时间
Date curTime = new Date();
//格式化当前日期
SimpleDateFormat dateFormat = new SimpleDateFormat(
            "yyyy-MM-dd hh:mm:ss");
String regtime = dateFormat.format(curTime);
 //将信息封装到 User 对象
User user=new User();
user.setUsername(username);
user.setUserpass(userpass);
user.setRole(Integer.parseInt(role));
user.setRegtime(regtime);
ServletContext ctx = this.getServletContext();
//通过 ServletContext 获得 web.xml 中设置的初始化参数
String server = ctx.getInitParameter("server");//获取服务器地址
String dbname = ctx.getInitParameter("dbname");//获取数据库名
String dbuser = ctx.getInitParameter("user");//获取数据库登录名
String pwd = ctx.getInitParameter("pwd");//获取数据库密码
UserDao dao=new UserDao();
try {
//连接数据库
dao.getConn(server, dbname, dbuser, pwd);
if (dao.addUser(user)) {//插入成功
        out.println("添加新用户成功!");
        out.println("<br><a href='addUser.html'>返回</a>");
} else {//插入失败
        out.println("添加新用户失败! ");
        out.println("<br><a href='addUser.html'>返回</a>");
}
```

```
            } catch (ClassNotFoundException e) {
                e.printStackTrace();
            } catch (Exception e) {
                e.printStackTrace();
            }
        }
    }
}
```

在上述代码中，先获取表单数据，再将数据封装到 User 对象中，然后使用 UserDao 中的 addUser()方法将此 User 对象添加到数据库 userdetail 表中。

实 践 4.2

实现网上书店系统中后台管理的图书上架功能，具体要求如下：

(1) 图书有 ISBN 编码、书名、出版社 ID、价格、数量、封面及简介。
(2) 图书的 ISBN 编码、书名及价格不能为空。
(3) 采用面向对象的形式将图书信息插入到数据库中。

【分析】

(1) 创建 books 表，用于保存图书信息，该表各字段如表 S4-1 所示。

表 S4-1 books 表结构

字 段	类 型	说 明
isbn	varchar(20)	图书编码，主键。
bookName	varchar(150)	书名
publisherID	int	出版社 ID
price	decimal(10,2)	价格
count	int	数量，缺省值 0
description	varchar(1000)	简介

(2) 对应数据库表 books，建立实体类 Book.java。

(3) 创建 BookDao.java，以面向对象的形式访问 books 表。

(4) 创建图书上架页面 addBook.html 页面，使用 JavaScript 进行初始验证，验证成功，提交给 AddBookServlet 进行处理。

(5) 创建 AddBookServlet.java，提取表单数据，封装到 Book 对象中，使用 BookDao 中的相应方法将 Book 对象插入到 books 表中。

【参考解决方案】

1. 创建数据库表

在数据库中创建 books 表，如图 S4.3 所示。

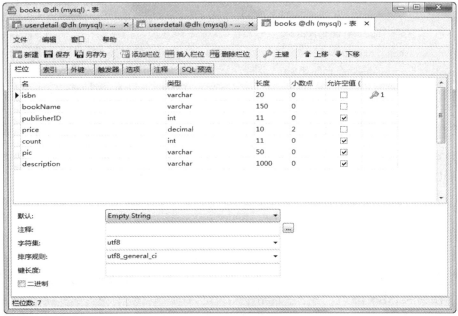

图 S4.3　books 表的定义

2. 创建实体类 Book

类 Book 放在 com.dh.entity 包中，代码如下：

```
public class Book implements Serializable{
    private String bookName;
    private String isbn;
    private int publisherID;
    private double price;
    private int count;
    private String pic;
    private String description;
    public String getBookName() {
        return bookName;
    }
    public void setBookName(String bookName) {
        this.bookName = bookName;
    }
    public String getIsbn() {
        return isbn;
    }
    public void setIsbn(String isbn) {
        this.isbn = isbn;
    }
    public int getPublisherID() {
```

```java
            return publisherID;
    }
    public void setPublisherID(int publisherID) {
            this.publisherID = publisherID;
    }
    public double getPrice() {
            return price;
    }
    public void setPrice(double price) {
            this.price = price;
    }
    public int getCount() {
            return count;
    }
    public void setCount(int count) {
            this.count = count;
    }
    public String getPic() {
            return pic;
    }
    public void setPic(String pic) {
            this.pic = pic;
    }
    public String getDescription() {
            return description;
    }
    public void setDescription(String description) {
            this.description = description;
    }
}
```

3. 创建 DAO 类 BookDao

类 BookDao 放在 com.dh.db 包中，代码如下：

```java
public class BookDao extends DBOper {
    //返回所有图书列表
    public List<Book> getAllBook() {
            List<Book> bookList = new ArrayList<Book>();
            String sql = "SELECT * FROM books";
            try {
                    ResultSet rs = this.executeQuery(sql, null);
                    while (rs.next()) {
```

```java
                Book book = new Book();
                book.setIsbn(rs.getString("isbn"));
                book.setBookName(rs.getString("bookName"));
                book.setPublisherID(rs.getInt("publisherID"));
                book.setPrice(rs.getDouble("price"));
                book.setCount(rs.getInt("count"));
                book.setPic(rs.getString("pic"));
                book.setDescription(rs.getString("description"));
                bookList.add(book);
            }
        } catch (SQLException e) {
            e.printStackTrace();
        } finally {
            this.closeAll();
        }
        return bookList;
    }
    //根据 ISBN 查找一本图书
    public Book getBookByIsbn(String isbn) {
        Book book = null;
        String sql = "SELECT * FROM books WHERE isbn=?";
        try {
            ResultSet rs = this.executeQuery(sql,
                new String[] { isbn });
            if (rs.next()) {
                book = new Book();
                book.setIsbn(rs.getString("isbn"));
                book.setBookName(rs.getString("bookName"));
                book.setPublisherID(rs.getInt("publisherID"));
                book.setPrice(rs.getDouble("price"));
                book.setCount(rs.getInt("count"));
                book.setPic(rs.getString("pic"));
                book.setDescription(rs.getString("description"));
            }
        } catch (SQLException e) {
            e.printStackTrace();
        } finally {
            this.closeAll();
        }
        return book;
```

}
//根据书名查找图书列表
```java
public List<Book> getBookByName(String name) {
    List<Book> bookList = new ArrayList<Book>();
    String sql = "SELECT * FROM books WHERE bookName LIKE '%" +
        name + "%'";
    try {
        ResultSet rs = this.executeQuery(sql, null);
        while (rs.next()) {
            Book book = new Book();
            book.setIsbn(rs.getString("isbn"));
            book.setBookName(rs.getString("bookName"));
            book.setPublisherID(rs.getInt("publisherID"));
            book.setPrice(rs.getDouble("price"));
            book.setCount(rs.getInt("count"));
            book.setPic(rs.getString("pic"));
            book.setDescription(rs.getString("description"));
            bookList.add(book);
        }
    } catch (SQLException e) {
        e.printStackTrace();
    } finally {
        this.closeAll();
    }
    return bookList;
}
```
//根据出版社 ID 查找图书列表
```java
public List<Book> getBookByPublisher(int pid) {
    List<Book> bookList = new ArrayList<Book>();
    String sql = "SELECT * FROM books WHERE publisherID=" + pid;
    try {
        ResultSet rs = this.executeQuery(sql, null);
        while (rs.next()) {
            Book book = new Book();
            book.setIsbn(rs.getString("isbn"));
            book.setBookName(rs.getString("bookName"));
            book.setPublisherID(rs.getInt("publisherID"));
            book.setPrice(rs.getDouble("price"));
            book.setCount(rs.getInt("count"));
            book.setPic(rs.getString("pic"));
```

```java
                    book.setDescription(rs.getString("description"));
                    bookList.add(book);
                }
            } catch (SQLException e) {
                e.printStackTrace();
            } finally {
                this.closeAll();
            }
            return bookList;
        }
        //根据书名和出版社查找图书
        public List<Book> getBookByNameAndPublish(String name,int pid) {
            List<Book> bookList = new ArrayList<Book>();
            String sql = "SELECT * FROM books
                    WHERE bookName LIKE '%" + name + "%' AND publisherID="+pid;
            try {
                ResultSet rs = this.executeQuery(sql, null);
                while (rs.next()) {
                    Book book = new Book();
                    book.setIsbn(rs.getString("isbn"));
                    book.setBookName(rs.getString("bookName"));
                    book.setPublisherID(rs.getInt("publisherID"));
                    book.setPrice(rs.getDouble("price"));
                    book.setCount(rs.getInt("count"));
                    book.setPic(rs.getString("pic"));
                    book.setDescription(rs.getString("description"));
                    bookList.add(book);
                }
            } catch (SQLException e) {
                e.printStackTrace();
            } finally {
                this.closeAll();
            }
            return bookList;
        }
        //添加图书
        public boolean addBook(Book book) {
            boolean r = false;
            try {
                String sql = "INSERT INTO books(isbn,bookName,
```

```java
                    publisherID,price,count,pic,description)
                    VALUES(?,?,?,?,?,?,?)";
            int rs = this.executeUpdate(sql,
                    new String[] { book.getIsbn(),
                    book.getBookName(), "" + book.getPublisherID(),
                    "" + book.getPrice(), "" + book.getCount(),
                    book.getPic(),  book.getDescription() });
            if (rs > 0)
            {//插入成功
                    r = true;
            }
        } catch (Exception e) {
            e.printStackTrace();
        } finally {
            this.closeAll();
        }
        return r;
    }
//修改图书
public boolean editBook(Book book) {
    boolean r = false;
    try {
            String sql = "UPDATE books SET bookName=?,publisherID=?,
                    price=?,count=?,pic=?,description=?
                    WHERE isbn=?";
            int rs = this.executeUpdate(sql,
                    new String[] {
                     book.getBookName(),
                    "" + book.getPublisherID(), "" + book.getPrice(),
                    "" + book.getCount(), book.getPic(),
                     book.getDescription(),book.getIsbn() });
            if (rs > 0)
            {
                    r = true;
            }
    } catch (Exception e) {
            e.printStackTrace();
    } finally
    {
            this.closeAll();
```

```
        }
        return r;
}
//删除指定 ISBN 的图书
public boolean delBookByIsbn(String isbn) {
    boolean r = false;
    try {
        String sql = "DELETE FROM books WHERE isbn=?";
        int rs = this.executeUpdate(sql,new String[]{isbn});
        if (rs > 0)
        {
            r = true;
        }
    } catch (Exception e) {
        e.printStackTrace();
    }
    return r;
}
}
```

在上述代码中,提供了添加、修改、删除以及查询图书的所有方法。

4. 创建 addBook.html 页面

在 admin 目录下创建图书上架页面 addBook.html,代码如下:

```html
<html>
<head>
<meta http-equiv="Content-Type" content="text/html; charset=GBK">
<link type="text/css" rel="stylesheet" href="../css/examples.css">
    <script type="text/javascript" src="../js/common.js"></script>
    <script type="text/javascript" src="../js/jquery.js"></script>

    <script language="javascript">
    function changPic(obj){
        var   filename = obj.value;
        var   filetype = filename.split(".");
        var filenumber = filetype.length-1;
        if(filetype[filenumber].toUpperCase()
            !="JPG"&&filetype[filenumber].toUpperCase()!="GIF")
        {
          alert("请上传 jpg 或者 gif 格式的图片! ");
          obj.focus();
```

```javascript
            return false;
        }else{
                document.getElementById("showPic").src = filename;
        }
}
function ret(){
        window.parent.frmMain.location = "bookManage.jsp";
}
function sub(){
        if(document.form1.isbn.value==""){
                alert("请输入图书的ISBN编号。");
        }
        else if(document.form1.bookName.value==""){
                alert("请输入书名。");
        }
        else if(document.form1.price.value==""){
                alert("请输入图书价格。");
        }
        else{
                document.form1.submit();
        }
}
function fun_check_form(){
}
 function   checkIsFloat(){
       var    nc=event.keyCode;
       if(nc < 48 || nc > 57 ){
               if(nc==46){
               var s=document.form1.price.value;
               for(var   i=0;i<s.length;i++)
               {
                   if(s.charAt(i)=='.'){
                        event.keyCode=0;
                        return;
                    }
                }
           }else{
                event.keyCode=0;return;
           }
```

```
                    }
            }
                    function res(){
                            document.getElementById("bookName").value = "";
                            document.getElementById("isbn").value = "";
                            document.getElementById("publisher").value = "";
                            document.getElementById("price").value = "";
                            document.getElementById("count").value = "";
                            document.getElementById("delFile").innerHTML
                    ="<input name=pic type=file size=18
                            onChange='changPic(this)'>";
                            document.getElementById("showPic").src =
                                    "../images/suo1.png";
                            document.getElementById("description").value = "";
                    }
            </script>
<title>网上书店后台管理系统</title>
<link href="../css/mp.css" rel="stylesheet" type="text/css">
</head>
<body>
<form method="POST" name="form1" action="AddBookServlet">
<table style="height:100%; width:100%" >
        <tr align="center" valign="middle">
            <td>
                    <TABLE style="height:200px;width:520px" cellSpacing=0
                            cellPadding=0        border=0 align="center">
                    <TBODY>
                        <TR valign="middle">
                            <td class="title_td" height=12 colspan="3">
                                    新增图书信息
                            </td>
                        </TR>
                        <TR>
                            <TD width="203"><img height=260 alt=""
                            src="../images/suo1.png"
                            width=202 style="cursor:pointer" id="showPic"></TD>
                            <TD height=120 width=497
                    style="background-image:url(
                            ./images/login_Page/loginPage_03.jpg)">
```

```html
<table style="width:100%">
    <tr>
        <td class="item_td" width="26%">图书名称：</td>
        <td class="input_td"><input type="text"
            name="bookName" style="width:100%"
            class="input_input" size="30"></td>
    </tr>
    <tr>
        <td class="item_td" width="26%">ISBN：</td>
        <td class="input_td"><input type="text"
name="isbn" style="width:100%"
            class="input_input" size="30"></td>
    </tr>
    <tr>
        <td class="item_td" width="26%">出版社：</td>
        <td class="input_td">
        <select name="publisher" style="width: 100%"
            class="input_drop">
        <option value=""></option>
        <option value="1"> 人民邮电出版社 </option>
        <option value="2"> 清华大学出版社 </option>
        <option value="3"> 电子工业出版社 </option>
</select></td>
    </tr>
    <tr>
        <td class="item_td" width="26%">价格：</td>
        <td class="input_td"><input type="text"
name="price" style="width:70%"
            class="input_input" size="30"
            onKeyPress="checkIsFloat();">￥
        </td>
    </tr>
    <tr>
        <td class="item_td" width="26%">库存量：</td>
        <td class="input_td"><input type="text"
name="count" value="10" style="width:70%"
            class="input_input" size="30">
        (本/套)</td>
    </tr>
```

```html
                <tr>
                        <td class="item_td" width="26%">图书封面：</td>
                        <td class="input_td" id="delFile">
                        <input name="pic" type="file" size="18"
                                onChange="changPic(this)">
                        </td>
                </tr>
                <tr>
                        <td class="item_td" width="26%" rowspan="3">
                                图书简介：
                        </td>
                        <td class="input_td" rowspan="3">
                                <textarea name="description" rows="12"
                                        style="width:100%" class="input_input">
                                </textarea>
                        </td>
                </tr>
                </table></TD>
                </TR>
                <tr>
                        <td colspan="2" align="center">
                        <button onClick="ret()" style="width: 20%">返回
                        </button> 
                        <button onClick="res()" style="width:20%">重置
                        </button> 
                        <button onClick="sub()" style="width: 20%">提交
                        </button>
                        </td>
                </tr>
                </TBODY>
        </TABLE>
        </td>
    </tr>
</table>
</form>
</body>
</html>
```

在上述代码中，javaScript 脚本中 checkIsFloat()方法用于限制用户的输入只能是数字。

5. 创建 AddBookServlet 类

AddBookServlet 类放在 com.dh.servlet.admin 包中，代码如下：

```
public class AddBookServlet extends HttpServlet {
    protected void doGet(HttpServletRequest request,
            HttpServletResponse response)
            throws ServletException, IOException {
        doPost(request, response);
    }
    protected void doPost(HttpServletRequest request,
                HttpServletResponse response)
                throws ServletException, IOException {
        request.setCharacterEncoding("gbk");
        response.setContentType("text/html;charset=gbk");
        PrintWriter out = response.getWriter();
        //获取表单数据
        String bookname = request.getParameter("bookName");
        String isbn = request.getParameter("isbn");
        String publisherID = request.getParameter("publisher");
        String price = request.getParameter("price");
        String count = request.getParameter("count");
        String pic = request.getParameter("pic");
        String description = request.getParameter("description");
        //将数据封装到 Book 对象中
        Book book = new Book();
        book.setBookName(bookname);
        book.setIsbn(isbn);
        book.setPublisherID(Integer.parseInt(publisherID));
        book.setPrice(Double.parseDouble(price));
        if (count != null && !count.equals("")) {
            book.setCount(Integer.parseInt(count));
        }
        //截取字符串
        String picName = pic.substring(pic.lastIndexOf("\\")+1);
        book.setPic(picName);
        book.setDescription(description);
        //将图书插入到数据库中
        ServletContext ctx = this.getServletContext();
        String server = ctx.getInitParameter("server");//获取服务器地址
        String dbname = ctx.getInitParameter("dbname");//获取数据库名
```

```
            String user = ctx.getInitParameter("user");//获取数据库登录名
            String pwd = ctx.getInitParameter("pwd");//获取数据库密码
            BookDao dao=new BookDao();
            try {
                    //连接数据库
                    dao.getConn(server, dbname, user, pwd);
                    boolean r=dao.addBook(book);
                    if (r) {//插入成功
                            out.println("新书上架成功");
                            out.println("<br><a href=' addBook.html'>返回</a>");
                    } else {//插入失败
                            out.println("失败！请检查填写的数据后重新上架");
                            out.println("<br><a href=' addBook.html'>返回</a>");
                    }
            } catch (ClassNotFoundException e) {
                    e.printStackTrace();
            } catch (Exception e) {
                    e.printStackTrace();
            }
    }
}
```

上述代码中，从表单中获取的图片名中带有路径，使用下述语句可以去掉路径只保留图片名。

String picName = pic.substring(pic.lastIndexOf("\\") + 1);

6. 运行项目

在 IE 浏览器中访问 http://localhost:8080/ph04/admin/addBook.html，新书上架页面运行结果如图 S4.4 所示。

图 S4.4　增加图书

输入合法的图书信息,数据成功插入,如图 S4.5 所示。

图 S4.5　上架成功

如果信息不合法,则显示失败信息,如图 S4.6 所示。

图 S4.6　上架失败

实 践 4.3

实现网上书店项目中图书列表信息的显示页面,具体要求如下:
(1) 图书列表中只显示图书的书名、出版社、ISBN 和价格信息。
(2) 图书列表每行提供序号和操作超链接,其中,操作包括查看详细、购买。
(3) 查看详细、购买功能暂不实现。
(4) JSP 页面用于显示数据,尽量减少业务处理代码(如数据库的访问操作)。

【分析】
(1) 新建图书列表页面 booklist.jsp,用于显示数据库中 books 表中的图书信息。
(2) 新建 SearchBookServlet 查询所有图书信息,并将图书信息封装到 List<Book>集合中传给 booklist.jsp 页面。使用 BookDao 完成数据库查询。
(3) booklist.jsp 页面从请求中提取图书列表信息并显示。在这里需要注意:如果图书列表为空,则应跳转到 SearchBookServlet 进行查询(第一次访问 booklist.jsp 页面时,还没调用 SearchBookServlet 进行查询，因此图书列表为空)。

【参考解决方案】

1. 创建 SearchBookServlet 类

SearchBookServlet 类用于查询图书信息，放在 com.dh.servlet 包中，代码如下：

```java
public class SearchBookServlet extends HttpServlet {
    protected void doGet(HttpServletRequest request,
            HttpServletResponse response)
                    throws ServletException, IOException {
        doPost(request, response);
    }
    protected void doPost(HttpServletRequest request,
            HttpServletResponse response)
                    throws ServletException, IOException {
        request.setCharacterEncoding("GBK");
        response.setContentType("text/html;charset=GBK");
        ServletContext ctx = this.getServletContext();
        //通过 ServletContext 获得 web.xml 中设置的初始化参数
        String server = ctx.getInitParameter("server");//获取服务器地址
        String dbname = ctx.getInitParameter("dbname");//获取数据库名
        String user = ctx.getInitParameter("user");//获取数据库登录名
        String pwd = ctx.getInitParameter("pwd");//获取数据库密码
        BookDao dao = new BookDao();
        List<Book> booklist = null;
        try {
            dao.getConn(server, dbname, user, pwd);
            //返回所有图书列表
            booklist = dao.getAllBook();
        } catch (Exception e) {
            e.printStackTrace();
        }
        if (booklist != null) {
            //将图书列表保存到请求对象中
            request.setAttribute("bookList", booklist);
            //将请求转发给 booklist.jsp 页面
        }
        request.getRequestDispatcher("booklist.jsp")
                .forward(request,response);
    }
}
```

2. 创建 booklist.jsp 页面

booklist.jsp 页面用于显示图书列表信息，放在网站根目录中，代码如下：

```jsp
<%@ page language="java" contentType="text/html; charset=GBK"%>
<%@page import="com.dh.entity.Book"%>
<%@page import="java.util.List"%>
<html>
<head>
<link type="text/css" rel="stylesheet" href="./css/mp.css">
<link type="text/css" rel="stylesheet" href="./css/examples.css">
</head>
<body scroll="no">
<!-- 如果图书列表为空，跳到 SearchBookServlet 处理 -->
<!-- 使用 JSP 脚本判断 -->
<%
        List<Book> bookList = (List<Book>) request.getAttribute("bookList");
        //如果请求对象中图书列表为空，跳转到 SearchBookServlet 进行处理
        if (bookList == null) {
%>
            <jsp:forward page="SeachBookServlet"></jsp:forward>
<%
        }
%>
<table width="100%" height="100%" border="0" cellspacing="0"
        cellpadding="0">
        <tr style="height: 2%">
            <td>
                <table border="0" width="100%" align="center">
                    <tr>
                        <td class="title_td">图书一览</td>
                    </tr>
                </table>
            </td>
        </tr>
        <tr style="height: 96%">
            <td>
            <table width="70%">
                <tr>
                    <td width="10%" class="item_td"> 图书名称：</td>
                    <td class="input_td" style="width: 20%">
```

```html
            <input type="text"      name="bookName"
                style="width: 100%" class="input_input"
                size="30"></td>
            <td style="width: 1%"> </td>
            <td width="10%" class="item_td"> 出版社：</td>
            <td width="15%" class="input_td">
            <select name="publisher"
                style="width: 100%" class="input_drop">
                <option value=""></option>
                <option value="1">人民邮电出版社</option>
                <option value="2">清华大学出版社</option>
                <option value="3">电子工业出版社</option>
            </select></td>
            <td style="width: 1%"> </td>
            <td width="29%">
            <button onClick="select()" id="btnSearch"
        name="btnSearch"style="width: 15%">查询
            </button>
            </td>
        </tr>
</table>
<table border="0" width="100%" align="center">
        <tr style="height: 1px" class="">
            <td class="title_td">图书列表 </td>
        </tr>
</table>
<div    style="position: absolute; left: 0px; bottom: 1px;
        z-index: 1000;"id="excel">
<table style="width: 40%">
        <tr>
            <td style="cursor: hand;">
            <button onClick="showShop()" id="btnSave"
                name="btnSave"        style="width: 100px">查看购物车
            </button>
            </td>
        </tr>
</table>
</div>
<div class="list_div" style="height: 87%">
```

```html
<table border="0" align="left" cellspacing="0"
       class="list_table"      id="senfe" style='width: 99%'>
    <thead>
        <tr>
            <th width="5%">
            <span style="font-weight: 400">序号</span></th>
            <th width="28%">
            <span style="font-weight: 400">书名</span></th>
            <th width="15%">
            <span style="font-weight: 400">出版社</span></th>
            <th width="16%">
            <span style="font-weight: 400">ISBN</span></th>
            <th width="15%">
            <span style="font-weight: 400">价格(￥)</span></th>
            <th width="">
            <span style="font-weight: 400">操作</span></th>
        </tr>
    </thead>
    <tbody>
        <!--使用JSP脚本循环显示-->
        <%
            for (int i = 0; i < bookList.size(); i++) {
                Book book = bookList.get(i);
        %>
        <tr>
            <td align="center"><%=i+1%></td>
            <td><%=book.getBookName()%></td>
            <td align="center">
            <%
                if (book.getPublisherID() == 1) {
            %>人民邮电出版社<%
                } else if (book.getPublisherID() == 2) {
            %>清华大学出版社<%
                } else if (book.getPublisherID() == 3) {
            %>电子工业出版社 <%
                }
            %>
            </td>
            <td align="center"><%=book.getIsbn()%></td>
```

```
                        <td align="center"><%=book.getPrice()%></td>
                        <td align="center" nowrap="nowrap">查看详细 
                            <img src="./images/buy.gif"
                                    style="border: 0px" /></td>
                    </tr>
                    <%
                        }
                    %>
                </tbody>
            </table>
        </div>
    </td>
</tr>
</table>
</body>
</html>
```

在上述代码中，使用 page 指令的 import 属性导入页面所用到的类，代码如下：

```
<%@page import="com.dh.entity.Book"%>
<%@page import="java.util.List"%>
```

使用 request.getAttribute()方法从请求对象中获取图书列表：

```
List<Book> bookList = (List<Book>) request.getAttribute("bookList");
```

如果图书列表为 null，使用下面代码将页面跳转到 SearchBookServlet 中。

```
<jsp:forward page="SearchBookServlet"></jsp:forward>
```

3. 运行项目

在 IE 浏览器中访问 http://localhost:8080/ph04/booklist.jsp，图书列表页面显示结果如图 S4.7 所示。

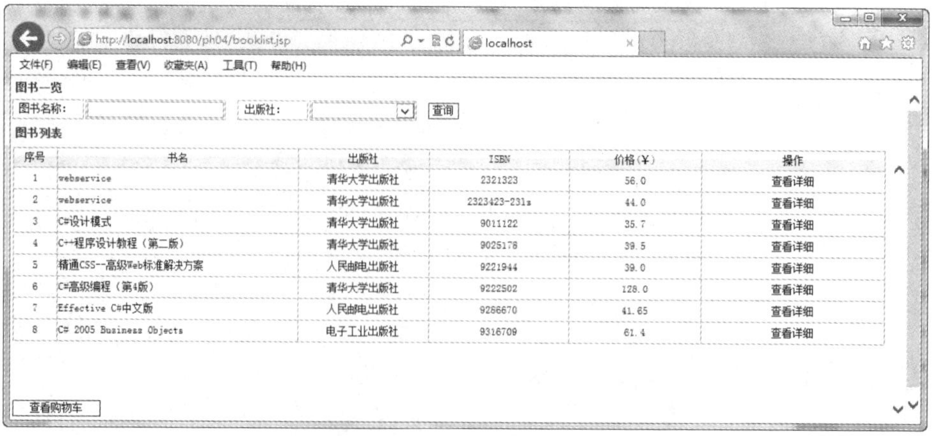

图 S4.7　图书列表

查询、查看详细和购买功能将在后续实践中实现。

 知识拓展

数据库连接池技术用来管理应用程序使用的数据库连接，可把数据库连接当做一种共享资源供所有需要访问数据库的组件使用，尽可能地避免了数据库连接的创建、释放等消耗资源的操作，提高了系统的性能，减轻了服务器的负担。

在 Tomcat 中内置了数据库连接池，下面以 Tomcat + MySQL 为例讲解 Tomcat 下数据库连接池的配置：

(1) 将数据库的 JDBC 驱动程序复制到 Tomcat 安装目录下的 lib 目录中。

(2) 在 Tomcat 安装目录/conf/server.xml 中配置数据库连接池，代码如下：

```xml
<Context docBase="TestDevon" path="/TestDevon" reloadable="true"
    source="org.eclipse.jst.j2ee.server:TestDevon">
    <Resource auth="Container" name="jdbc/mysql" type="javax.sql.DataSource" />
    <ResourceParams name="jdbc/mysql">
        <parameter>
            <name>maxWait</name>
            <value>5000</value>
        </parameter>
        <parameter>
            <name>maxActive</name>
            <value>20</value>
        </parameter>
        <parameter>
            <name>factory</name>
            <value>
                org.apache.commons.dbcp.BasicDataSourceFactory
            </value>
        </parameter>
        <parameter>
            <name>url</name>
            <value>
                jdbc:mysql://localhost:3306/haier?autoReconnect=true
            </value>
        </parameter>
        <parameter>
            <name>driverClassName</name>
            <value>
                com.mysql.jdbc.Driver
            </value>
```

```xml
            </parameter>
            <parameter>
                <name>maxIdle</name>
                <value>10</value>
            </parameter>
            <parameter>
                <name>username</name>
                <value>root</value>
            </parameter>
            <parameter>
                <name>password</name>
                <value>zkl123</value>
            </parameter>
        </ResourceParams>
</Context>
```

(3) 在项目的 web.xml 中配置对数据源连接池的引用，代码如下：

```xml
<resource-ref>
    <description>DataSource</description>
    <res-ref-name>jdbc/mysql</res-ref-name>
    <res-type>javax.sql.DataSource</res-type>
    <res-auth>Container</res-auth>
</resource-ref>
```

(4) 在 JSP 或 Servlet 中通过数据源访问数据库，代码如下：

```jsp
<body>
<%
    Context initCtx = new InitialContext();
    Context ctx = (Context) initCtx.lookup("java:comp/env"); //环境命名上下文
    DataSource ds = (DataSource) ctx.lookup("jdbc/mysql"); //查找数据源
    Connection conn = ds.getConnection(); //从数据源得到数据库连接
    Statement stmt = conn.createStatement();
    ResultSet rs = stmt.executeQuery("select * from userdetail");
    while (rs.next()){
%>
    <%=rs.getInt(1)%>
<%
    }
    rs.close();
    stmt.close();
    conn.close();
%>
```

上述代码中,"jdbc/mysql"是在 Tomcat 配置文件 server.xml 中配置的资源名称。

 拓展练习

在 Tomcat 下配置数据连接池,在显示图书列表信息的页面中,从数据库连接池得到数据库连接完成查询。

实践 5 JSP 内置对象

实践 5.1

实现 booklist.jsp 页面中图书查询功能，具体要求如下：
(1) 按照图书名称模糊查询。
(2) 当书名和出版社为空时，显示所有图书信息。

【分析】

(1) booklist.jsp 页面中，在查询表单中放置图书名称文本框和出版社列表框，供用户输入查询条件，当单击"查询"按钮时，表单提交给 SearchBookServlet 进行处理。

(2) 在实践 4.3 中，SearchBookServlet 已经实现了查询所有图书，在此基础上添加根据图书名称、出版社查询的功能。

(3) 图书查询业务流程如图 S5.1 所示。

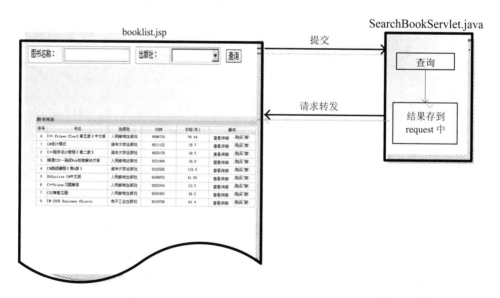

图 S5.1 业务流程

【参考解决方案】

1. 升级 booklist.jsp 页面

添加图书名称文本框和出版社列表框,并编写相应的 JavaScript 代码。booklist.jsp 页面修改的部分代码如下:

```html
<script language="javascript">
    function select(){
        document.search.submit();
    }
</script>
//省略...
            <form method="POST" name="search" action="SearchBookServlet">
            <table width="70%">
                <tr>
                    <td width="10%" class="item_td"> 图书名称:</td>
                    <td class="input_td" style="width: 20%">
                        <input type="text"    name="bookName"
                        style="width: 100%" class="input_input" size="30">
                    </td>
                    <td style="width: 1%"> </td>
                    <td width="10%" class="item_td"> 出版社:</td>
                    <td width="15%" class="input_td">
                        <select name="publisher"
                            style="width: 100%" class="input_drop">
                            <option value=""></option>
                            <option value="1">人民邮电出版社</option>
                            <option value="2">清华大学出版社</option>
                            <option value="3">电子工业出版社</option>
                        </select>
                    </td>
                    <td style="width: 1%"> </td>
                    <td width="29%">
                        <button onClick="select()" id="btnSearch"
                            name="btnSearch" style="width: 15%">查询
                        </button>
                    </td>
                </tr>
            </table>
            </form>
```

在上述代码中,将用来输入查询条件的控件放到名为"search"的表单中,该表单的 action 属性值为"SearchBookServlet"。当单击"查询"按钮时,调用 select()事件处理函数,在该函数中使用 submit()方法将表单数据提交给 SearchBookServlet 进行处理。

2. 升级 SearchBookServlet 类

SearchBookServlet 类的代码如下:

```java
public class SearchBookServlet extends HttpServlet {
    protected void doGet(HttpServletRequest request,
            HttpServletResponse response)
            throws ServletException, IOException {
        doPost(request, response);
    }
    protected void doPost(HttpServletRequest request,
            HttpServletResponse response)
            throws ServletException, IOException {
        request.setCharacterEncoding("GBK");
        response.setContentType("text/html;charset=GBK");
        //获取查询的书名和出版社 ID
        String bookname = request.getParameter("bookName");
        String pid = request.getParameter("publisher");
        ServletContext ctx = this.getServletContext();
        //通过 ServletContext 获得 web.xml 中设置的初始化参数
        String server = ctx.getInitParameter("server");//获取服务器地址
        String dbname = ctx.getInitParameter("dbname");//获取数据库名
        String user = ctx.getInitParameter("user");//获取数据库登录名
        String pwd = ctx.getInitParameter("pwd");//获取数据库密码
        BookDao dao = new BookDao();
        List<Book> booklist = null;
        try {
            dao.getConn(server, dbname, user, pwd);
            if (bookname != null && bookname.length() > 0
                    && (pid == null || pid.equals(""))) {
                //根据书名查找图书列表
                booklist = dao.getBookByName(bookname);
            } else if (pid != null && pid.length() > 0
                    && (bookname == null || bookname.equals(""))) {
                //根据出版社 ID 查找图书列表
                booklist =
                        dao.getBookByPublisher(Integer.parseInt(pid));
            } else if (bookname != null && bookname.length() > 0
                    && pid != null     && pid.length() > 0) {
                //根据书名和出版社查找图书
                booklist = dao.getBookByNameAndPublish(bookname,
```

```
                    Integer.parseInt(pid));
        } else {
            //返回所有图书列表
            booklist = dao.getAllBook();
        }
    } catch (Exception e)
    {
        e.printStackTrace();
    }
    if (booklist != null)
    {
        //将图书列表保存到请求对象中
        request.setAttribute("bookList", booklist);
    }
    //将请求转发给 booklist.jsp 页面
    request.getRequestDispatcher("booklist.jsp").forward(request,
        response);
    }
}
```

在上述代码中，从请求对象中得到用户提交的查询条件，根据书名和出版社 ID 进行相应的查询，分为按照图书名查询、按照出版社 ID 查询、按图书名和出版社 ID 结合查询以及无条件查询四种情况。

3. 运行项目

在 IE 浏览器中访问 http://localhost:8080/ph05/booklist.jsp，输入查询的图书名，例如"C#"，单击"查询"按钮，查询结果如图 S5.2 所示。

图 S5.2　图书查询结果

选择一个出版社，清空图书名称，单击"查询"按钮，查询结果如图 S5.3 所示。

图 S5.3　查询出版社结果

不输入任何条件,查询所有图书,查询结果如图 S5.4 所示。

图 S5.4　无条件的查询结果

实 践 5.2

升级实践 3.1 中的前台登录模块,具体要求如下:
(1) 登录成功后跳转到 main.jsp。
(2) main.jsp 是框架页面,分为上下两部分,上面是 top.jsp,下面是 booklist.jsp。

【分析】

(1) 实践 3.1 中实现的登录模块,当登录成功时跳转到 top.jsp 页面,现修改为 main.jsp 页面。

(2) main.jsp 页面使用框架结构,将 top.jsp 和 booklist.jsp 页面引入进来,组成一个完整的主界面。

【参考解决方案】

1. 升级 LoginServlet

修改 LoginServlet 类，改为跳转到 main.jsp，代码如下：

```
//跳转到 main.jsp
RequestDispatcher dispatcher = request.getRequestDispatcher("main.jsp");
dispatcher.forward(request, response);
```

2. 创建 main.jsp 页面

main.jsp 页面的代码如下：

```
<%@ page language="java" contentType="text/html; charset=GBK"%>
<html>
<head>
<title>网上书店系统</title>
</head>
<frameset rows="80,*" cols="*" frameborder="no" border="0" framespacing="0">
    <frame src="top.jsp" name="topFrame" scrolling="no" noresize="noresize"
            id="topFrame" title="topFrame" />
    <frame src="booklist.jsp" name="frmMain" id="frmMain" title="frmMain"/>
</frameset>
<noframes><body></body></noframes>
</html>
```

在此页面中使用框架，上部框架名为"topFrame"，嵌入 top.jsp 页面；下部框架名为"frmMain"，嵌入 booklist.jsp 页面。

3. 运行项目

在 IE 浏览器中访问 http://localhost:8080/ph05，运行结果如图 S5.5 所示。

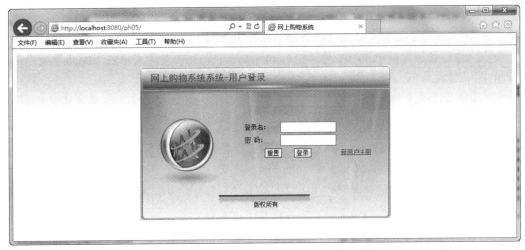

图 S5.5　登录页面

输入正确的登录名和密码，登录成功后跳转到 main.jsp 页面，运行结果如图 S5.6 所示。

图 S5.6 登录成功

实 践 5.3

实现图书列表页面 booklist.jsp 中查看图书详细信息的功能,具体要求如下:
(1) 单击"查看详细"超链接,显示图书详细信息页面 book.jsp。
(2) book.jsp 页面提供"返回"和"添加到购物车"等功能按钮。

【分析】

(1) 修改 booklist.jsp 页面,将"查看详细"链接到 book.jsp 页面,并通过 URL 参数将对应图书的 ISBN(主键)传给 book.jsp 页面。
(2) 在 book.jsp 页面获取图书的 ISBN,查询数据库,显示图书详细信息。

【参考解决方案】

1. 升级 booklist.jsp 页面

修改 booklist.jsp 页面,将"查看详细"放入超链接,修改的代码如下:

```
<a href="book.jsp?isbn=<%=book.getIsbn()%>">查看详细</a>
```

通过 URL 参数将图书 ISBN 传递给 book.jsp,注意 JSP 表达式中的"book"是当前循环到的图书对象。

2. 创建 book.jsp 页面

将该页面放在网站根目录下,代码如下:

```
<%@ page language="java" contentType="text/html; charset=GBK"%>
<%@page import="com.dh.db.BookDao"%>
<%@page import="com.dh.entity.Book"%>
<html>
<head>
<link type="text/css" rel="stylesheet" href="./css/mp.css">
<link type="text/css" rel="stylesheet" href="./css/examples.css">
<script type="text/javascript" src="./js/common.js"></script>
```

```jsp
<script type="text/javascript" src="./js/jquery.js"></script>
<script type="text/javascript" src="./js/jquery-impromptu.js"></script>
<script language="javascript">
            function ret(){
                    window.parent.frmMain.location="./booklist.jsp";
            }
    </script>
<title>网上书店系统</title>
</head>
<body>
<%
        ServletContext ctx = this.getServletContext();
        //通过 ServletContext 获得 web.xml 中设置的初始化参数
        String server = ctx.getInitParameter("server");//获取服务器地址
        String dbname = ctx.getInitParameter("dbname");//获取数据库名
        String user = ctx.getInitParameter("user");//获取数据库登录名
        String pwd = ctx.getInitParameter("pwd");//获取数据库密码

        BookDao dao = new BookDao();
        try {   dao.getConn(server, dbname, user, pwd);
                //获取图书
                String isbn = request.getParameter("isbn");
                Book book = dao.getBookByIsbn(isbn);
                pageContext.setAttribute("book", book);
        } catch (ClassNotFoundException e) {
                e.printStackTrace();
        } catch (Exception e) {
                e.printStackTrace();
        }
%>
<%
        Book book = (Book) pageContext.getAttribute("book");
        if (book != null) {
%>
<table style="height: 100%; width: 100%">
    <tr align="center" valign="middle">
        <td>
            <TABLE style="height: 200px; width: 520px" cellSpacing=0
                cellPadding=0  border=0 align="center">
                <TBODY>
```

```html
<TR valign="middle">
        <td class="title_td" height=12 colspan="3">
            图书信息详细</td>
</TR>
<TR>
        <TD width="203">
            <IMG height=300 width=202 src="./images/bookcovers/<%=book.getPic()%>">
        </TD>
        <TD height=120 width=497
            style="background-image:
            url(./images/login_Page/loginPage_03.jpg)">
    <table cellSpacing=1 cellPadding=1>
        <tr>
            <td width="80" height="20" class="input_td" style="border:0px">
                  书名：</td>
            <td width="200" rowspan="2" class="item_td" style="border:0px">
                <%=book.getBookName()%></td>
        </tr>
        <tr>
            <td width="80" height="25"></td>
        </tr>
        <tr>
            <td width="80" height="20" class="input_td" style="border:0px">
                  ISBN：</td>
            <td width="200" rowspan="2" class="item_td" style="border:0px">
                <%=book.getIsbn()%></td>
        </tr>
        <tr>
            <td width="80" height="25"></td>
        </tr>
        <tr>
            <td width="80" height="20" class="input_td" style="border:0px">
                  出版社：</td>
            <td width="200" rowspan="2"
```

```
                                class="item_td" style="border: 0px">
                                <%
                                        if (book.getPublisherID() == 1) {
                                %>人民邮电出版社<%
                                        } else if (
                                                book.getPublisherID() == 2) {
                                %>清华大学出版社<%
                                        } else if (
                                                book.getPublisherID() == 3) {
                                %>电子工业出版社 <%
                                        }
                                %>
                                </td>
                        </tr>
                        <tr>
                                <td width="80" height="25"></td>
                        </tr>
                        <tr>
                                <td width="80" height="20"
                                        class="input_td" style="border:0px">
                                          价格(￥):</td>
                                <td width="200" rowspan="2"
                                        class="item_td" style="border:0px">
                                        <%=book.getPrice()%></td>
                        </tr>
                        <tr>
                                <td width="80" height="25"></td>
                        </tr>
                        <tr>
                                <td height="20" class="item_td"
                                        colspan="2" style="border:0px">
                                          图书简介：</td>
                        </tr>
                        <tr>
                                <td colspan="2" class="input_td"
                                        style="border:0px">
                                        <%=book.getDescription()%>
                                </td>
                        </tr>
                </table>
```

```
                              </TD>
                          </TR>
                          <tr>
                              <td colspan="2" align="center">
                              <button onClick="ret();" style="width: 20%">返回
                              </button>
                               
                              <button onClick="buy();" style="width: 30%">
                              添加到购物车</button>
                              <input type="hidden" name="isbn"
                                  value="<%=book.getIsbn()%>"/>
                              </td>
                          </tr>
                      </TBODY>
                  </TABLE>
                  </td>
          </tr>
</table>
<%
      }
%>
</body>
</html>
```

上述代码中从请求对象中获取 ISBN，然后查询数据库得到对应的图书对象，再使用 JSP 表达式显示此图书的详细信息，并实现了"返回"按钮的功能。

3. 运行项目

在 IE 浏览器中访问 http://localhost:8080/ph05/booklist.jsp，运行结果如图 S5.7 所示。

图 S5.7　查询结果

单击其中一条记录的"查看详细"超链接,跳转到对应图书的详细信息页面,如图 S5.8 所示。

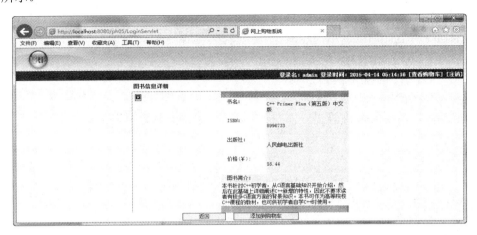

图 S5.8 查看详情

实 践 5.4

实现 booklist.jsp 和 book.jsp 页面中的购买图书功能,具体要求如下:
(1) 单击 booklist.jsp 页面中的"购买"链接,将图书添加到购物车中。
(2) 单击 book.jsp 页面中的"添加到购物车"按钮,将图书添加到购物车中。
(3) 在 top.jsp 页面添加"查看购物车"按钮,单击此按钮将显示购物车列表页面。
(4) 建立购物车列表页面 cart.jsp,显示用户购买的图书信息。

【分析】

(1) 创建 BuyServlet,用于处理购买图书操作。
(2) 在 top.jsp 页面中添加"查看购物车"链接,链接购物车列表页面 cart.jsp。
(3) 在 cart.jsp 页面中显示购物车中购买的图书信息。

【参考解决方案】

1. 升级 booklist.jsp 页面

在该页面中添加"购买"超链接,指向 BuyServlet,并传递图书 ISBN 参数,代码如下:

```
<a href="BuyServlet?isbn=<%=book.getIsbn()%>">
<img src="./images/buy.gif" style="border: 0px"/>
</a>
```

2. 添加 JavaScript 实践

在 book.jsp 页面中添加购买事件处理的 JavaScript 函数,代码如下:

```
function buy(){
    var isbn = document.getElementById("isbn").value;
    window.parent.frmMain.location = "./BuyServlet?isbn=" + isbn;
}
```

3. 创建 BuyServlet 类

处理购买图书操作的 BuyServlet 类代码如下：

```java
public class BuyServlet extends HttpServlet {
    protected void doGet(HttpServletRequest request, HttpServletResponse response)
            throws ServletException, IOException {
        doPost(request, response);
    }
    protected void doPost(HttpServletRequest request, HttpServletResponse response)
            throws ServletException, IOException {
        request.setCharacterEncoding("GBK");
        response.setContentType("text/html;charset=GBK");
        String isbn = request.getParameter("isbn");
        ServletContext ctx = this.getServletContext();
        //通过 ServletContext 获得 web.xml 中设置的初始化参数
        String server = ctx.getInitParameter("server");//获取服务器地址
        String dbname = ctx.getInitParameter("dbname");//获取数据库名
        String user = ctx.getInitParameter("user");//获取数据库登录名
        String pwd = ctx.getInitParameter("pwd");//获取数据库密码
        HttpSession session = request.getSession();
        //如果 session 中没用购物车列表，则创建
        if (session.getAttribute("cart") == null) {
            List<Book> cart = new ArrayList<Book>();
            session.setAttribute("cart", cart);
        }
        //从 session 中取出购物车
        List<Book> cart = (List<Book>) session.getAttribute("cart");
        //查找购物车中是否已有此书
        boolean find = false;
        for (int i = 0; i < cart.size(); i++) {
            Book book = cart.get(i);
            if (book.getIsbn().equals(isbn)) {
                //购物车中已有此书，将此书的购买数量增加 1
                book.setCount(book.getCount() + 1);
                find = true;
                break;
            }
        }
        //在购物车中第一次添加此书
        if (find == false) {
            //链接数据库，查找此书
```

```
                BookDao dao = new BookDao();
                try {
                        dao.getConn(server, dbname, user, pwd);
                        Book book = dao.getBookByIsbn(isbn);
                        book.setCount(1);
                        //将图书添加到购物车
                        cart.add(book);
                } catch (Exception e) {
                        e.printStackTrace();
                }
        }
        //更新 session 中的购物车
        session.setAttribute("cart", cart);
        response.sendRedirect("cart.jsp");
    }
}
```

上述代码中，在 Session 中保存了购物车。

4. 创建 cart.jsp 页面

在 cart.jsp 页面显示购物车中的图书信息，代码如下：

```
<%@ page language="java" contentType="text/html; charset=GBK"%>
<%@page import="com.dh.entity.Book"%>
<%@page import="java.util.List"%>
<html>
<head>
<TITLE>网上书店系统</TITLE>
<link type="text/css" rel="stylesheet" href="./css/mp.css">
<link type="text/css" rel="stylesheet" href="./css/examples.css">
<script type="text/javascript" src="./js/common.js"></script>
<script type="text/javascript" src="./js/jquery.js"></script>
<script type="text/javascript" src="./js/jquery-impromptu.js"></script>
<script type="text/javascript" language="javascript"
        src="./js/My97DatePicker/WdatePicker.js"></script>
<script language="javascript">
        function goOn() {
                window.parent.frmMain.location = "booklist.jsp";
        }
</script>
<style type="text/css">
<!--
.login_td {
```

```
                font-family: 宋体;
                font-size: 12px;
                color: #000066;
                font-weight: 700;
}
.login_button {
                padding: 2 4 0 4;
                font-size: 12px;
                height: 18;
                background: url(./images/button_bk.gif);
                border-width : 1px;
                cursor: hand;
                border: 1px solid #003c74;
                padding-left: 4px;
                padding-right: 4px;
                padding-top: 1px;
                padding-bottom: 1px;
}
-->
</style>
</head>
<body scroll="no">
<table width="100%" height="100%" border="0" cellspacing="0"
        cellpadding="0">
        <tr style="height: 96%">
            <td>
                <table border="0" width="100%" align="center">
                    <tr style="height: 1px" class="">
                        <td class="title_td">我的购物车</td>
                    </tr>
                </table>
                <div    style="position: absolute; left: 0px; bottom:
                    1px; z-index: 1000;"    id="excel">
                <table style="width: 250px">
                    <tr>
                        <td style="cursor: hand;">
                        <button onClick="ret()" id="btnSave" name="btnSave"
                            style="width: 100px">放弃购物</button>
                         
                        <button onClick="goOn()" id="btnSave" name="btnSave"
```

```html
                    style="width: 100px">继续购物</button>
                </td>
            </tr>
        </table>
    </div>
    <div class="list_div" style="height: 87%">
        <table border="0" align="center" cellspacing="0"
            class="list_table" id="senfe" style='width: 99%'>
            <thead>
                <tr>
                    <th width="5%">
                    <span style="font-weight: 400">序号</span></th>
                    <th width="28%">
                    <span style="font-weight: 400">书名</span></th>
                    <th width="15%">
                    <span style="font-weight: 400">
                        价格(¥)</span></th>
                    <th width="16%">
                    <span style="font-weight: 400">
                        数量(本/套)</span>
                    </th>
                    <th width="">
                    <span style="font-weight: 400">操作</span></th>
                </tr>
            </thead>
            <tbody>
                <%
                    //定义 money，用于存放购买图书的总价格
                    double money = 0;
                    //从 session 中取出购物车列表
                    List<Book> cart =
                        (List<Book>) session.getAttribute("cart");
                    if (cart != null) {
                        for (int i = 0; i < cart.size(); i++) {
                            Book book = cart.get(i);
                            money += book.getPrice();
                %>
                <tr>
                    <td align="center"><%=i%></td>
                    <td><%=book.getBookName()%></td>
```

```html
                            <td align="center"><%=book.getPrice()%></td>
                            <td align="center"><%=book.getCount()%></td>
                            <td align="center" nowrap="nowrap">
                                  从购物车删除  </td>
                        </tr>
                        <%
                            }
                        }
                        %>
                    </tbody>
                </table>
                <table border="0" align="left" cellspacing="0"
                    style='width: 33%'>
                    <tr>
                        <td width="50%" class="login_td">
                             订单价格汇总(¥):</td>
                        <td id="hz" align="left"
                            class="item_td"><%=money%></td>
                    </tr>
                </table>
            </div>
        </td>
    </tr>
</table>
</body>
</html>
```

5. 在 top.jsp 页面中添加"查看购物车"功能

修改 top.jsp 文件后的代码如下：

```jsp
<%@ page language="java" contentType="text/html; charset=GBK"%>
<html>
<head>
<link type="text/css" rel="stylesheet" href="./css/mp.css"/>
<title>网上书店系统</title>
<script language="javascript">
function userCancel(){
    if( window.confirm("您确认要注销？")){
        window.parent.location="./DestroyServlet";
    }
}
function showCart(){
```

```
                window.parent.frmMain.location="cart.jsp";
}
</script>
</head>
<body topmargin="0px">
<%
//从 session 中提取登录名
String username = (String) session.getAttribute("username");
//从 session 中提取用户登录时间
String logtime = (String) session.getAttribute("logtime");
%>
        <div class="top_header">
            <img src="./images/banner01.jpg" style="cursor:auto"/>
            <div class="headfont" style="position: absolute; right: 1px;
                top: 58px; z-index: 1000;">
        <span>登录名：</span><span><%=username %></span>
        <span>登录时间：</span><span><%=logtime %></span>
        <span onClick="showCart()" style="cursor:hand">
            [查看购物车]</span>
        <span onClick="userCancel()" style="cursor:hand">[注销]</span>
            </div>
        </div>
</body>
</html>
```

6. 运行项目

在 IE 浏览器中访问 http://localhost:8080/ph05，登录成功，进入主界面，购买几本图书后，显示购物车页面，如图 S5.9 所示。

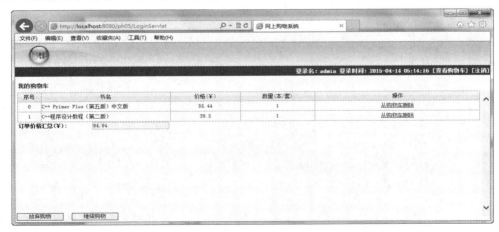

图 S5.9　显示购物车

知识拓展

Web 开发中经常需要用到文件上传功能,其原理是浏览器将客户端的文件以流的方式发送到服务器,服务器端程序解析数据流,将数据写入服务器上的本地文件中。下述页面提供了上传文件功能。

```
<%@ page language="java" pageEncoding="UTF-8"%>
<html>
<body>
<form method="post" enctype="multipart/form-data" action="FileUploadServlet">
    <input name="field1" /><br />
    <input name="field2" /><br />
    <input type="file" name="toUpload" /><br />
    <input type="submit" />
</form>
</body>
</html>
```

上述代码中,在表单中使用了"<input type="file" />"控件供用户选择需要上传的文件。

需要注意表单的 method 属性值必须是"post",并且必须声明"enctype="multipart/form-data"",这样浏览器才会将文件流发送到服务器。然而,当表单声明为"multipart/form-data"后,无论是一般的表单输入还是文件上传控件,都无法使用原来的 HttpServletRequest.getParameter()方法来获得数据,所以针对需要上传文件的表单,必须使用特殊的处理方式。

表单数据提交到 FileUploadServlet,其代码如下:

```
public class FileUploadServlet extends HttpServlet {
    @Override
    protected void doPost(HttpServletRequest req,
            HttpServletResponse resp)
                throws ServletException, IOException {
        System.out.println(req.getContentType());
        byte[] buffer = new byte[1024];
        int p = 0;
        String line = "";
        ServletInputStream sis = req.getInputStream();
        while ((p = sis.readLine(buffer, 0, buffer.length)) != -1) {
            line = new String(buffer, 0, p,"UTF-8 ");
            System.out.print(line);
        }
    }
}
```

上述代码中还没有实现文件上传的功能，但可以在控制台输出客户端发送的数据，其中通过 HttpServletRequest 的 getContentType()方法可以得到请求中的内容类型，通过 getInputStream()方法可以得到请求中的数据流，最后循环输出了请求中的内容。运行后，在客户端输入数据，如图 S5.10 所示。

图 S5.10　客户端数据

其中客户端文件"F:\测试.txt"中是一首唐诗《凉州词》，单击提交后，数据提交到 FileUploadServlet，控制台的输出如下(行号并不是程序输出，是为方便讲解而人为加上的)所示。

1	multipart/form-data; boundary=---------------------------7da9c228042a
2	---------------------------7da9c228042a
3	Content-Disposition: form-data; name="field1"
4	
5	测试
6	---------------------------7da9c228042a
7	Content-Disposition: form-data; name="field2"
8	
9	123456
10	---------------------------7da9c228042a
11	Content-Disposition: form-data; name="toUpload"; filename="F:\测试.txt"
12	Content-Type: text/plain
13	
14	黄河远上白云间，
15	一片孤城万仞山，
16	羌笛何须怨杨柳，
17	春风不度玉门关。
18	---------------------------7da9c228042a--

要实现文件上传，就必须解析上述内容，从中分析出每个输入数据再分别处理。其中第 1 行是 HttpServletRequest 的 getContentType()结果，第 2 至 18 行是 getInputStream()得到的所有数据。

第 1 行中的"boundary=---------------------------7da9c228042a"确定了各个请求数据的分隔线，第 2 至 18 行被分隔成三部分，分别对应于表单中的 field1、field2、toUpload 三个输入。

其中：

♦　field1 部分

```
3    Content-Disposition: form-data; name="field1"
4
5    测试
```

field1 是一般的表单输入,"`name="field1"`"指明了数据的名称,后面是一个空行(第 4 行),再一行(第 5 行)是其数据。

◆ field2 部分

```
7    Content-Disposition: form-data; name="field2"
8
9    123456
```

field2 也是一般的表单输入,结构与 field1 类似。

◆ toUpload 部分

```
11   Content-Disposition: form-data; name="toUpload"; filename="F:\测试.txt"
12   Content-Type: text/plain
13
14   黄河远上白云间,
15   一片孤城万仞山,
16   羌笛何须怨杨柳,
17   春风不度玉门关。
```

toUpload 是文件上传控件,所以比一般的表单输入多一个额外信息 filename,其值为上传文件在客户端的路径。下一行(第 12 行)指明了文件类型,后面是一个空行(第 13 行),再后面(第 14 至 17 行)是文件的内容。

根据上述对数据流的结构分析,修改 FileUploadServlet,使其完成文件上传功能,代码如下:

```java
public class FileUploadServlet extends HttpServlet {
    @Override
    protected void doPost(HttpServletRequest req, HttpServletResponse resp)
            throws ServletException, IOException {
        //保存一般参数值。使用 List 是因为参数可以重名(类似 request.getParameterValues)
        Map<String, List<String>> parameters
                = new HashMap<String, List<String>>();
        //保存上传的文件的目录
        String saveDir = "E:/";
        String contentType = req.getContentType();
        //域的分割线
        String boundary = "--" +
                contentType.substring(contentType.indexOf("boundary=") + 9);
        boolean isFile = false;
        String parameterName = "";
        String fileOldName = "";
        FileOutputStream fo = null;
```

```
BufferedOutputStream bo = null;
byte[] buffer = new byte[1024];
int p = 0;
String line = "";
ServletInputStream sis;
sis = req.getInputStream();
//循环读取请求中的每一行数据
while ((p = sis.readLine(buffer, 0, buffer.length)) != -1) {
    line = new String(buffer, 0, p, "UTF-8");
    if (line.startsWith(boundary)) { //某个表单域的数据开始
        //如果是上一个表单域的结束，做保存工作
        if (!parameterName.equals(""))
        if (isFile) { //是文件
            bo.flush();
            fo.close();
            bo.close();
        }
        isFile = false;
        //读取下一行
        if ((p = sis.readLine(buffer, 0, buffer.length)) != -1) {
            line = new String(buffer, 0, p, "UTF-8");
            if (line.toLowerCase().startsWith(
                    "content-disposition: form-data; ")) {
                //解析表单域的名称
                int parameterNameStartIndex =
                        line.toLowerCase().indexOf("name=\"");
                int parameterNameEndIndex  = line.toLowerCase().
                        indexOf("\"", parameterNameStartIndex + 6);
                parameterName =
                        line.substring(parameterNameStartIndex + 6,
                        parameterNameEndIndex);
                //如果存在 filename=这个字符串，说明是文件上传
                int fileNameStartIndex = line.toLowerCase()
                        .indexOf("filename=\"");
                if (fileNameStartIndex != -1) {
                    isFile = true;//是文件(不是一般的表单域)
                    //解析上传文件的原名称
                    int fileNameEndIndex =
                            line.toLowerCase().indexOf(
                            "\"", fileNameStartIndex + 10);
```

```java
                    fileOldName =
                            line.substring(fileNameStartIndex + 10,
                            fileNameEndIndex);
                    fileOldName = fileOldName.substring(
                            fileOldName.lastIndexOf("\\") + 1);
                    if (fileOldName == null
                    || fileOldName.trim().length() == 0) {
                        //如果文件名为空,下移 3 行
                        sis.readLine(buffer, 0, buffer.length);
                        sis.readLine(buffer, 0, buffer.length);
                        sis.readLine(buffer, 0, buffer.length);
                    } else {
                        //否则下移 2 行,是文件的开始
                        sis.readLine(buffer, 0, buffer.length);
                        sis.readLine(buffer, 0, buffer.length);
                        //构造文件
                        File f = new File(saveDir + fileOldName);
                        //准备好写文件的流
                        fo = new FileOutputStream(f);
                        bo = new BufferedOutputStream(fo);
                    }
                } else {
                    sis.readLine(buffer, 0, buffer.length);
                }
            }
        } else { //某个表单域的数据内容
            if (isFile) { //文件数据
                bo.write(buffer, 0, p);//将此行数据写入文件
                bo.flush();
            } else { //一般参数数据
                List<String> valueList =
                        parameters.get(parameterName);
                if (valueList == null) {
                    valueList = new ArrayList<String>();
                    parameters.put(parameterName, valueList);
                }
            valueList.add(line.substring(0, line.length() - 2));
            }
        }
    }
}
```

```
                //测试一般参数是否获取成功
                for (Map.Entry<String, List<String>> e : parameters.entrySet())          {
                        for (String v : e.getValue())
                                System.out.println(e.getKey() + " = " + v);
                }
        }
}
```

上述代码中，将一般的参数保存到了 Map 中，上传文件保存在服务器的 "E:/" 下。实际应用中，还会有更多的细节问题，比如限制文件大小、限制文件类型、文件的编码问题、文件重名问题等，读者可以在上述代码的基础上进行抽象和细化。

从上述代码可以看到，实现文件上传是一件非常繁琐且很容易出错的工作，所以实际开发中，通常使用一些流行的文件上传组件来完成此功能，其原理与上述代码是一致的。

拓展练习

新建 JSP 页面，表单中包含 3 个一般文本输入和 3 个文件上传控件，提交时能够同时上传 3 个文件并保存在服务器上。要求限制每个文件大小不能超过 3M，上传后自动给文件改名以避免重名，上传成功后转向下一个页面，并输出 3 个一般输入的提交数据。

实践 6 EL 和 JSTL

实践指导

实践 6.1

在项目中配置 JSTL1.1 库的 jar 包，使项目中的 JSP 页面能够使用 JSTL 标准标签。

【分析】

(1) JSTL1.1 需要用到 jstl.jar、standard.jar 两个 jar 包，如果使用 JSTL 的 XML 标签库，还需要用到 xalan.jar。将这 3 个 jar 包添加到"网站根目录/WEB-INF/lib"目录中。

(2) 在 JSP 页面使用 taglib 指令引入标签库。

【参考解决方案】

1. 添加 jar 包

JSTL 的 jar 包可以从 Apache 网站下载，将其复制到"网站根目录/WEB-INF/lib"目录中，如图 S6.1 所示。

图 S6.1 添加 jar 包

2. 创建测试页面

创建一个 JSP 页面进行测试，代码如下：

```
<%@ page language="java" contentType="text/html;charset=gbk"%>
<%@ taglib uri="http://java.sun.com/jsp/jstl/core" prefix="c"%>
<html>
<head>
<title>JSTL 测试</title>
```

```
</head>
<body>
<c:set var="e" value="测试成功"/>
<c:out value="${e}"/>
</body>
</html>
```

上述代码中,使用 taglib 指令引入了 JSTL 的核心标签库,使用了约定前缀 "c";使用 set 标签设置了一个变量,使用 out 标签输出了此变量。

3. 运行项目

在 IE 浏览器中访问 http://localhost:8080/ph06/index.jsp,运行结果如图 S6.2 所示。

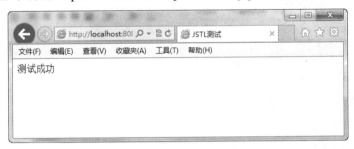

图 S6.2　显示首页

实 践 6.2

升级网上书店项目,修改图书列表页面 booklist.jsp、图书详细信息页面 book.jsp、购物车页面 cart.jsp,使用 EL 和 JSTL 简化 JSP 页面程序代码。

【分析】

(1) booklist.jsp 页面中,当图书列表为空时需要跳转到 SearchBookServlet,这可以通过 JSTL 的 if 标签实现,图书列表可通过 forEach 标签遍历,还需要使用 choose 标签将图书出版社 ID 转化为对应的出版社名称。

(2) book.jsp 页面中需要使用 choose 标签将图书出版社 ID 转化为对应的出版社名称。

(3) cart.jsp 页面中需要使用 forEach 标签遍历所有的购买记录,还需要使用 set 标签定义存储购买总金额的变量。

【参考解决方案】

1. 升级 booklist.jsp

把 booklist.jsp 中的 jsp 脚本更改为相应的 JSTL 标签,修改后的代码如下:

```
<%@ page language="java" contentType="text/html; charset=GBK"%>
<%@ page import="com.dh.entity.Book"%>
<%@ page import="java.util.List"%>
<%@ taglib uri="http://java.sun.com/jsp/jstl/core" prefix="c"%>
<html>
```

```
<head>
<link type="text/css" rel="stylesheet" href="./css/mp.css">
<link type="text/css" rel="stylesheet" href="./css/examples.css">
<script type="text/javascript" language="javascript"
            src="./js/My97DatePicker/WdatePicker.js"></script>
<script language="javascript">
        function showShop() {
                window.parent.frmMain.location = "cart.jsp";
        }
        function select(){
                document.search.submit();
        }
</script>
</head>
<body scroll="no">
<!-- 如果图书列表为空,跳到 SeachBookServlet 处理 -->
<!--使用 JSTL 判断-->
```
<c:if test="${bookList==null}">
```
<jsp:forward page="SeachBookServlet"></jsp:forward>
</c:if>
<table width="100%" height="100%" border="0" cellspacing="0"
        cellpadding="0">
        <tr style="height: 2%">
                <td>
                <table border="0" width="100%" align="center">
                        <tr>
                                <td class="title_td">图书一览</td>
                        </tr>
                </table>
                </td>
        </tr>
        <tr style="height: 96%">
                <td>
                <form method="POST" name="search" action="SeachBookServlet">
                <table width="70%">
                        <tr>
                                <td width="10%" class="item_td"> 图书名称: </td>
                                <td class="input_td" style="width: 20%">
                                <input type="text"      name="bookName"
                                        style="width: 100%"    class="input_input"
```

```html
                    size="30"></td>
                <td style="width: 1%"> </td>
                <td width="10%" class="item_td"> 出版社：</td>
                <td width="15%" class="input_td">
                    <select name="publisher"
                        style="width: 100%" class="input_drop">
                    <option value=""></option>
                    <option value="1">人民邮电出版社</option>
                    <option value="2">清华大学出版社</option>
                    <option value="3">电子工业出版社</option>
                </select></td>
                <td style="width: 1%"> </td>
                <td width="29%">
                <button onClick="select()" id="btnSearch"
                        name="btnSearch" style="width: 15%">查询
                </button>
                </td>
            </tr>
</table>
</form>
<table border="0" width="100%" align="center">
        <tr style="height: 1px" class="">
            <td class="title_td">图书列表 </td>
        </tr>
</table>
<div    style="position: absolute; left: 0px;
        bottom: 1px; z-index: 1000;"    id="excel">
<table style="width: 40%">
        <tr>
            <td style="cursor: hand;">
            <button onClick="showShop()" id="btnSave"
                    name="btnSave"      style="width: 24%">查看购物车
            </button>
            </td>
        </tr>
</table>
</div>
<div class="list_div" style="height: 87%">
<table border="0" align="left" cellspacing="0"
        class="list_table"    id="senfe" style='width: 99%'>
```

```html
<thead>
    <tr>
        <th width="5%">
        <span style="font-weight: 400">序号</span></th>
        <th width="28%">
        <span style="font-weight: 400">书名</span></th>
        <th width="15%">
        <span style="font-weight: 400">出版社</span></th>
        <th width="16%">
        <span style="font-weight: 400">ISBN</span></th>
        <th width="15%">
        <span style="font-weight: 400">价格(￥)</span></th>
        <th width="">
        <span style="font-weight: 400">操作</span></th>
    </tr>
</thead>
<tbody>
<!--使用JSTL循环显示-->
<c:forEach var="book" items="${bookList}" varStatus="status">
    <tr>
    <td align="center">${status.count }</td>
    <td>${book.bookName}</td>
    <td align="center">
    <c:choose>
        <c:when test="${book.publisherID==1}">人民邮电出版社
        </c:when>
        <c:when test="${book.publisherID==2}">清华大学出版社
        </c:when>
        <c:when test="${book.publisherID==3}">电子工业出版社
        </c:when>
    </c:choose>
    </td>
    <td align="center">${book.isbn}</td>
    <td align="center">${book.price}</td>
    <td align="center" nowrap="nowrap">
    <a href="book.jsp?isbn=${book.isbn}">查看详细</a>  
    <a href="BuyServlet?isbn=${book.isbn}">
    <img src="./images/buy.gif" style="border:0px"/></a>
    </td>
    </tr>
```

```
            </c:forEach>
          </tbody>
        </table>
      </div>
    </td>
  </tr>
</table>
</body>
</html>
```

2. 升级 book.jsp

把 book.jsp 中的部分 JSP 脚本更改为相应的 JSTL 标签，修改后的代码如下：

```
<%@ page language="java" contentType="text/html; charset=GBK"%>
<%@ page import="com.dh.db.BookDao"%>
<%@ page import="com.dh.entity.Book"%>
<%@ taglib uri="http://java.sun.com/jsp/jstl/core" prefix="c"%>
<html>
<head>
<link type="text/css" rel="stylesheet" href="./css/mp.css">
<link type="text/css" rel="stylesheet" href="./css/examples.css">
<script type="text/javascript" src="./js/common.js"></script>
<script type="text/javascript" src="./js/jquery.js"></script>
<script type="text/javascript" src="./js/jquery-impromptu.js"></script>
<script language="javascript">
        function ret(){
                window.parent.frmMain.location="./booklist.jsp";
        }
        function buy(){
                var isbn=document.getElementById("isbn").value;
                window.parent.frmMain.location="./BuyServlet?isbn="+isbn;
        }
</script>
<title>网上书店系统</title>
</head>
<body>
<%
    ServletContext ctx = this.getServletContext();
    //通过 ServletContext 获得 web.xml 中设置的初始化参数
    String server = ctx.getInitParameter("server");//获取服务器地址
    String dbname = ctx.getInitParameter("dbname");//获取数据库名
    String user = ctx.getInitParameter("user");//获取数据库登录名
```

```jsp
            String pwd = ctx.getInitParameter("pwd");//获取数据库密码
            BookDao dao = new BookDao();
            try {
                    dao.getConn(server, dbname, user, pwd);
                    //获取图书
                    String isbn = request.getParameter("isbn");
                    Book book = dao.getBookByIsbn(isbn);
                    pageContext.setAttribute("book", book);
            } catch (ClassNotFoundException e) {
                    e.printStackTrace();
            } catch (Exception e) {
                    e.printStackTrace();
            }
%>
<!--使用 JSTL 显示信息-->
<table style="height: 100%; width: 100%">
    <tr align="center" valign="middle">
            <td>
                    <TABLE style="height: 200; width: 492" cellSpacing=0
                            cellPadding=0  border=0 align="center">
                            <TBODY>
                                    <TR valign="middle">
                                            <td class="title_td" height=12 colspan="3">
                                            图书信息详细</td>
                                    </TR>
                                    <TR>
                                            <TD width="203"><IMG height=300 alt=""
                                                    src="./images/bookcovers/${book.pic }"
                                                    width=202></TD>
                                            <TD height=120 width=497 style="background-image:
                                                    url(./images/login_Page/loginPage_03.jpg)">
                                            <table cellSpacing=1 cellPadding=1>
                                                    <tr>
                                                            <td width="80" height="20"
                                                                    class="input_td"
                                                                    style="border:0px">  
                                                            书名：</td>
                                                            <td width="200" rowspan="2"
                                                                    class="item_td" style="border:0px">
                                                            ${book.bookName}</td>
```

```html
            </tr>
            <tr>
                    <td width="80" height="25"></td>
            </tr>
            <tr>
                    <td width="80" height="20"
                        class="input_td" style="border:0px">
                          ISBN:</td>
                    <td width="200" rowspan="2"
                        class="item_td" style="border:0px">
                        ${book.isbn}</td>
            </tr>
            <tr>
                    <td width="80" height="25"></td>
            </tr>
            <tr>
                    <td width="80" height="20"
                            class="input_td"
                            style="border:0px">  
                        出版社:</td>
                    <td width="200" rowspan="2"
                            class="item_td"
                            style="border:0px">
                        <c:choose>
                                <c:when
                                test="${book.publisherID==1}">
                                人民邮电出版社
                                </c:when>
                                <c:when
                                test="${book.publisherID==2}">
                                清华大学出版社
                                </c:when>
                                <c:when
                                test="${book.publisherID==3}">
                                电子工业出版社
                                </c:when>
                        </c:choose>
                    </td>
            </tr>
            <tr>
```

```html
                            <td width="80" height="25"></td>
                        </tr>
                        <tr>
                            <td width="80" height="20"
                                class="input_td" style="border:0px">
                                  价格(￥):</td>
                            <td width="200" rowspan="2"
                                class="item_td" style="border:0px">
                                ${book.price }
                            </td>
                        </tr>
                        <tr>
                            <td width="80" height="25"></td>
                        </tr>
                        <tr>
                            <td height="20" class="item_td"
                                    colspan="2" style="border:0px">
                                  图书简介：</td>
                        </tr>
                        <tr>
                            <td colspan="2" class="input_td"
                                    style="border:0px">
                                ${book.description }
                            </td>
                        </tr>
                    </table>
                </TD>
        </TR>
        <tr>
            <td colspan="2" align="center">
            <button onClick="ret()" style="width: 20%">返回
            </button>
             
            <button onClick="buy()" style="width: 30%">
                    添加到购物车</button>
            <input type="hidden" name="isbn"
                    value="${book.isbn}"/>
            </td>
        </tr>
    </TBODY>
```

```
                </TABLE>
            </td>
        </tr>
</table>
</body>
</html>
```

3. 改进 cart.jsp

把 cart.jsp 中的 JSP 脚本更改为相应的 JSTL 标签，修改后的代码如下：

```
<%@ page language="java" contentType="text/html; charset=GBK"%>
<%@ page import="com.dh.entity.Book"%>
<%@ page import="java.util.List"%>
<%@ taglib uri="http://java.sun.com/jsp/jstl/core" prefix="c"%>
<html>
<head>
<TITLE>网上书店系统</TITLE>
<link type="text/css" rel="stylesheet" href="./css/mp.css">
<link type="text/css" rel="stylesheet" href="./css/examples.css">
<script type="text/javascript" src="./js/common.js"></script>
<script type="text/javascript" src="./js/jquery.js"></script>
<script type="text/javascript" src="./js/jquery-impromptu.js"></script>
<script type="text/javascript" language="javascript"
        src="./js/My97DatePicker/WdatePicker.js"></script>
<script language="javascript">
    function goOn() {
        window.parent.frmMain.location = "booklist.jsp";
    }
</script>
<style type="text/css">
<!--
.login_td {
        font-family: 宋体;
        font-size: 12px;
        color: #000066;
        font-weight: 700;
}
.login_button {
        padding: 2 4 0 4;
        font-size: 12px;
        height: 18;
        background: url(./images/button_bk.gif);
```

```
                border-width : 1px;
                cursor: hand;
                border: 1px solid #003c74;
                padding-left: 4px;
                padding-right: 4px;
                padding-top: 1px;
                padding-bottom: 1px;
}
-->
</style>
</head>
<body scroll="no">
<table width="100%" height="100%" border="0" cellspacing="0" cellpadding="0">
        <tr style="height: 96%">
            <td>
                <table border="0" width="100%" align="center">
                    <tr style="height: 1px" class="">
                        <td class="title_td">我的购物车</td>
                    </tr>
                </table>
                <div    style="position: absolute; left: 0px; bottom: 1px;
                        z-index: 1000;"id="excel">
                <table style="width: 40%">
                    <tr>
                        <td style="cursor: hand;">
                        <button onClick="ret()" id="btnSave" name="btnSave"
                            style="width: 20%">放弃购物</button>
                         
                        <button onClick="goOn()" id="btnSave" name="btnSave"
                            style="width: 20%">继续购物</button>
                        </td>
                    </tr>
                </table>
                </div>
                <div class="list_div" style="height: 87%">
                <table border="0" align="center" cellspacing="0"
                        class="list_table"     id="senfe" style='width: 99%'>
                <thead>
                <tr>
                <th width="5%"><span style="font-weight: 400">序号</span></th>
```

```html
                <th width="28%"><span style="font-weight: 400">书名</span></th>
                <th width="15%"><span style="font-weight: 400">
                        价格(￥)</span></th>
                <th width="16%"><span style="font-weight: 400">
                        数量(本/套)</span></th>
                <th width=""><span style="font-weight: 400">操作</span></th>
            </tr>
        </thead>
        <!--使用JSTL计算并显示购物车信息-->
        <tbody>
        <!--定义变量money用于存放总价格,初始值为0-->
        <c:set var="money" value="0"/>
        <c:forEach var="book" items="${sessionScope.cart}" varStatus="status">
            <c:set var="money" value="${money+book.count*book.price}"/>
            <tr>
                <td align="center">${status.count}</td>
                <td>${book.bookName}</td>
                <td align="center">${book.price}</td>
                <td align="center">${book.count}</td>
                <td align="center" nowrap="nowrap"> 从购物车删除</td>
            </tr>
        </c:forEach>
        </tbody>
    </table>
    <table border="0" align="left" cellspacing="0" style='width: 33%'>
        <tr>
            <td width="50%" class="login_td"> 订单价格汇总(￥):</td>
            <td width="" id="hz" align="left" class="item_td">${money}</td>
        </tr>
    </table>
    </div>
    </td>
    </tr>
</table>
</body>
</html>
```

4. 运行项目

可以观察到使用 EL 和 JSTL 后的运行结果与原来相比没有任何变化,此处不再展示。

实践 6.3

实现网上书店中后台图书管理模块的图书查询功能，具体要求如下：
(1) 根据图书名称模糊查询。
(2) 当书名和出版社为空时，显示所有图书信息。

【分析】

(1) 创建 bookManage.jsp 页面，用于管理图书，可以对图书进行查询、新增、删除以及修改。本实践练习只需完成查询功能。

(2) 查询条件提交给 SearchBookAdminServlet 进行处理，查询结果保存到请求对象中返回给 bookManage.jsp 页面并显示。

【参考解决方案】

1. 创建 bookManage.jsp 页面

该界面放在 admin 目录中，代码如下：

```
<%@ page language="java" contentType="text/html; charset=GBK"%>
<%@ page import="com.dh.entity.Book"%>
<%@ page import="java.util.List"%>
<%@ taglib uri="http://java.sun.com/jsp/jstl/core" prefix="c"%>
<html>
<head>
<TITLE>网上书店后台管理系统</TITLE>
<link type="text/css" rel="stylesheet" href="../css/mp.css">
<link type="text/css" rel="stylesheet" href="../css/examples.css">
<script type="text/javascript" src="../js/common.js"></script>
<script type="text/javascript" src="../js/jquery.js"></script>
<script type="text/javascript" src="../js/jquery-impromptu.js"></script>
<script type="text/javascript" language="javascript"
        src="../js/My97DatePicker/WdatePicker.js"></script>
<script language="javascript">
    function select() {
        document.search.submit();
    }
    function ckbSelect(sta, flag) {
        for ( var i = 0; i < document.getElementsByName(flag).length;
            i++) {
            document.getElementsByName(flag)[i].checked = sta;
        }
    }
    function addIt() {
```

```
                window.parent.frmMain.location = "addBook.html";
        }
</script>
</head>
<body scroll="no">
<!-- 如果图书列表为空，跳到 SearchBookServlet 处理 -->
<c:if test="${bookList==null}">
<jsp:forward page="SearchBookAdminServlet"></jsp:forward>
</c:if>
<table width="100%" height="100%" border="0" cellspacing="0"
        cellpadding="0">
    <tr style="height: 2%">
        <td>
            <table border="0" width="100%" align="center">
                <tr>
                    <td class="title_td">图书一览</td>
                </tr>
            </table>
        </td>
    </tr>
    <tr style="height: 96%">
        <td>
            <form method="POST" name="search"
                action="SearchBookAdminServlet">
            <table width="70%">
                <tr>
                    <td width="10%" class="item_td"> 图书名称：</td>
                    <td class="input_td" style="width: 20%">
                        <input type="text"    name="bookName" size="30"
                            style="width: 100%" class="input_input">
                    </td>
                    <td style="width: 1%"> </td>
                    <td width="10%" class="item_td"> 出版社：</td>
                    <td width="15%" class="input_td">
                        <select name="publisher"
                        style="width: 100%" class="input_drop">
                        <option value=""></option>
                        <option value="1">人民邮电出版社</option>
                        <option value="2">清华大学出版社</option>
                        <option value="3">电子工业出版社</option>
```

```html
                    </select></td>
                    <td style="width: 1%"> </td>
                    <td width="29%">
                    <button onClick="select()" id="btnSearch"
                            name="btnSearch" style="width: 15%">
                            查询</button>
                    </td>
                </tr>
            </table>
            </form>
            <table border="0" width="100%" align="center">
                <tr style="height: 1px" class="">
                    <td class="title_td">图书列表 </td>
                </tr>
            </table>
            <div    style="position: absolute; left: 0px; bottom: 1px;
                    z-index: 1000;" id="excel">
            <table style="width: 350px">
                <tr>
                    <td style="cursor: hand;">
                    <button style="width: 100px" onClick="addIt()">
                    新增图书</button>     
                    <button style="width: 100px" onClick="deleteIt()">
                    删除</button> 
                    <button style="width: 100px" onClick="editIt()">
                        修改图书信息</button>
                    </td>
                </tr>
            </table>
            </div>
            <div class="list_div" style="height: 87%">
            <table border="0" align="left" cellspacing="0"
                class="list_table" id="senfe" style='width: 99%'>
                <thead>
                    <tr>
                        <th width="2%">
                        <input type="checkbox" name="checkAll"
                            onClick="onclick=ckbSelect(this.checked,
                            'userId')">
                        </th>
```

```
                    <th width="5%">
                        <span style="font-weight: 400">序号</span></th>
                    <th width="28%">
                         <span style="font-weight: 400">书名</span></th>
                    <th width="20%">
                        <span style="font-weight: 400">出版社</span></th>
                    <th width="16%">
                        <span style="font-weight: 400">ISBN</span></th>
                    <th width="15%">
                        <span style="font-weight: 400">
                            价格(￥)</span></th>
                    <th width="">
                        <span style="font-weight: 400">
                            库存量(本/套)</span></th>
            </tr>
        </thead>
        <tbody>
                <c:forEach var="book" items="${bookList}"
                        varStatus="status">
                    <tr>
                            <td align="center" width="1%">
                            <input type="checkbox"
                                    name="userId" value="${book.isbn }"
                                    class="input_radio"></td>
                            <td align="center">${status.count }</td>
                            <td>${book.bookName}</td>
                            <td align="center">
                            <c:choose>
                            <c:when test="${book.publisherID==1}">
                                    人民邮电出版社</c:when>
                            <c:when test="${book.publisherID==2}">
                                    清华大学出版社</c:when>
                            <c:when test="${book.publisherID==3}">
                                    电子工业出版社</c:when>
                            </c:choose></td>
                            <td align="center">${book.isbn}</td>
                            <td align="center">${book.price}</td>
                            <td align="center" nowrap="nowrap">
                                    ${book.count}</td>
                    </tr>
```

```
                    </c:forEach>
                </tbody>
            </table>
        </div>
    </td>
  </tr>
</table>
</body>
</html>
```

2. 创建 SearchBookAdminServlet 类

该类放在 com.dh.servlet.admin 包中，代码如下：

```java
public class SearchBookAdminServlet extends HttpServlet {
    protected void doGet(HttpServletRequest request,
            HttpServletResponse response)
                throws ServletException, IOException {
        doPost(request, response);
    }
    protected void doPost(HttpServletRequest request,
            HttpServletResponse response)
                throws ServletException, IOException {
        request.setCharacterEncoding("GBK");
        response.setContentType("text/html;charset=GBK");
        String bookname = request.getParameter("bookName");
        String pid = request.getParameter("publisher");
        ServletContext ctx = this.getServletContext();
        //通过 ServletContext 获得 web.xml 中设置的初始化参数
        String server = ctx.getInitParameter("server");//获取服务器地址
        String dbname = ctx.getInitParameter("dbname");//获取数据库名
        String user = ctx.getInitParameter("user");//获取数据库登录名
        String pwd = ctx.getInitParameter("pwd");//获取数据库密码
        BookDao dao = new BookDao();
        List<Book> booklist = null;
        try {
            dao.getConn(server, dbname, user, pwd);
            if (bookname != null && bookname.length() > 0
                    && (pid == null || pid.equals(""))) {
                //根据书名查找图书列表
                booklist = dao.getBookByName(bookname);
            } else if (pid != null && pid.length() > 0
                    && (bookname == null || bookname.equals(""))) {
```

```
                    //根据出版社ID查找图书列表
                    booklist = 
                            dao.getBookByPublisher(Integer.parseInt(pid));
                } else if (bookname != null && bookname.length() > 0
                        && pid != null          && pid.length() > 0) {
                    //根据书名和出版社查找图书
                    booklist = dao.getBookByNameAndPublish(bookname,
                            Integer.parseInt(pid));
                } else {
                    //返回所有图书列表
                    booklist = dao.getAllBook();
                }
            } catch (Exception e) {
                e.printStackTrace();
            }
            if (booklist != null) {
                request.setAttribute("bookList", booklist);
                request.getRequestDispatcher("bookManage.jsp")
                        .forward(request, response);
            }
        }
    }
}
```

3. 运行项目

在 IE 浏览器中访问 http://localhost:8080/ph06/admin/bookManage.jsp，运行结果如图 S6.3 所示。

图 S6.3　管理图书

输入查询条件，例如"书名"为"C#"，"出版社"为"清华大学出版社"，查询结果如图 S6.4 所示。

图 S6.4 根据出版社查询图书

实 践 6.4

实现网上书店后台用户管理中的用户查询功能,具体要求如下:

(1) 可以根据登录名进行精确查询。

(2) 查询结果显示序号、登录名、密码、类别、注册时间和登录次数。其中类别分为"管理员"或"普通用户"。

【分析】

(1) 创建一个 userManage.jsp 页面,用于管理用户信息,可以对用户进行查询、新增、删除以及修改。本实践只需完成查询功能。

(2) 查询条件提交给 SearchUserServlet 进行处理。查询结果保存到请求对象中,再返回给 userManage.jsp 页面并显示。

【参考解决方案】

1. 创建 userManage.jsp 页面

该页面放在 admin 目录中,代码如下:

```
<%@ page language="java" contentType="text/html; charset=GBK"%>
<%@ page import="com.dh.db.UserDao,java.sql.*"%>
<%@ page import="java.util.List"%>
<%@ taglib uri="http://java.sun.com/jsp/jstl/core" prefix="c"%>
<%@ page import="com.dh.entity.User"%><html>
<head>
<TITLE>网上书店后台管理系统</TITLE>
<link type="text/css" rel="stylesheet" href="../css/mp.css">
<link type="text/css" rel="stylesheet" href="../css/examples.css">
<script type="text/javascript" src="../js/common.js"></script>
<script type="text/javascript" src="../js/jquery.js"></script>
<script type="text/javascript" src="../js/jquery-impromptu.js"></script>
<script type="text/javascript" language="javascript"
```

```
            src="../js/My97DatePicker/WdatePicker.js"></script>
<script language="javascript">
function select() {
        document.search.submit();
}
function ckbSelect(sta, flag) {
        for ( var i = 0; i < document.getElementsByName(flag).length; i++) {
                document.getElementsByName(flag)[i].checked = sta;
        }
}
function addIt() {
        window.parent.frmMain.location = "addUser.html";
}
</script>
</head>
<body scroll="no">
<table width="100%" height="100%" border="0" cellspacing="0"
        cellpadding="0">
        <tr style="height: 2%">
                <td>
                <table border="0" width="100%" align="center">
                        <tr>
                                <td class="title_td">用户信息一览</td>
                        </tr>
                </table>
                </td>
        </tr>
        <tr style="height: 96%">
                <td>
                <form method="POST" name="search" action="SeachUserServlet">
                <table width="70%">
                        <tr>
                                <td width="12%" class="item_td"> 登录名：</td>
                                <td class="input_td" style="width: 18%">
                                        <input type="text"      name="userName" size="30"
                                                style="width: 100%" class="input_input">
                                </td>
                                <td style="width: 1%"> </td>
                                <td style="width: 1%"> </td>
                                <td width="">
```

```html
                    <button onClick="select()" id="btnSearch"
                        name="btnSearch" style="width: 10%">查询
                    </button>
                </td>
            </tr>
        </table>
    </form>
    <table border="0" width="100%" align="center">
        <tr style="height: 1px" class="">
            <td class="title_td">用户信息列表 </td>
        </tr>
    </table>
    <div style="position: absolute; left: 0px; bottom: 1px;
        z-index: 1000;" id="excel">
    <table style="width: 40%">
        <tr>
            <td style="cursor: hand;">
                <button style="width: 30%" onClick="addIt()">
                    新增用户</button>      
                <button style="width: 20%" onClick="deleteIt()">
                    删除</button> 
                <button style="width: 40%" onClick="editIt()">
                    修改用户信息</button>
            </td>
        </tr>
    </table>
    </div>
    <div class="list_div" style="height: 87%">
    <table border="0" align="left" cellspacing="0"
        class="list_table"    id="senfe" style='width: 99%'>
        <thead>
            <tr>
                <th width="2%">
                    <input type="checkbox" name="checkAll"
                    onClick="onclick= ckbSelect(
                        this.checked, 'userId')">
                </th>
                <th width="5%">
                <span style="font-weight: 400">序号</span></th>
                <th width="22%">
```

```jsp
                <span style="font-weight: 400">登录名</span></th>
                <th width="21%">
                <span style="font-weight: 400">密码</span></th>
                <th width="15%">
                <span style="font-weight: 400">
                    用户类别</span></th>
                <th width="21%">
                <span style="font-weight: 400">
                    注册时间</span></th>
                <th width="14%">
                <span style="font-weight: 400">
                    登录次数</span></th>
        </tr>
    </thead>
    <tbody>
        <%
            if (request.getAttribute("userList") == null) {
                ServletContext ctx = this.getServletContext();
                //通过 ServletContext 获得 web.xml 中设置的初始化参数
                String server = ctx.getInitParameter("server");
                String dbname = ctx.getInitParameter("dbname");
                String dbuser = ctx.getInitParameter("user");
                String pwd = ctx.getInitParameter("pwd");
                UserDao dao = new UserDao();
                try {
                    dao.getConn(server, dbname, dbuser, pwd);
                    //获取所用图书并保存到 pageContext 中
                    List<User> list = dao.getAllUser();
                    pageContext.setAttribute("userList", list);
                } catch (ClassNotFoundException e) {
                    e.printStackTrace();
                } catch (Exception e) {
                    e.printStackTrace();
                }
            }
        %>
        <c:forEach var="user" items="${userList}"
            varStatus="status">
            <tr>
                <td align="center" width="2%">
```

```html
                                <input type="checkbox"
                                    name="userId" value="${user.username }"
                                    class="input_radio"></td>
                            <td align="center">${status.count }</td>
                            <td>${user.username}</td>
                            <td align="center">${user.userpass}</td>
                            <td align="center">
                                ${(user.role == 0)？"普通用户" : "管理员"}
                            </td>
                            <td align="center">${user.regtime}</td>
                            <td align="center" nowrap="nowrap">${user.lognum}
                            </td>
                        </tr>
                    </c:forEach>
                </tbody>
            </table>
        </div>
        </td>
    </tr>
</table>
</body>
</html>
```

2. 创建 SearchUserServlet

该 Servlet 放在 com.dh.servlet.admin 包中，代码如下：

```java
public class SearchUserServlet extends HttpServlet {
    protected void doGet(HttpServletRequest request, HttpServletResponse response)
            throws ServletException, IOException {
        doPost(request, response);
    }
    protected void doPost(HttpServletRequest request, HttpServletResponse response)
            throws ServletException, IOException {
        request.setCharacterEncoding("GBK");
        response.setContentType("text/html;charset=GBK");
        String username = request.getParameter("userName");
        ServletContext ctx = this.getServletContext();
        //通过 ServletContext 获得 web.xml 中设置的初始化参数
        String server = ctx.getInitParameter("server");//获取服务器地址
        String dbname = ctx.getInitParameter("dbname");//获取数据库名
        String dbuser = ctx.getInitParameter("user");//获取数据库登录名
        String pwd = ctx.getInitParameter("pwd");//获取数据库密码
```

```
            UserDao dao = new UserDao();
            List<User> userList = new ArrayList<User>();
            try {
                    dao.getConn(server, dbname, dbuser, pwd);
                    if (username != null && username.length() > 0) {
                            User user = dao.getUserByName(username);
                            if (user != null) {
                                    userList.add(user);
                            }
                    } else {
                            userList = dao.getAllUser();
                    }
            } catch (Exception e) {
                    e.printStackTrace();
            } finally
            {
                    dao.closeAll();
            }
            request.setAttribute("userList", userList);
            request.getRequestDispatcher("userManage.jsp")
                    .forward(request, response);
    }
}
```

3. 运行项目

在 IE 浏览器中访问 http://localhost:8080/ph06/admin/userManage.jsp，运行结果如图 S6.5 所示。

图 S6.5　管理用户

实践 6.5

修改网上书店项目的后台登录功能，即实践 3.3 中实现的功能模块。当用户登录成功，进入后台主页面 adminMain.jsp，此页面中间框架缺省为 bookManage.jsp 页面。

【分析】

(1) 实践 3.3 中当用户登录成功，进入后台主页面 adminMain.jsp 时，中间部分显示的是 addUser.html 页面，现将此页面替换为 bookManage.jsp。

(2) leftTree.htm 页面中的菜单链接到相应的 bookManage.jsp 和 userManage.jsp 页面。

【参考解决方案】

1. 改进 adminMain.jsp

对 adminMain.jsp 页面进行修改，修改后的代码如下：

```jsp
<%@ page language="java" contentType="text/html; charset=GBK"%>
<html>
<head>
<TITLE>网上书店后台管理系统</TITLE>
</head>
<frameset rows="80,*" cols="*" frameborder="no" border="0"
        framespacing="0">
    <frame src="top.jsp" name="topFrame" scrolling="no"
            noresize="noresize"    id="topFrame" title="topFrame" />
    <frameset cols="165,*" frameborder="no" border="0" framespacing="0">
        <frame src="leftTree.htm" name="frmLeft" scrolling="no"
                noresize="noresize" id="frmLeft" title="frmLeft" />
        <frame src="bookManage.jsp" name="frmMain" id="frmMain"
                title="frmMain" />
    </frameset>
</frameset>
<noframes>
<body></body>
</noframes>
</html>
```

2. 修改 leftTree.htm 页面

链接到 bookManage.jsp 页面的代码如下：

```html
<a href='../admin/bookManage.jsp' onMouseOver='return setStatus(this)'
    onMouseOut='return resetStatus()'> 图书信息一览</a>
```

链接到 userManage.jsp 页面的代码如下：

```html
<a href='../admin/userManage.jsp' onMouseOver='return setStatus(this)'
    onMouseOut='return resetStatus()'> 用户信息一览</a>
```

3. 运行项目

在 IE 浏览器中访问 http://localhost:8080/ph06/admin/adminLogin.jsp，输入正确的用户信息，登录成功后进入主页，运行结果如图 S6.6 所示。

图 S6.6　登录首页

单击"用户管理"菜单，显示用户管理页面，如图 S6.7 所示。

图 S6.7　用户管理首页

自定义标签是一种 JSP 组件技术，可以封装页面上频繁使用的功能，作为组件在应用

程序中直接调用，避免了代码重复，提高了开发效率。JSTL 就是一种自定义标签库，开发人员也可以针对具体需求定义自己的标签库。自定义 JSP 标签一般有 4 个步骤：

(1) 编写标签处理类。
(2) 创建标签库描述文件(TLD 文件)。
(3) 在 JSP 页面中导入标签库。
(4) 在 JSP 页面中使用自定义标签。

标签处理类通常需要继承 TagSupport 或 BodyTagSupport 类(BodyTagSupport 继承了 TagSupport)，并覆盖其中的几个重要方法，如表 S6-1 所示。

表 S6-1　TagSupport 类中的常用方法

方法名称	描述
int doStartTag()	标签开始时调用该方法，其可选的返回值如下： ● SKIP_BODY：忽略标签体，直接调用 doEndTag()方法； ● EVAL_BODY_INCLUDE：执行标签体内容，但对标签体不做任何处理
int doAfterBody()	执行标签体内容后调用该方法，其可选的返回值如下： ● SKIP_BODY：忽略标签体，直接调用 doEndTag()方法； ● EVAL_BODY_AGAIN：重复执行标签体内容
int doEndTag()	标签结束时调用该方法，其可选的返回值如下： ● SKIP_PAGE：忽略标签后面的内容，终止 JSP 页面的执行； ● EVAL_PAGE：继续处理 JSP 页面后面的内容
void release()	释放资源

下述代码用于实现一个自定义标签，完成日期格式化功能。

(1) 创建标签处理类 FormatDate，放在 com.dh.ph06.tag 包中，代码如下：

```java
public class FormatDate extends TagSupport {

    //定义一个属性用于接收传入的日期
    Date date = null;
    //定义一个属性用于接收格式化类型
    String type = null;

    public Date getDate() {
        return date;
    }
    public void setDate(Date date) {
        this.date = date;
    }
    public String getType() {
```

```java
            return type;
        }
        public void setType(String type) {
            this.type = type;
        }
        //标签开始时调用的处理方法
        public int doStartTag()throws JspException{
            try{
                SimpleDateFormat fmt = null;
                if (type.equals("date"))
                {
                    fmt = new SimpleDateFormat("yyyy年MM月dd日");
                }
                if (type.equals("time"))
                {
                    fmt = new SimpleDateFormat("hh时mm分ss秒");
                }
                if (type.equals("all"))
                {
                    fmt = new SimpleDateFormat(
                        "yyyy年MM月dd日 hh时mm分ss秒");
                }
                //将最后的结果输出到页面
                pageContext.getOut().print(fmt.format(date));
            }catch(Exception ex)
            {
                throw new JspTagException(ex.getMessage());
            }
            //跳过标签体的执行
            return SKIP_BODY;
        }

        //标签结束时调用的处理方法
        public int doEndTag() {
            //继续执行后续的JSP页面内容
            return EVAL_PAGE;
        }
}
```

在上述代码中，FormatDate 继承 TagSupport 类，重写了 doStartTag()和 doEndTag()方法。

(2) 创建标签库描述文件 mytaglib.tld，放在 WEB-INF 目录下，内容如下：

```xml
<?xml version="1.0" encoding="UTF-8"?>
<!DOCTYPE taglib PUBLIC "-//Sun Microsystems, Inc.//DTD JSP Tag Library 1.2//EN" "web-jsptaglibrary_1_2.dtd" >
<taglib>
    <tlib-version>mytaglib 1.0</tlib-version>
    <jsp-version>jsp 2.0</jsp-version>
    <short-name>mytag</short-name>
    <uri>/mytag</uri>
    <tag>
        <!-- 标签名 -->
        <name>formatdate</name>
        <!-- 标签的处理类 -->
        <tag-class>com.dh.ph06.tag.FormatDate</tag-class>
        <!-- 标签体 -->
        <body-content>empty</body-content>
        <!-- 属性 -->
        <attribute>
            <name>date</name>
            <required>true</required>
            <rtexprvalue>true</rtexprvalue>
        </attribute>
        <attribute>
            <name>type</name>
            <required>true</required>
            <rtexprvalue>true</rtexprvalue>
        </attribute>
    </tag>
</taglib>
```

标签库描述文件(TLD)是一个用来描述标签库结构的 XML 文件，其中根元素<taglib>用来设置整个标签库的相关信息，其子元素如下：

◆ <tlib-version>元素：标签库的版本号。
◆ <jsp-version>元素：JSP 的版本号。
◆ <short-name>元素：标签库的默认前缀。
◆ <uri>元素：标签库的 URI。
◆ <tag>元素：表示当前标签库的一个标签。

(3) 创建 tagDemo.jsp 页面，代码如下：

```jsp
<%@ page language="java" contentType="text/html; charset=GBK"%>
<%@ page import="java.util.Date"%>
```

实践6 EL 和 JSTL

```
<%@ taglib uri="/mytag" prefix="mytag" %>
<html>
<head>
<meta http-equiv="Content-Type" content="text/html; charset=ISO-8859-1">
<title>Insert title here</title>
</head>
<body>
当前的日期是：<mytag:formatdate date="<%=new Date()%>" type="date"/><br/>
当前的时间是：<mytag:formatdate date="<%=new Date()%>" type="time"/><br/>
</body>
</html>
```

在上述代码中，使用 taglib 指令导入标签库，再在页面中使用标签库中的标签。

(4) 启动服务器，在 IE 浏览器中访问 http://localhost:8080/ph06/tagDemo.jsp，运行结果如图 S6.8 所示。

图 S6.8 显示当前时间

注意

上述实现只是一个简单的示例，自定义标签还可以实现一些复杂的功能，类似于 JSTL 的 forEach、choose 等标签，可以包含内容，可以嵌套，可以支持 EL 表达式等。另外，JSP2.0 规范新增加了 SimpleTagSupport 类和更简单的 TagFile 方式，其原理与上述示例一致，但是大大简化了自定义标签的开发，有兴趣的读者可以查阅相关资料。

拓展练习

练习 6.1

写一个自定义标签，完成将指定属性中的字符串转化为大写的功能。

练习 6.2

在网上书店项目中的购物车页面，使用 JSTL 的 EL 函数显示总共购买了几种图书。

· 365 ·

实践 7 监听和过滤

实践指导

实 践 7.1

实现网上书店项目后台管理用户的过滤功能,具体要求如下:
(1) 禁止用户非法访问,只有登录成功才能访问后台页面。
(2) 没有登录,直接访问后台其他页面,将跳转到登录页面。

【分析】

(1) 运行项目,不要登录,直接访问 http://localhost:8080/ph07/admin/adminMain.jsp,可以访问后台管理主界面,而此时用户还没有登录,这显然是不允许的。

(2) 为杜绝后台的非法访问,可以在项目中添加一个过滤处理类 CheckUserFilter,该类对后台所用页面进行过滤处理。

(3) CheckUserFilter 类中获取用户请求的页面,如果请求页面不是登录页面,则应查看 Session 中是否有用户信息(登录成功时登录名将保存到 Session 中,如果没有登录,Session 中无此登录名)。Session 中有用户信息,属于合法访问,使用 chain.doFilter()方法放行,否则重定向到登录页面。

【参考解决方案】

1. 创建过滤器

将 Eclipse 切换到 Java EE 视图下,右击项目中的 src 文件夹,选择"New→Filter"菜单选项,如图 S7.1 所示。

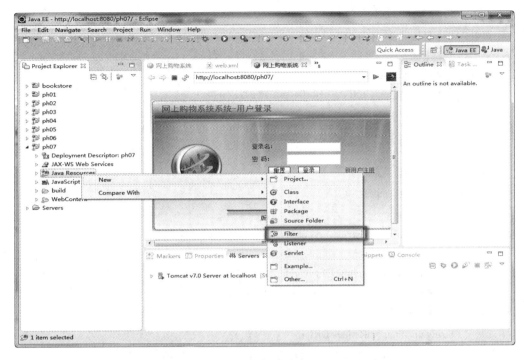

图 S7.1 创建过滤器

在打开的窗口中输入包名和类名,如图 S7.2 所示。

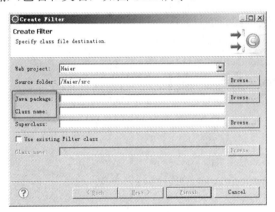

图 S7.2 输入包名和类名

在"Java package"文本框中输入"com.dh.filter",在"Class name"文本框中输入"CheckUserFilter"。单击"Finish"按钮,完成过滤器类的创建。

2. 编写过滤器

打开 CheckUserFilter.java 程序,编写代码,内容如下:

```
//使用过滤器禁止用户非法访问后台管理页面
public class CheckUserFilter implements Filter {
    private FilterConfig filterConfig;
    //登录页面,当用户没有登录时,将会首先转到这个页面
```

```java
    private String loginPage = "adminLogin.jsp";
    public void init(FilterConfig config) throws ServletException {
        //通过 FilterConfig 获得 web.xml 中设置的初始化参数
        filterConfig = config;
        if (filterConfig.getInitParameter("loginPage") != null) {
            loginPage = filterConfig.getInitParameter("loginPage");
        }
    }
    public void destroy() {
        filterConfig = null;
    }
    public void doFilter(ServletRequest request, ServletResponse response,
            FilterChain chain) throws IOException, ServletException {
        HttpServletRequest req = (HttpServletRequest) request;
        HttpServletResponse res = (HttpServletResponse) response;
        //获得请求页面
        String uri = req.getRequestURI();
        //通过判断 session 中是否具有 adminuser 参数来判断用户是否已经登录
        HttpSession session = req.getSession(true);
        //如果访问登录页面或已经登录
        if (uri.endsWith(loginPage) || uri.endsWith("AdminLoginServlet")
                || session.getAttribute("adminuser") != null) {
            chain.doFilter(req, res);
            return;
        }
        //尚未登录，非法访问
        else {
            //跳转到登录页面
            res.sendRedirect(loginPage);
        }
    }
}
```

3. 配置过滤器

在 web.xml 配置文件中配置 CheckUserFilter 过滤器，配置信息如下：

```xml
    <filter>
        <display-name>用户过滤器</display-name>
        <filter-name>CheckUserFilter</filter-name>
        <filter-class>com.dh.filter.CheckUserFilter</filter-class>
        <init-param>
            <param-name>loginPage</param-name>
```

```
            <param-value>adminLogin.jsp</param-value>
        </init-param>
    </filter>
    <filter-mapping>
        <filter-name>CheckUserFilter</filter-name>
        <url-pattern>/admin/*</url-pattern>
    </filter-mapping>
```

使用<init-param>标签配置初始参数，使用<url-pattern>配置过滤路径为"/admin/*"，即admin目录下的所有页面。

4. 运行项目

启动Tomcat，在IE浏览器中访问http://localhost:8080/ph07/admin/adminMain.jsp，此时没有登录，过滤处理后会显示登录页面，如图S7.3所示。

图S7.3 后台管理登录

也可以输入其他页面进行测试，如addUser.html、addBook.html等。

实 践 7.2

在网上书店项目中增加监听功能，当用户登录成功时自动更新数据库中该用户的登录次数。

【分析】

(1) 当用户登录成功时，登录名将添加到Session中。因此使用HttpSessionAttributeListener对Session中的属性进行监听，当Session中添加属性时进行处理。

(2) 创建一个名为"ListenLognum"的监听类，此类实现HttpSessionAttributeListener接口，重写该接口中的attributeAdded()处理方法。

【参考解决方案】

1. 创建监听器

右击项目中的 src 文件夹,选择"New→Listener"菜单选项,如图 S7.4 所示。

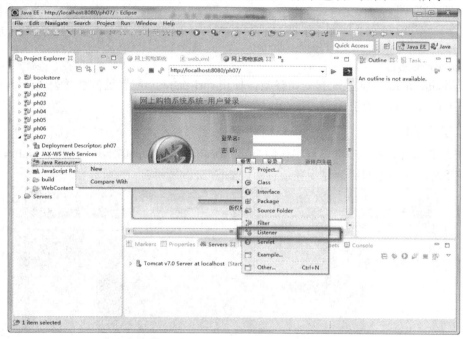

图 S7.4 创建 Listener

在打开的窗口中输入监听类的包名和类名,如图 S7.5 所示。

对于本项目,在"Java package"文本框中输入"com.dh.listener",在"Class name"文本框中输入"ListenLognum"。单击"Next"按钮,界面如图 S7.6 所示。

图 S7.5 设置包名和类名   图 S7.6 设置 Http Session Events

选中需要实现的接口,本项目选择 HttpSessionAttributeListener 接口,如图 S7.6 所示。单击"Finish"按钮,完成监听类的创建。

2. 编写监听器

打开 ListenLognum.java 程序,编写处理代码,代码如下:

```java
//使用监听类,监听用户登录并修改数据库中用户登录次数
public class ListenLognum implements HttpSessionAttributeListener {
    public void attributeRemoved(HttpSessionBindingEvent hsbe) {
    }
    public void attributeAdded(HttpSessionBindingEvent hsbe) {
        //如果 Session 添加 username 或 adminuser 属性,证明用户登录成功
        //前台登录成功添加名为 username 的属性,
        //后台管理员登录成功添加的是名为 adminuser 的属性
        if (hsbe.getName().equals("username")
                || hsbe.getName().equals("adminuser")) {
            //通过 ServletContext 获得 web.xml 中设置的初始化参数
            ServletContext ctx = hsbe.getSession().getServletContext();
            String server = ctx.getInitParameter("server");
            String dbname = ctx.getInitParameter("dbname");
            String user = ctx.getInitParameter("user");
            String pwd = ctx.getInitParameter("pwd");
            //链接数据库,修改用户的登录次数
            DBOper db = new DBOper();
            try {
                db.getConn(server, dbname, user, pwd);
                //取出属性值,即成功登录的登录名
                String username = hsbe.getValue().toString();
                String sql = "UPDATE userdetail SET lognum =
                        lognum+1 WHERE username   = '"+ username + "'";
                db.executeUpdate(sql, null);
            } catch (ClassNotFoundException e) {
                e.printStackTrace();
            } catch (Exception e) {
                e.printStackTrace();
            } finally {
                db.closeAll();
            }
        }
    }
    public void attributeReplaced(HttpSessionBindingEvent hsbe) {
    }
}
```

3. 配置监听器

在 web.xml 中配置监听器，配置信息如下：

```
<listener>
    <listener-class>com.dh.listener.ListenLognum</listener-class>
</listener>
```

4. 运行项目

最初数据库的用户表中"user1"的用户登录次数为 0，如图 S7.7 所示。

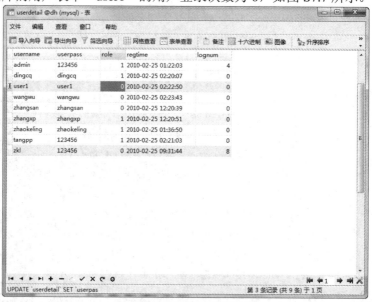

图 S7.7　数据库用户表信息

启动 Tomcat，以"user1"用户登录网站，成功后进入前台主页面，如图 S7.8 所示。

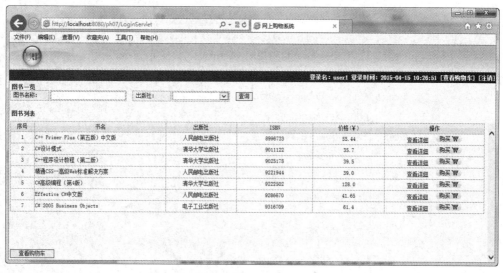

图 S7.8　前台主页

数据库中用户表的"user1"登录次数加 1，如图 S7.9 所示。

图 S7.9 数据库用户表信息

多次测试,可以观察到数据库中的数据变化。

实 践 7.3

实现网上书店项目后台图书管理中的修改图书信息功能模块,具体要求如下:

(1) 在图书管理页面 bookManage.jsp 页面中,单击"修改图书信息"按钮,对选定的图书进行修改。

(2) 一次只能修改一本图书信息。

(3) 修改页面中显示的图书原有数据。

(4) 图书 ISBN 不可修改。

【分析】

(1) 在 bookManage.jsp 页面中添加单击"修改图书信息"的 JavaScript 事件处理方法。

(2) 将需要修改的图书的 ISBN 号传给图书修改页面 editBook.jsp,根据 ISBN 从数据库中获取此图书的原有数据,并显示在页面上。

(3) 在修改页面中输入图书新信息,提交给 EditBookServlet 进行处理。

(4) EditBookServlet 获取表单图书数据,更新数据库中此图书的数据信息。

修改图书信息流程如图 S7.10 所示。

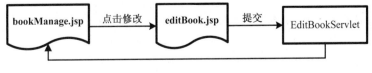

图 S7.10 修改图书信息流程

【参考解决方案】

1. 添加 JavaScript 处理方法

在 bookManage.jsp 页面中添加修改按钮的事件处理方法，代码如下：

```
function editIt() {
    var allCheck = document.getElementsByName("userId");
    var num = 0;
    var isbn="";
    for ( var i = 0; i < allCheck.length; i++) {
        if (allCheck[i].checked) {
            num++;
            isbn=allCheck[i].value;
        }
    }
    if (num == 1) {
        window.parent.frmMain.location ="editBook.jsp?isbn="+isbn;
    } else if (num == 0) {
        alert("没有选中信息！");
        return;
    } else {
        alert("请选中单条信息进行修过！");
        return;
    }
}
```

上述代码中，先获取用户选择的所有复选框，统计选中的复选框个数，控制一次只能修改一条记录。

2. 创建图书修改页面

创建图书修改页面 editBook.jsp，并将其放在 admin 目录中，代码如下：

```
<%@ page language="java" contentType="text/html; charset=GBK"%>
<%@page
    import="com.dh.db.BookDao,java.sql.*,com.dh.entity.Book"%>
<%@page import="java.util.List"%>
<%@taglib uri="http://java.sun.com/jsp/jstl/core" prefix="c"%>
<html>
<head>
<link type="text/css" rel="stylesheet" href="../css/examples.css">
    <script type="text/javascript" src="../js/common.js"></script>
    <script type="text/javascript" src="../js/jquery.js"></script>
    <script type="text/javascript"
            src="../js/jquery-impromptu.js"></script>
```

```javascript
<script language="javascript">
function changPic(obj){
    var  filename = obj.value;
    var  filetype = filename.split(".");
    var filenumber = filetype.length-1;
    if(filetype[filenumber].toUpperCase()!="JPG"
    &&filetype[filenumber].toUpperCase()!="GIF")
    {
        alert("请上传 jpg 或者 gif 格式的图片！");
        obj.focus();
        return false;
    }else{
        document.getElementById("showPic").src = filename;
    }
}
function ret(){
    window.parent.frmMain.location = "bookManage.jsp";
}
function sub(){
    document.form1.submit();
}
function fun_check_form(){
}
function  checkIsFloat(){
var  nc=event.keyCode;
if(nc < 48 || nc > 57 ){
    if(nc==46){
        var s=document.form1.price.value;
        for(var  i=0;i<s.length;i++){
          if(s.charAt(i)=='.'){
              event.keyCode=0;
              return;
          }
        }
    }else{
        event.keyCode=0;
        return;
    }
  }
}
```

```
            function res(){
                    document.getElementById("bookName").value = "";
                    document.getElementById("isbn").value = "";
                    document.getElementById("publisher").value = "";
                    document.getElementById("price").value ="";
                    document.getElementById("count").value = "";
                    document.getElementById("delFile").innerHTML="<input name=pic
        type=file size=18 onChange='changPic(this)'>";
                            document.getElementById("showPic").src =
                                    "../images/suo1.png";
                            document.getElementById("description").value = "";
                    }
            </script>
<title>网上书店后台管理系统</title>
<link href="../css/mp.css" rel="stylesheet" type="text/css">
</head>
<body>
<%
        String isbn = request.getParameter("isbn");
        ServletContext ctx = this.getServletContext();
        String server = ctx.getInitParameter("server");
        String dbname = ctx.getInitParameter("dbname");
        String user = ctx.getInitParameter("user");
        String pwd = ctx.getInitParameter("pwd");
        BookDao dao = new BookDao();
        try {
                dao.getConn(server, dbname, user, pwd);
                Book book = dao.getBookByIsbn(isbn);
                if (book != null) {
                        pageContext.setAttribute("book", book);
                }
        } catch (ClassNotFoundException e) {
                e.printStackTrace();
        } catch (Exception e) {
                e.printStackTrace();
        }
%>
<form method="POST" name="form1" action="EditBookServlet">
<table style="height:100%; width:100%" >
        <tr align="center" valign="middle">
```

实践7 监听和过滤

```html
<td>
    <TABLE style="height:200;width:492" cellSpacing=0
        cellPadding=0  border=0 align="center">
      <TBODY>
      <TR valign="middle">
          <td class="title_td" height=12 colspan="3">
                修改图书信息</td>
          </TR>
      <TR>
          <TD width="203"><img height=260 alt=""
          src="../images/bookcovers/${book.pic}"
            width=202  style="cursor:pointer" id="showPic"></TD>
          <TD    style="background-image:
                url(./images/login_Page/loginPage_03.jpg)"
                height=120 width=497>
<table style="width:100%">
    <tr>
    <td class="item_td" width="26%">图书名称：</td>
    <td class="input_td">
            <input type="text" name="bookName"
            value="${book.bookName}" style="width:100%"
            class="input_input"    size="30"></td>
    </tr>
    <tr>
                <td class="item_td" width="26%">ISBN：</td>
                <td class="input_td">
                    <input type="text" name="isbn"
                    value="${book.isbn}" style="width:100%"
                    class="input_input"    size="30" readonly>
                </td>
    </tr>
    <tr>
                <td class="item_td" width="26%">出版社：</td>
                <td class="input_td"><select name="publisher"
                    style="width: 100%" class="input_drop">
                <option value="${book.publisherID }"><c:choose>
                        <c:when test="${book.publisherID==1}">
                            人民邮电出版社
                        </c:when>
                        <c:when test="${book.publisherID==2}">
```

```
                        清华大学出版社
                    </c:when>
                    <c:when test="${book.publisherID==3}">
                        电子工业出版社
                    </c:when>
                </c:choose></option>
            <option value="1"> 人民邮电出版社 </option>
            <option value="2"> 清华大学出版社 </option>
            <option value="3"> 电子工业出版社 </option>
        </select></td>
    </tr>
    <tr>
        <td class="item_td" width="26%">价格：</td>
        <td class="input_td"><input type="text"
            name="price" value="${book.price}"
            style="width:70%" class="input_input"
            size="30">    ￥</td>
    </tr>
    <tr>
        <td class="item_td" width="26%">库存量：</td>
        <td class="input_td">
            <input type="text" name="count"
            value="${book.count}" style="width:70%"
            class="input_input" size="30"> (本/套)</td>
    </tr>
    <tr>
        <td class="item_td" width="26%">图书封面：</td>
        <td class="input_td" id="delFile">
            <input name="pic" value="${book.pic}"
            type="file" size="18"
            onChange="changPic(this)" />
        </td>
    </tr>
    <tr>
        <td class="item_td" width="26%" rowspan="3">
            图书简介：</td>
        <td class="input_td" rowspan="3">
            <textarea    name="description" rows="12"
            style="width:100%" class="input_input">
            ${book.description }</textarea></td>
```

```html
                                </tr>
                            </table></TD>
                        </TR>
                        <tr>
                            <td colspan="2" align="center">
                                <button onClick="ret()" style="width: 20%">返回
                                </button> 
                                <button onClick="res()" style="width:20%">重置
                                </button> 
                                <button onClick="sub()" style="width: 20%">提交
                                </button>
                            </td>
                        </tr>
                    </TBODY>
                </TABLE>
            </td>
        </tr>
    </table>
</form>
</body>
</html>
```

3. 创建 EditBookServlet 类

创建 EditBookServlet.java 程序，并将其放在 com.dh.servlet.admin 包中，代码如下：

```java
public class EditBookServlet extends HttpServlet {
    private static final long serialVersionUID = 1L;
    protected void doGet(HttpServletRequest request,
        HttpServletResponse response)
        throws ServletException, IOException {
        doPost(request, response);
    }
    protected void doPost(HttpServletRequest request,
        HttpServletResponse response)
        throws ServletException, IOException {
        request.setCharacterEncoding("gbk");
        response.setContentType("text/html;charset=gbk");
        PrintWriter out = response.getWriter();
        //获取表单数据
        String bookname = request.getParameter("bookName");
        String isbn = request.getParameter("isbn");
        String publisherID = request.getParameter("publisher");
```

```java
String price = request.getParameter("price");
String count = request.getParameter("count");
String pic = request.getParameter("pic");
String description = request.getParameter("description");
//将数据封装到 Book 对象中
Book book = new Book();
book.setBookName(bookname);
book.setIsbn(isbn);
book.setPublisherID(Integer.parseInt(publisherID));
book.setPrice(Double.parseDouble(price));
if (count != null && !count.equals("")) {
        book.setCount(Integer.parseInt(count));
}
//截取字符串
String picName = pic.substring(pic.lastIndexOf("\\") + 1);
book.setPic(picName);
book.setDescription(description);
//将图书插入到数据库中
ServletContext ctx = this.getServletContext();
String server = ctx.getInitParameter("server");//获取服务器地址
String dbname = ctx.getInitParameter("dbname");//获取数据库名
String user = ctx.getInitParameter("user");//获取数据库登录名
String pwd = ctx.getInitParameter("pwd");//获取数据库密码
BookDao dao = new BookDao();
try {   //连接数据库
        dao.getConn(server, dbname, user, pwd);
        boolean r = dao.editBook(book);
        if (r) {
                response.sendRedirect("bookManage.jsp");
        } else {//插入失败
                out.println("失败！请检查填写的数据后重新上架");
                out.println("<br><a href='bookManage.jsp'>返回</a>");
        }
} catch (ClassNotFoundException e) {
        e.printStackTrace();
} catch (Exception e) {
        e.printStackTrace();
}
    }
}
```

4. 运行项目

启动 Tomcat，在 IE 浏览器中访问 http://localhost:8080/ph07/admin/adminLogin.jsp，进入后台登录页面，登录成功后进入后台管理主页面，如图 S7.11 所示。

图 S7.11　图书信息列表

如上图所示，在图书管理页面中选中需要修改的图书，单击"修改图书信息"按钮，则显示图书修改页面，如图 S7.12 所示。

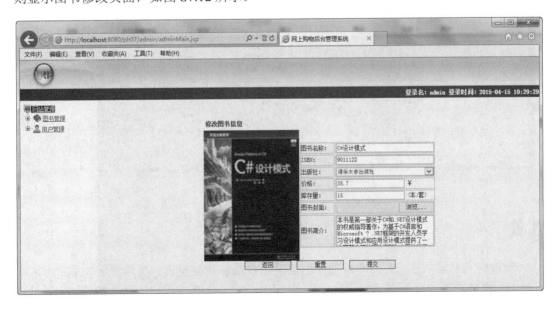

图 S7.12　修改图书信息

上述页面会显示图书详细信息。修改图书信息，例如将库存量由 15 本改为 30 本，如图 S7.13 所示。

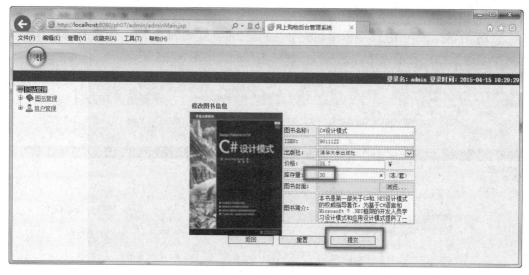

图 S7.13 修改后提交

单击"提交"按钮，修改成功后，返回到图书管理页面，图书的库存量发生了变化，如图 S7.14 所示。

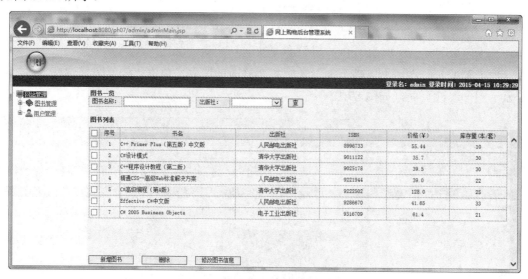

图 S7.14 修改后的列表

实 践 7.4

实现网上书店项目后台用户管理中的修改用户信息功能模块，具体要求如下：

(1) 在用户管理页面 userManage.jsp 页面中，单击"修改用户信息"按钮，对选定的用户信息进行修改。

(2) 一次只能修改一个用户信息。

(3) 修改页面中显示该用户原有信息。

(4) 登录名不可修改。

【分析】

(1) 在 userManage.jsp 页面中添加关于单击"修改用户信息"的 JavaScript 事件处理方法。

(2) 将需要修改的用户的 username 传给用户修改页面 editUser.jsp 页面，根据 username 从数据库中获取此用户的原有数据，并显示在页面中。

(3) 在修改页面中输入用户新信息，提交给 EditUserServlet 进行处理。

(4) EditUserServlet 获取表单用户数据，更新数据库中此用户的数据信息。

其处理流程如图 S7.15 所示。

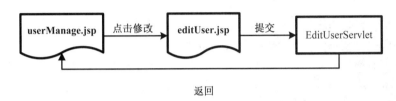

图 S7.15　修改用户信息流程

【参考解决方案】

1. 添加 JavaScript 处理方法

在 userManage.jsp 页面中添加 JavaScript 修改按钮的事件处理方法，代码如下：

```javascript
function editIt() {
    var allCheck = document.getElementsByName("userId");
    var num = 0;
    var userName="";
    for ( var i = 0; i < allCheck.length; i++) {
        if (allCheck[i].checked) {
            num++;
            userName=allCheck[i].value;
        }
    }
    if (num == 1) {
        window.parent.frmMain.location ="editUser.jsp?userName="+userName;
    } else if (num == 0) {
        alert("没有选中信息！");
        return;
    } else {
        alert("请选中单条信息进行修过！");
        return;
    }
}
```

2. 创建用户修改界面

创建用户修改页面 editUser.jsp，并将其放在 admin 目录中，代码如下：

```jsp
<%@ page language="java" contentType="text/html; charset=GBK"%>
<%@page import="com.dh.db.UserDao,java.sql.*"%>
<%@page import="java.util.List"%>
<%@taglib uri="http://java.sun.com/jsp/jstl/core" prefix="c"%>

<%@page import="com.dh.entity.User"%><html>
<head>
<meta http-equiv="Content-Type" content="text/html; charset=GBK">
<link type="text/css" rel="stylesheet" href="../css/examples.css">
<script language="javascript">
    function ret(){
        window.parent.frmMain.location = "userManage.jsp";
    }
    function sub(){
        var user=document.edit.userName.value;
        var pass=document.edit.userPass.value;
        if(user==null||user==""){
            alert("请填写登录名");
            document.edit.userName.focus();
        }
        else if(pass==null||pass==""){
            alert("请填写密码");
            document.edit.userPass.focus();
        }
        else{
            document.edit.submit();
        }
    }
    function res(){
        document.getElementById("userName").value = "";
        document.getElementById("userPass").value = "";
        document.getElementById("rePass").value = "";
        var chs = document.getElementsByName("role");
        for(var i=0;i<chs.length;i++){
            chs[i].status = 'false';
        }
    }
</script>
```

```jsp
<title>网上书店后台管理系统</title>
<link href="../css/mp.css" rel="stylesheet" type="text/css">
</head>
<body>
<%
        String name = request.getParameter("userName");

        ServletContext ctx = this.getServletContext();
        String server = ctx.getInitParameter("server");
        String dbname = ctx.getInitParameter("dbname");
        String dbuser = ctx.getInitParameter("user");
        String pwd = ctx.getInitParameter("pwd");
        UserDao dao = new UserDao();
        try {
                dao.getConn(server, dbname, dbuser, pwd);
                User user = dao.getUserByName(name);
                if (user != null) {
                        pageContext.setAttribute("user", user);
                }
        } catch (ClassNotFoundException e) {
                e.printStackTrace();
        } catch (Exception e) {
                e.printStackTrace();
        }
%>
<form method="POST" name="edit" action="EditUserServlet">
<table style="height: 100%; width: 100%">
    <tr align="center" valign="middle">
        <td>
        <TABLE style="width: 300" cellSpacing=0 cellPadding=0 border=0
            align="center">
            <TBODY>
                <TR valign="middle">
                    <td class="title_td" height=12>修改用户信息</td>
                </TR>
                <TR>
                    <table style="width: 300;">
                        <tr>
                            <td class="item_td" width="26%">
                                登录名：</td>
```

```html
                    <td class="input_td">
                        <input type="text" name="userName"
                            value="${user.username }"
                            style="width: 100%"
                            class="input_input"
                            size="30" readonly>
                    </td>
                </tr>
                <tr>
                    <td class="item_td" width="26%">密码：</td>
                    <td class="input_td">
                        <input type="text" name="userPass"
                            value="${user.userpass}"
                            style="width: 100%"
                            class="input_input"
                            size="30"></td>
                </tr>
                <tr>
                    <td class="item_td" width="26%">用户类别：</td>
                    <td class="input_td"> 
                        <c:choose>
                            <c:when test="${user.role==0}">
                            <input name="role" type="radio"
                                value="0"  checked>
                            普通用户 
                            <input name="role"
                              type="radio" value="1">
                            管理员
                            </c:when>
                            <c:when test="${user.role==1}">
                                <input name="role"
                                type="radio" value="0">
                            普通用户 
                                <input name="role"
                                type="radio" value="1"
                            checked>管理员
                            </c:when>
                            <c:otherwise>
```

```html
                                <input name="role"
                                    type="radio" value="0">
                            普通用户 
                                <input name="role"
                                    type="radio" value="1">
                            管理员
                            </c:otherwise>
                        </c:choose>
                </tr>
                <tr>
                    <td class="item_td" width="26%">
                        注册时间：</td>
                    <td class="input_td">
                        <input type="text" name="regtime"
                            value="${user.regtime}"
                            style="width: 100%"
                            class="input_input"
                            size="30"></td>
                </tr>
                <tr>
                    <td class="item_td" width="26%">
                        登录次数：</td>
                    <td class="input_td">
                        <input type="text" name="lognum"
                            value="${user.lognum}"
                            style="width: 100%"
                            class="input_input"
                            size="30"></td>
                </tr>
            </table>
        </TD>
    </TR>
    <tr>
        <td colspan="2" align="center">
        <button onClick="ret()" style="width: 20%">返回
        </button> 
        <button onClick="res()" style="width: 20%">重置
        </button> 
        <button onClick="sub()" style="width: 20%">提交
        </button>
```

```html
                    <td>
                </tr>
            </TBODY>
        </TABLE>
        </td>
    </tr>
</table>
</form>
</body>
</html>
```

3. 创建 EditUserServlet

创建 EditUserServlet.java 程序,并将其放在 com.dh.servlet.admin 包中,代码如下:

```java
public class EditUserServlet extends HttpServlet {
    private static final long serialVersionUID = 1L;
    protected void doGet(HttpServletRequest request,
            HttpServletResponse response)
                throws ServletException, IOException {
        doPost(request, response);
    }
    protected void doPost(HttpServletRequest request,
            HttpServletResponse response)
                throws ServletException, IOException {
        //将输入转换为中文
        request.setCharacterEncoding("GBK");
        //设置输出为中文
        response.setContentType("text/html;charset=GBK");
        //获取输出流
        PrintWriter out = response.getWriter();
        String username = request.getParameter("userName");
        String userpass = request.getParameter("userPass");
        String role = request.getParameter("role");
        String regtime=request.getParameter("regtime");
        String lognum=request.getParameter("lognum");

        //将信息封装到 User 对象
        User user=new User();
        user.setUsername(username);
        user.setUserpass(userpass);
        user.setRole(Integer.parseInt(role));
        user.setRegtime(regtime);
```

```
user.setLognum(Integer.parseInt(lognum));
ServletContext ctx = this.getServletContext();
//通过 ServletContext 获得 web.xml 中设置的初始化参数
String server = ctx.getInitParameter("server");//获取服务器地址
String dbname = ctx.getInitParameter("dbname");//获取数据库名
String dbuser = ctx.getInitParameter("user");//获取数据库登录名
String pwd = ctx.getInitParameter("pwd");//获取数据库密码
UserDao dao=new UserDao();
try {    //连接数据库
        dao.getConn(server, dbname, dbuser, pwd);
        if (dao.editUser(user)) {//修改成功
        response.sendRedirect("userManage.jsp");
        } else {//失败
            out.println("修改失败!");
            out.println("<br><a href='userManage.jsp'>返回</a>");
        }
} catch (ClassNotFoundException e) {
        e.printStackTrace();
} catch (Exception e) {
        e.printStackTrace();
    }
}
}
```

4. 运行项目

启动 Tomcat，在 IE 浏览器中访问 http://localhost:8080/ph07/admin/adminLogin.jsp，登录成功后进入后台管理主页面，单击"用户管理"项，如图 S7.16 所示。

图 S7.16　用户信息列表

在用户管理页面中，选中需要修改的用户，单击"修改用户信息"按钮，则显示用户修改页面，如图 S7.17 所示。

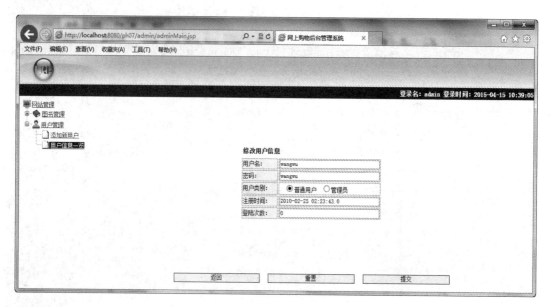

图 S7.17　修改用户信息

上述页面显示了用户的详细信息，可以对用户信息进行修改，例如将普通用户改为管理员权限，如图 S7.18 所示。

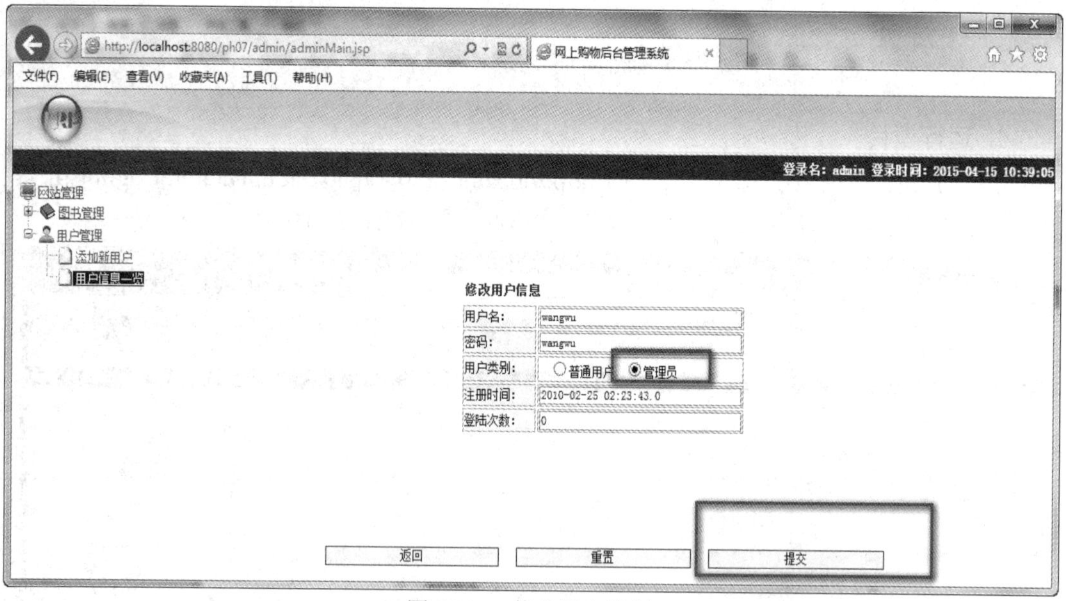

图 S7.18　修改用户类别

单击"提交"按钮，修改成功后，返回到用户管理页面，这时 wangwu 用户的用户类别变成了"管理员"，如图 S7.19 所示。

实践 7　监听和过滤

图 S7.19　修改后列表

知识拓展

在实际应用中，可以利用过滤器实现统一的日志记录功能，而不必在每个需要记录日志的地方单独加记录日志代码，方便统一管理维护。

(1) 创建日志记录过滤器：

```
public class LogFilter implements Filter {
    private LogDao logDao = new LogDao();
    public void init(FilterConfig config) throws ServletException {
    }
    public void destroy() {
    }
    public void doFilter(ServletRequest request, ServletResponse response,
            FilterChain chain) throws IOException, ServletException {
        HttpServletRequest req = (HttpServletRequest) request;
        HttpServletResponse resp = (HttpServletResponse) response;
        //获取登录名
        HttpSession session = req.getSession();
        String userName = session.getAttribute("userName");
        if(session == null || userName == null) {
            //未登录用户，统一记录为"网站过客"
            userName = "网站过客";
        }
        //获取要访问的地址
        String uri = req.getRequestURI();
```

```
            //记录日志，主要记录登录名、要访问的地址和访问时间
            logDao.save(userName, uri, new Date());
            chain.doFilter(req, resp);
    }
}
```

(2) 在 web.xml 中配置如下信息：

```
<filter>
    <display-name> LogFilter </display-name>
    <filter-name> LogFilter </filter-name>
    <filter-class>com.dh.filter.LogFilter</filter-class>
</filter>
<filter-mapping>
    <filter-name> LogFilter </filter-name>
    <url-pattern>/servlet/*</url-pattern>
</filter-mapping>
```

此示例需要自己实现 LogDao.java 文件，即日志的数据库记录代码。

拓展练习

编写一个过滤器，实现把日志内容记录到文件。

实践 8　AJAX 基础

　实践指导

实践 8.1

实现网上书店项目后台用户管理中的删除功能，具体要求如下：
(1) 删除前打开确认对话框，确认是否要删除。
(2) 一次可以删除多个用户信息。
(3) 使用 AJAX 实现异步无刷新的删除操作。

【分析】

(1) 在 userManage.jsp 页面中，为删除按钮添加 JavaScript 事件处理方法。该方法先获取所有选中的选项，如果选中项数量大于 0，打开确认对话框提示。当用户确定要删除时，将所有需要删除的登录名放到一个字符串中，并使用 AJAX 技术提交给服务器端的 DelUserServlet 进行处理。

(2) DelUserServlet 获取删除字符串，先对字符串进行分析处理，获得所有需要删除的登录名，遍历删除对应的用户。删除成功后向客户端返回"true"，否则返回"false"。

(3) 客户端查看服务器返回的信息，如果为"true"，则将页面中的用户信息删除（DelUserServlet 只负责删除数据库中的数据，页面中信息需要使用 JavaScript 删除，确保页面无刷新）。

【参考解决方案】

1. 添加 JavaScript 处理方法

在 userManage.jsp 页面中添加如下 JavaScript 脚本代码。

```
//定义一个变量，用于存放 XMLHttpRequest 对象
var xmlHttp;
//该函数用于创建一个 XMLHttpRequest 对象
function createXMLHttpRequest() {
        if (window.ActiveXObject) {
                xmlHttp = new ActiveXObject("Microsoft.XMLHTTP");
        } else if (window.XMLHttpRequest) {
                xmlHttp = new XMLHttpRequest();
        }
```

```
}
    //这是一个通过AJAX异步删除的方法
    function deleteIt() {
        var allCheck = document.getElementsByName("userId");
        var num = 0;
        var delstr="";
        for ( var i = 0; i < allCheck.length; i++) {
            if (allCheck[i].checked) {
                num++;
                delstr+=allCheck[i].value+"|";
            }
        }
        if (num > 0) {
            if (window.confirm("您确定要删除选中用户信息？")) {
                //调用 createXMLHttpRequest()方法，
                //创建一个 XMLHttpRequest 对象
                createXMLHttpRequest();
                //将状态触发器绑定到一个函数
                xmlHttp.onreadystatechange = processor;
                //通过 GET 方式提交给 DelUserServlet 处理
                xmlHttp.open("GET", "DelUserServlet?del="+delstr);
                //发送请求
                xmlHttp.send(null);
            }
        } else {
            alert("没有选中信息！");
            return;
        }
    }
    //处理从服务器返回的信息
    function processor() {
        if (xmlHttp.readyState == 4) { //如果响应完成
            if (xmlHttp.status == 200) {//如果返回成功
                //取出服务器返回的响应文本信息
                var flag = xmlHttp.responseText;
                //服务器成功删除数据库中的数据
                if(flag.indexOf("true")!=-1){
                    //删除页面中的信息(无刷新)
                    var allCheck =
                        document.getElementsByName("userId");
```

```
                    for(var i=0;i<allCheck.length;i++){
                            if(allCheck[i].checked){
                                    var chTr = 
                                            allCheck[i].parentNode.parentNode;
                                    chTr.removeNode(true);
                                    i--;
                            }
                    }
            }else{
                    alert("删除失败！");
            }
        }
    }
}
```

2. 创建 DelUserServlet

创建 DelUserServlet.java 程序，放在 com.dh.servlet.admin 包中，代码如下：

```
public class DelUserServlet extends HttpServlet {
    protected void doGet(HttpServletRequest request,
    HttpServletResponse response) throws ServletException, IOException {
        doPost(request,response);
    }
    protected void doPost(HttpServletRequest request, HttpServletResponse 
    response) throws ServletException, IOException {
        request.setCharacterEncoding("GBK");
        response.setContentType("text/html;charset=GBK");
        PrintWriter out = response.getWriter();
        String delstr = request.getParameter("del");
        //用空格替换字符串中的'|'
        String delstr2=delstr.replace('|', ' ');
        //去掉无效的前后空格
        delstr2.trim();
        //对字符串进行切分
        String del[]=delstr2.split(" ");
        ServletContext ctx = this.getServletContext();
        //通过 ServletContext 获得 web.xml 中设置的初始化参数
        String server = ctx.getInitParameter("server");//获取服务器地址
        String dbname = ctx.getInitParameter("dbname");//获取数据库名
        String user = ctx.getInitParameter("user");//获取数据库登录名
        String pwd = ctx.getInitParameter("pwd");//获取数据库密码
        String flag="false";
```

```
            UserDao dao = new UserDao();
            try {
                    dao.getConn(server, dbname, user, pwd);
                    if(del.length>0)
                    {
                            for(String name:del)
                            {
                                    dao.delUser(name);
                            }
                            flag="true";
                    }
            } catch (Exception e) {
                    e.printStackTrace();
            }finally {
                    dao.closeAll();
            }
            //将处理结果返回给客户端
            out.println(flag);
            out.flush();
            out.close();
    }
}
```

3. 运行项目

启动 Tomcat，在 IE 浏览器中访问 http://localhost:8080/ph08/admin/adminLogin.jsp，进入后台登录页面，登录成功后进入后台管理主页面。单击"用户管理"项，运行结果如图 S8.1 所示。

图 S8.1　删除用户

在用户管理页面中选中需要删除的用户，单击"删除"按钮，则打开确认对话框，如图 S8.2 所示。

图 S8.2 删除确认

单击"确定"按钮，删除成功后，页面如图 S8.3 所示。

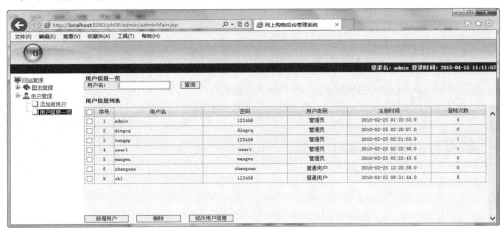

图 S8.3 删除用户完成

实 践 8.2

实现网上书店项目后台图书管理中的删除功能，具体要求如下：
(1) 删除前打开确认对话框，确认是否要删除。
(2) 一次可以删除多本图书信息。
(3) 使用 AJAX 实现异步无刷新的删除操作。

【分析】

(1) 在 bookManage.jsp 页面中，添加用户单击删除按钮时的 JavaScript 事件处理方法。该方法先获取所有选中的选项，如果选中项数量大于 0，打开确认对话框提示。当用户确定要删除时,将所有需要删除的图书 ISBN 放到一个字符串中,并使用 AJAX 技术提交给服务器端的 DelBookServlet 进行处理。

(2) DelBookServlet 获取删除字符串,对字符串进行分析处理,获得所有需要删除的图书 ISBN 号,遍历删除对应图书信息。删除成功给客户端返回"true",否则返回"false"。

(3) 客户端查看服务器返回的信息,如果为"true",则将页面中的图书信息删除。

【参考解决方案】

1. 添加 JavaScript 处理方法

在 bookManage.jsp 页面中添加 JavaScript 脚本代码,代码如下:

```javascript
//定义一个变量,用于存放 XMLHttpRequest 对象
var xmlHttp;
//该函数用于创建一个 XMLHttpRequest 对象
function createXMLHttpRequest() {
    if (window.ActiveXObject) {
        xmlHttp = new ActiveXObject("Microsoft.XMLHTTP");
    } else if (window.XMLHttpRequest) {
        xmlHttp = new XMLHttpRequest();
    }
}
//这是一个通过 AJAX 异步删除的方法
function deleteIt() {
    var allCheck = document.getElementsByName("userId");
    var num = 0;
    var delstr="";
    for ( var i = 0; i < allCheck.length; i++) {
        if (allCheck[i].checked) {
            num++;
            delstr+=allCheck[i].value+"|";
        }
    }
    if (num > 0) {
        if (window.confirm("您确定要删除选中图书信息? ")) {
            //调用 createXMLHttpRequest()方法,创建一个 XMLHttpRequest 对象
            createXMLHttpRequest();
            //将状态触发器绑定到一个函数
            xmlHttp.onreadystatechange = processor;
            //通过 GET 方式提交给 DelBookServlet 处理
            xmlHttp.open("GET","DelBookServlet?del="+delstr);
            //发送请求
            xmlHttp.send(null);
```

```
            }
        } else {
            alert("没有选中信息！");
            return;
        }
}
//处理从服务器返回的信息
function processor() {
        if (xmlHttp.readyState == 4) { //如果响应完成
            if (xmlHttp.status == 200) {//如果返回成功
                //取出服务器返回的响应文本信息
                var flag = xmlHttp.responseText;
                //服务器成功删除数据库中的数据
                if(flag.indexOf("true")!=-1){
                    //删除页面中的信息（无刷新）
                    var allCheck = document.getElementsByName("userId");
                    for(var i=0;i<allCheck.length;i++){
                        if(allCheck[i].checked){
                            var chTr = allCheck[i].parentNode.parentNode;
                            chTr.removeNode(true);
                            i--;
                        }
                    }
                }else{
                    alert("删除失败！");
                }
            }
        }
}
```

2. 添加 DelBookServlet

创建 DelBookServlet.java 程序，放在 com.dh.servlet.admin 包中，代码如下：

```
public class DelBookServlet extends HttpServlet {
    private static final long serialVersionUID = 1L;
    protected void doGet(HttpServletRequest request, HttpServletResponse response) throws ServletException, IOException {
        doPost(request,response);
    }
    protected void doPost(HttpServletRequest request, HttpServletResponse response) throws ServletException, IOException {
        request.setCharacterEncoding("GBK");
```

```java
response.setContentType("text/html;charset=GBK");
PrintWriter out = response.getWriter();
String delstr = request.getParameter("del");
//用空格替换字符串中的'|'
String delstr2=delstr.replace('|', ' ');
//去掉无效的空格
delstr2.trim();
//对字符串进行切分
String del[]=delstr2.split(" ");
ServletContext ctx = this.getServletContext();
//通过 ServletContext 获得 web.xml 中设置的初始化参数
String server = ctx.getInitParameter("server");//获取服务器地址
String dbname = ctx.getInitParameter("dbname");//获取数据库名
String user = ctx.getInitParameter("user");//获取数据库登录名
String pwd = ctx.getInitParameter("pwd");//获取数据库密码
String flag="false";
BookDao dao = new BookDao();
try {    dao.getConn(server, dbname, user, pwd);
        if(del.length>0)
        {
                for(String isbn:del)
                {
                        dao.delBookByIsbn(isbn);
                }
                flag="true";
        }
} catch (Exception e) {
        e.printStackTrace();
}finally {
        dao.closeAll();
}
//将处理结果返回给客户端
out.println(flag);
out.flush();
out.close();
    }
}
```

3. 运行项目

启动 Tomcat，在 IE 浏览器中访问 http://localhost:8080/ph08/admin/adminLogin.jsp，进入后台登录页面，登录成功后进入后台图书管理主页面，如图 S8.4 所示。

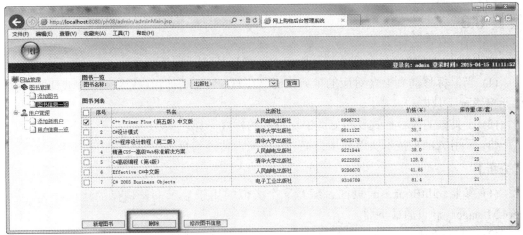

图 S8.4　删除图书

在图书管理页面中选中需要删除的图书，单击"删除"按钮，则打开确认对话框，如图 S8.5 所示。

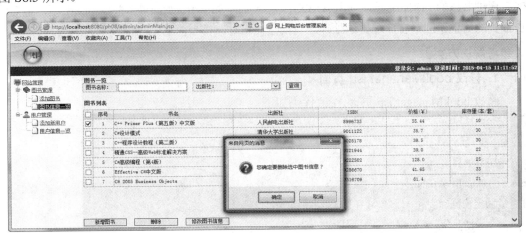

图 S8.5　确认删除图书

单击"确定"按钮，删除成功后，页面如图 S8.6 所示。

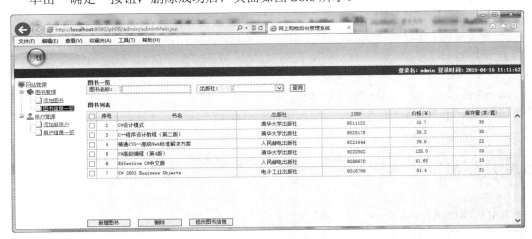

图 S8.6　删除图书完成

实践 8.3

实现网上书店项目后台图书管理中的工具提示功能,具体要求如下:

(1) 当鼠标移动到书名对应的单元格时,出现一个显示当前书籍信息的工具框,移出单元格隐藏工具框。

(2) 工具框的内容样式要跟修改书籍页面的样式一样。

(3) 采用 AJAX 技术实现异步查询书籍信息,传递信息用 JSON 方式。

【分析】

(1) 参照 editBook.jsp 页面,编写一个类似的用于显示书籍信息的结构样式,放在 bookManager.jsp 页面最下面。

(2) 在 bookManager.jsp 页面给显示书籍名称的单元格添加两个事件 onmousemove 和 onmouseout,分别是当鼠标移入单元格和移出单元格时触发。

(3) 当鼠标移入单元格时记录鼠标当前的坐标位置,并且将工具框的属性设置为显示,然后通过书籍的 ISBN 编号,利用 AJAX 传到后台的 ShowBookServlet 查询相关书籍,最后将查询到的结果返回给客户端显示处理。当鼠标移出时,将当前的工具框设置为隐藏。

【参考解决方案】

1. 修改 bookManager.jsp 页面

修改 bookManager.jsp 页面,修改代码如下:

```
//……省略
var x ,y ;
//显示图书工具
function showBook(isbn){
        //定位鼠标位置
        x = event.clientX;
        y = event.clientY;
        //调用 createXMLHttpRequest()方法,创建一个 XMLHttpRequest 对象
        createXMLHttpRequest();
        //将状态触发器绑定到一个函数
        xmlHttp.onreadystatechange = bookTip;
        //通过 GET 方式提交给 DelBookServlet 处理
        xmlHttp.open("GET","ShowBookServlet?isbn="+isbn);
        //发送请求
        xmlHttp.send(null);
}
function bookTip(){
        var book;
        if (xmlHttp.readyState == 4) { //如果响应完成
                if (xmlHttp.status == 200) {//如果返回成功
```

```
                        //取出服务器返回的 Json 字符串转成 Json 对象
                        //alert(xmlHttp.responseText);
                        book = eval("(" + xmlHttp.responseText + ")");
                        //显示名为 tip 的 DIV 层，该 DIV 层显示工具提示信息
                        document.all.bookTip.style.display = "block";
                        //显示工具提示的起始坐标
                        document.all.bookTip.style.top = y;
                        document.all.bookTip.style.left = x + 10;
                        document.all.showPic.src =
                                "../images/bookcovers/" + book.pic;
                        document.all.tipTable.rows[0].cells[1].innerHTML =
                                book.bookName;
                        document.all.tipTable.rows[1].cells[1].innerHTML =
                                book.isbn;
                        if(book.publisherID == 1){
                                document.all.tipTable.rows[2].cells[1].innerHTML =
                                        "人民邮电出版社";
                        }else if(book.publisherID == 2){
                                document.all.tipTable.rows[2].cells[1].innerHTML =
                                        "清华大学出版社";
                        }else if(book.publisherID == 3){
                                document.all.tipTable.rows[2].cells[1].innerHTML =
                                        "电子工业出版社";
                        }
                        document.all.tipTable.rows[3].cells[1].innerHTML =
                                "￥" + book.price;
                        document.all.tipTable.rows[4].cells[1].innerHTML =
                                book.count + "(本/套)";
                        document.all.tipTable.rows[5].cells[1].innerHTML =
                                book.description;
                }
        }
}
function hiddenBook(){
        document.all.bookTip.style.display = "none";
}
//……省略
<div id="bookTip"      style="position: absolute; display: none;
                border: 1px; border-style: solid;">
        <table   border="0" bgcolor="#ffffee">
```

```html
            <tr>
                <td>
                    <img height=260 alt="" src="" width=202
                        style="cursor:pointer" id="showPic">
                </td>
                <td style="background-image:
                    url(./images/login_Page/loginPage_03.jpg)"
                    height=120 width=497>
        <table id="tipTable" style="width:100%">
            <tr>
                <td class="item_td" width="26%">图书名称：</td>
                <td class="input_td"></td>
            </tr>
            <tr>
                <td class="item_td" width="26%">ISBN：</td>
                <td class="input_td"></td>
            </tr>
            <tr>
                <td class="item_td" width="26%">出版社：</td>
                <td class="input_td">
                </td>
            </tr>
            <tr>
                <td class="item_td" width="26%">价格：</td>
                <td class="input_td"></td>
            </tr>
            <tr>
                <td class="item_td" width="26%">库存量：</td>
                <td class="input_td"></td>
            </tr>
            <tr>
                <td class="item_td" width="26%" rowspan="3">
                    图书简介：</td>
                <td class="input_td" rowspan="3"></td>
            </tr>
        </table></td>
            </tr>
        </table>
    </div>
//……省略
```

2. 创建 ShowBookServlet

```java
public class ShowBookServlet extends HttpServlet {
    protected void doGet(HttpServletRequest request,
            HttpServletResponse response)
            throws ServletException, IOException {
        doPost(request, response);
    }
    protected void doPost(HttpServletRequest request,
            HttpServletResponse response)
            throws ServletException, IOException {
        request.setCharacterEncoding("GBK");
        response.setContentType("text/html;charset=GBK");
        String isbn = request.getParameter("isbn").trim();
        PrintWriter out = response.getWriter();
        ServletContext ctx = this.getServletContext();
        //通过 ServletContext 获得 web.xml 中设置的初始化参数
        String server = ctx.getInitParameter("server");//获取服务器地址
        String dbname = ctx.getInitParameter("dbname");//获取数据库名
        String user = ctx.getInitParameter("user");//获取数据库登录名
        String pwd = ctx.getInitParameter("pwd");//获取数据库密码
        BookDao dao = new BookDao();
        String bookJson = "";
        try {
            dao.getConn(server, dbname, user, pwd);
            Book book = dao.getBookByIsbn(isbn);
            if (book != null) {
                bookJson = "{isbn:'"+book.getIsbn()+"',"
                        + "bookName:'"+book.getBookName()+"',"
                        + "publisherID:'"
                        + book.getPublisherID()+"',"
                        + "price:'" + book.getPrice() + "',"
                        + "count:'"+book.getCount()+"',"
                        + "pic:'" +book.getPic()+"',"
                        + "description:'"
                        + book.getDescription().trim() + "'"
                        + "}";
            }
        } catch (Exception e)
        {
            e.printStackTrace();
```

```
        } finally {
            dao.closeAll();
        }
        //将处理结果返回给客户端
        out.println(bookJson);
        out.flush();
        out.close();
    }
}
```

3. 运行项目

启动 Tomcat，在 IE 浏览器中访问网上书店，登录成功，进入后台图书列表页面，将鼠标移动到列表显示的书籍名称单元格里面的时候，会出现一个工具框显示当前书籍的信息，如图 S8.7 所示。

图 S8.7　图书预览

实 践 8.4

实现网上书店项目前台购物车 cart.jsp 页面中的删除和放弃购物功能，具体要求如下：

(1) 当单击"从购物车删除"链接时，先打开一个确认对话框，确认后再实现删除操作。

(2) 当单击"放弃购物"时，删除购物车。

【分析】

(1) 到目前为止，网上书店项目中只剩购物车的删除和放弃功能模块尚未实现。首先修改 cart.jsp，当单击"从购物车删除"超链接时提交给 DelBookFormCart 进行处理，当单击"放弃购物"时提交给 DestroyCart 进行处理。

(2) DelBookFormCart 从 Session 中取出购物车，从购物车中删除指定的图书，再返回到 cart.jsp 页面。

(3) DestroyCart 从 Session 中删除购物车，再返回到图书列表页面 booklist.jsp。

业务流程如图 S8.8 所示。

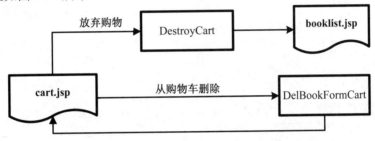

图 S8.8 放弃购物流程

【参考解决方案】

1. 修改 cart.jsp 页面

修改 cart.jsp 页面，修改代码如下：

```
function ret() {
    window.parent.frmMain.location = "DestroyCart";
}
```

将"从购物车中删除"放入超链接中，代码如下：

```
<a href="DelBookFormCart?isbn=${book.isbn}" onClick="return confirm('您确定要删除该行购物信息？')" style="width: 50%">从购物车删除</a>
```

2. 创建 DelBookFormCart

创建 DelBookFormCart.java 程序，放在 com.dh.servlet 包中，代码如下：

```java
public class DelBookFormCart extends HttpServlet {
    protected void doGet(HttpServletRequest request,
            HttpServletResponse response)
            throws ServletException, IOException {
        doPost(request, response);
    }
    protected void doPost(HttpServletRequest request,
            HttpServletResponse response)
            throws ServletException, IOException {
        request.setCharacterEncoding("GBK");
```

```
response.setContentType("text/html;charset=GBK");
String isbn = request.getParameter("isbn");
HttpSession session = request.getSession();
List<Book> cart = (List<Book>) session.getAttribute("cart");
//从购物车中删除此书
for (int i = 0; i < cart.size(); i++) {
    Book book = cart.get(i);
    if (book.getIsbn().equals(isbn))
    {
        cart.remove(i);
    }
}
//更新 Session 中的购物车
session.setAttribute("cart", cart);
response.sendRedirect("cart.jsp");
    }
}
```

3. 创建 DestroyCart

创建 DestroyCart.java 程序，放在 com.dh.servlet 包中，代码如下：

```
public class DestroyCart extends HttpServlet {
    protected void doGet(HttpServletRequest request,
            HttpServletResponse response)
            throws ServletException, IOException {
        doPost(request, response);
    }
    protected void doPost(HttpServletRequest request,
            HttpServletResponse response)
            throws ServletException, IOException {
        HttpSession session = request.getSession();
        if (session.getAttribute("cart") != null)
        {
            session.removeAttribute("cart");
        }
        response.sendRedirect("booklist.jsp");
    }
}
```

4. 运行项目

启动 Tomcat，在 IE 浏览器中访问网上书店，登录成功，进入前台图书列表页面，购买多本图书后，购物车信息如图 S8.9 所示。

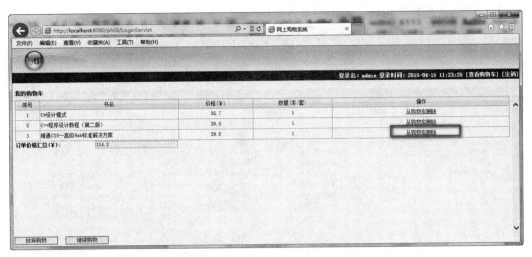

图 S8.9 从购物车删除图书

单击"从购物车删除",打开确认对话框,如图 S8.10 所示。

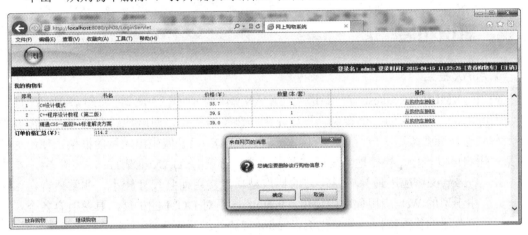

图 S8.10 确定删除

确定删除后,如图 S8.11 所示。

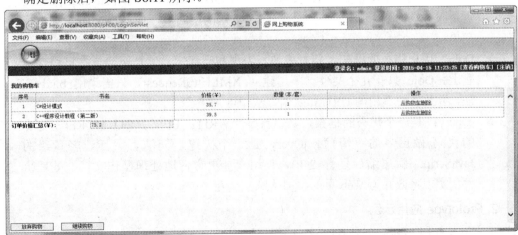

图 S8.11 删除后列表

单击"放弃购物"按钮，购物车中的信息为空，如图 S8.12 所示。

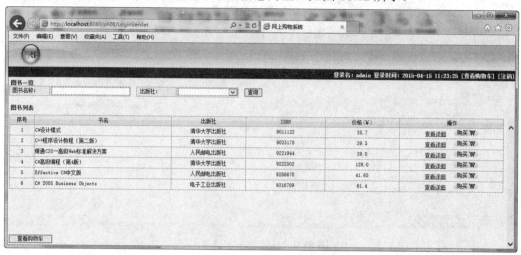

图 S8.12　放弃购物回到主页

1. AJAX 框架

使用 XMLHttpRequest 对象进行 AJAX 编程时代码比较繁琐，比如创建 XMLHttpRequest 对象的一个实例，需要先判断浏览器类型，对响应进行处理时，需要判断多种状态是否就绪等。与所有优秀技术一样，AJAX 已经催生出大量的框架，使用这些框架，用户可以轻松、快捷地实现所需要的功能，常见的 AJAX 框架有：

- Prototype：应用最为广泛，它的特点是功能实用而且尺寸较小，非常适合在中小型的 Web 应用程序中使用。Prototype 是对 DOM 的扩展，具备兼容各个浏览器的优秀特性，并简化 JavaScript 代码的编写工作。
- DWR(Direct Web Remoting)：应用比较广泛，是一个 Web 远程调用框架。利用 DWR，就像本地客户端直接调用一样，可以在客户端利用 JavaScript 直接调用服务端的 Java 方法，并得到 Java 方法的返回值，使 AJAX 开发变得很简单。
- Dojo：历史悠久的框架，相对成熟，表现相当稳定，并把重心放在可用性问题上。Dojo 只有几个文件，不用建立 XMLHttpRequest，只需调用 bind 方法，并传入想调用的 URL 和回调方法即可。
- jQuery：是一个优秀的框架，其宗旨是 "WRITE LESS，DO MORE(写更少的代码,做更多的事情)"。jQuery 是一个快速、简洁、灵活、轻量级的 JavaScript 库(压缩后只有 21k)，使用户能更方便地处理操作文档，处理事件，实现特效并为 Web 页面添加 AJAX 交互。

2. Prototype 应用示例

本案例是使用 Prototype 框架，完成页面局部内容的刷新。

将 Prototype 框架的 js 库文件"prototype.js"放到 WebContent/js/prototype 目录下，如图 S8.13 所示。

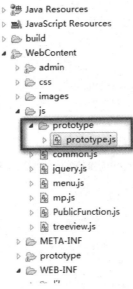

图 S8.13　Prototype 框架

prototype.js 代码可以在 www.prototypejs.org 上下载。

(1) 创建 count.html 页面，代码如下：

```
<html>
<head>
<meta http-equiv="Content-Type" content="text/html; charset=GBK">
<title>Prototype 测试</title>
<script type="text/javascript" src="../js/prototype/prototype.js"></script>
<script type="text/javascript">
    //这是一个通过 AJAX 刷新统计图的方法
    function autoFlush() {
        //创建一个日期变量和一个时间变量
        var tempTime = new Date();
        var tempParameter = tempTime.getTime();
        var url = 'UpdateCounter';
        var pars = 'rnd=' + tempParameter;
        //使用 prototype 框架中的 Ajax.Request()方法与服务器进行异步交互
        var myAjax = new Ajax.Request(url, {
            method : 'post',
            parameters : pars,
            onComplete : processor,
            onFailure : showerr
```

```
            });
    }
    //处理从服务器返回的 XML 文档
    function processor(originalRequest) {
            //取出服务器返回的 XML 文档的所有 counter 标签的子节点
            var result = originalRequest.responseXML
                        .getElementsByTagName("counter");
            //解析 XML 中的数据并更新统计图状态
            for ( var i = 0; i < result.length; i++) {
                    //用相应的统计数据更新统计图片的状态
                    $('bar' + i).height = result[i].childNodes[0].nodeValue;
            }
    }
    //显示错误
    function showerr(originalRequest) {
            alert("Ajax 与服务器交互失败！");
    }
    //每隔一秒就执行一次 autoFlush 方法
    setInterval("autoFlush();",1000);
</script>
</head>
<body>
<TABLE border="0" bgcolor="#c0c0c0" width="360px">
    <TR>
            <TD colspan="6" align="center">
            <h2>指标动态统计图</h2>
            </TD>
    </TR>
    <TR height="100" align="center" valign="bottom">
            <TD><img id="bar0" src="../images/bar/bar1.jpg" width="20"></TD>
            <TD><img id="bar1" src="../images/bar/bar2.jpg" width="20"></TD>
            <TD><img id="bar2" src="../images/bar/bar3.jpg" width="20"></TD>
            <TD><img id="bar3" src="../images/bar/bar4.jpg" width="20"></TD>
            <TD><img id="bar4" src="../images/bar/bar5.jpg" width="20"></TD>
            <TD><img id="bar5" src="../images/bar/bar6.jpg" width="20"></TD>
    </TR>
    <TR height="20" align="center">
            <TD>指标一</TD>
            <TD>指标二</TD>
            <TD>指标三</TD>
```

```
            <TD>指标四</TD>
            <TD>指标五</TD>
            <TD>指标六</TD>
        </TR>
</TABLE>
</body>
</html>
```

在此页面中，使用下述语句将 prototype.js 文件引入到页面中：

```
<script type="text/javascript" src="../js/prototype/prototype.js"></script>
```

使用 Ajax.Request()方法与服务器进行异步交互，例如：

```
var myAjax = new Ajax.Request(url, {
    method : 'post',
    parameters : pars,
    onComplete : processor,
    onFailure : showerr
});
```

参数说明：

- ◇ url：访问地址。
- ◇ method：提交方式。
- ◇ parameters：参数。
- ◇ onComplete：服务器处理完毕后，用于处理服务器返回值的方法名。
- ◇ onFailure：用于处理错误的方法名。

(2) 创建 UpdateCounter.java 页面，代码如下：

```java
public class UpdateCounter extends HttpServlet {
    private static final long serialVersionUID = 1L;
    protected void doGet(HttpServletRequest request,
                         HttpServletResponse response)
                throws ServletException, IOException {
        doPost(request,response);
    }
    protected void doPost(HttpServletRequest request,
                          HttpServletResponse response)
                throws ServletException, IOException {
        response.setContentType("text/xml");
        response.setCharacterEncoding("UTF-8");
        PrintWriter out = response.getWriter();
        Random rnd = new Random();//创建一个随机数发生器
        //创建返回客户端的统计数据 XML 文档
        out.println("<response>");
        //产生六个随机数作为实时统计数据
```

```
        for (int i=0;i<6;i++){
                out.println("<counter>"+rnd.nextInt(100)+"</counter>");
        }
        out.println("</response>");
        out.flush();
        out.close();
    }
}
```

(3) 运行项目。

启动 Tomcat，在 IE 浏览器中访问 http://localhost:8080/ph08/example/count.html，运行结果如图 S8.14 所示。

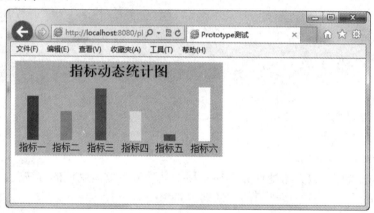

图 S8.14　运行结果

3. DWR 应用示例

本案例使用 DWR 框架，远程调用服务器端的 Java 方法。

(1) 将 DWR 的 jar 包文件"dwr.jar"添加到项目 WEB-INF/lib 目录中，如图 S8.15 所示。

图 S8.15　DWR 框架

(2) 创建 dwr 的配置文件 "dwr.xml",放在/WEB-INF 文件夹下,代码如下:

```xml
<?xml version="1.0" encoding="UTF-8"?>
<!DOCTYPE dwr PUBLIC "-//GetAhead Limited//DTD Direct Web Remoting 2.0//EN"
"http://getahead.org/dwr/dwr20.dtd">

<dwr>
    <allow>
        <create creator="new" javascript="JUserBiz">
            <param name="class" value="com.dh.example.UserBiz" />
            <include method="checkUser" />
        </create>
    </allow>
</dwr>
```

(3) 在 web.xml 中配置 dwr,配置代码如下:

```xml
<!-- 配置dwr -->
<servlet>
    <servlet-name>dwr</servlet-name>
    <servlet-class>org.directwebremoting.servlet.DwrServlet
    </servlet-class>
        <init-param>
            <param-name>debug</param-name>
            <param-value>true</param-value>
        </init-param>
</servlet>
<servlet-mapping>
    <servlet-name>dwr</servlet-name>
    <url-pattern>/dwr/*</url-pattern>
</servlet-mapping>
```

(4) 创建 UserBiz.java 文件,放在 com.dh.example 包中,代码如下:

```java
public class UserBiz {
    public String checkUser(String name,String pwd){
        if (name.equals("dh") && pwd.equals("soft")){
            return "登录成功";
        }else
        {
            return "登录名或密码错误";
        }
    }
}
```

(5) 创建 login.html 文件，代码如下：

```html
<!DOCTYPE HTML PUBLIC "-//W3C//DTD HTML 4.01 Transitional//EN">
<html>
<head>
<title>登录</title>

<script type='text/javascript' src='/ph08/dwr/engine.js'></script>
<script type='text/javascript' src='/ph08/dwr/util.js'></script>
<script type='text/javascript' src='/ph08/dwr/interface/JUserBiz.js'></script>
<script>
    function doLogin() {
        var name = document.getElementById("username").value;
        var pwd = document.getElementById("password").value;
        //远程调用 UserBiz 中的 checkUser()方法，
        //最后一个参数 processor 是处理服务器返回信息的方法名
        JUserBiz.checkUser(name, pwd, processor);
    }
    function processor(result) {
        alert(result);
    }
</script>
</head>
<body>
<Table>
    <Tr>
        <td>登录名：</Td>
        <td><input type="text" id="username" name="username" /></td>
    </Tr>
    <Tr>
        <td>密码：</Td>
        <td><input type="password" id="password" name="password" /></td>
    </Tr>
</Table>
<button onclick="doLogin()">登录</button>
</body>
</html>
```

(6) 项目运行。

启动 Tomcat，在 IE 浏览器中访问 http://localhost:8080/ph08/login.html，登录名输入"ha"，密码输入"soft"，将打开成功对话框，如图 S8.16 所示。

实践 8　AJAX 基础

图 S8.16　WDR 用户登录

 使用 dwr3.0 时还要添加一个 common-logging.jar 包，否则无法启动服务器，login.html 页面中加载外部 js 的顺序不能调换，否则没有效果。

在实践 8.1 的基础上，使用 prototype 框架实现网上书店项目后台用户管理。

实践 9 SOAP

 实践指导

实 践

基于消息发送者到接收者的直连，创建 SOAP 应用，具体要求如下：

(1) 创建客户端，向服务器发送带附件的 SOAP 消息，并处理服务器的返回消息。

(2) 创建 SOAP 服务端，接收、处理 SOAP 消息(将 SOAP 消息及附件存入指定文件)，并返回 SOAP 响应消息。

【分析】

(1) SOAP 消息可以是单纯的 XML 文档，也可以是带任何附件的 MIME 编码类型消息。

(2) 在 JAXM 中，向消息添加附件的过程对于使用或不使用消息提供者的客户端来说都是一样的，使用 AttachmentPart 对象向消息中添加附件部分。

(3) 使用 SOAPMessage 对象创建 AttachmentPart 对象。SOAPMessage 类含有三个创建附件的方法。其中不带参数的 createAttachmentPart()方法将创建一个没有内容的 AttachmentPart，以后再调用 AttachmentPart 的 setContent()方法来添加内容到附件。下述代码演示了如何使用 setContent 方法附加图片：

```
AttachmentPart ap = msg.createAttachmentPart();
byte[] jpegData = ...;
ByteArrayInputStream stream = new ByteArrayInputStream(jpegData);
ap.setContent(stream,"image/jpeg");
msg.addAttachmentPart(ap);
```

其中，setContent 方法的第二个参数必须被设为"image/jpeg"，用于指示添加的内容为图片类型。表 S9-1 列出了常用的 MIME 内容类型。

表 S9-1 常用 MIME 内容类型

内容类型	内容描述
text/xml	XML 文本
text/plain	纯文本
application/octet-stream	二进制数据的字节流
image/gif	GIF 图像数据
video/mpeg	MPEG 编码的视频

AttachmentPart 的另外两个方法允许创建带内容的 AttachmentPart 对象。其中一个与 AttachmentPart.setContent()方法很像。它需要一个包含内容的 Java 对象和一个指定内容类型的 String 作为参数。对象可以是 String、Stream、javax.xml.transform.Source 对象、或 javax.activation.DataHandler 对象。

另一个创建带内容的 AttachmentPart 对象的方法需要一个 DataHandler 对象作为输入参数，它是 JavaBeans 激活框架(JAF)的一部分，以下代码演示了如何在内容中使用 DataHandler：

```
URL url = new URL("http://someurl/logo.jpg");
DataHandler dh = new DataHandler(url);
AttachmentPart ap = msg.createAttachmentPart(dh);
ap.setContentId("logo_image")
msg.addAttachmentPart(ap);
```

上述代码中，首先为想要作为附件内容的文件创建一个 java.net.URL 对象 url，然后创建 javax.activation.DataHandler 对象 dh，并使用 url 对象对其进行初始化，然后把 dh 传递给 createAttachmentPart 方法。

每个 AttachmentPart 都有一个或多个与之相关的 header。setContent()方法中用到的类型就是 Content-Type 这个 header 类型。这是唯一必须具备的 header。还可以设置其他可选的 header，例如 Content-Id 和 Content-Location。为了方便，JAXM 和 SAAJ API 为 Content-type、Content-Id 和 Content-Location 这几个 header 提供了 get()和 set()方法。这些 header 在消息拥有多个附件的时候，可以帮助对附件的访问。

【参考解决方案】

(1) 创建 SOAP 客户端(SenderWithAtt.java)，该客户端将在对应理论篇基础上添加图片附件，该图片来源于本地磁盘(baidu.gif 和 yahoo.jpg)，同时要发送的消息也来源于磁盘文件(message.msg)。

```
import java.io.FileInputStream;
import java.io.IOException;
import javax.activation.DataHandler;
import javax.activation.FileDataSource;
import javax.xml.messaging.URLEndpoint;
import javax.xml.soap.AttachmentPart;
import javax.xml.soap.MessageFactory;
import javax.xml.soap.SOAPConnection;
import javax.xml.soap.SOAPConnectionFactory;
import javax.xml.soap.SOAPException;
import javax.xml.soap.SOAPMessage;
import javax.xml.soap.SOAPPart;
import javax.xml.transform.stream.StreamSource;
public class SenderWithAtt {
    private String yahooLogo = "yahoo.jpg";
```

```java
private String baiduLogo = "baidu.gif";
private String serviceurl =
"http://localhost:8080/soap/StudentInfoServletWithAtt";
public SOAPMessage getMessage() throws SOAPException, Exception {
        //消息工厂
        MessageFactory msgFactory = MessageFactory.newInstance();
        SOAPMessage message = msgFactory.createMessage();
        //获得一个 SOAPPart 对象
        SOAPPart soapPart = message.getSOAPPart();
        //从外部文件创建消息
        FileInputStream fis = new FileInputStream("message.msg");
        StreamSource msgSource = new StreamSource(fis);
        //设置消息内容
        soapPart.setContent(msgSource);
        //使用 DataHandler 封装附件
        DataHandler yahooHandler =
        new DataHandler(new FileDataSource(yahooLogo));
        DataHandler baiduHandler =
        new DataHandler(new FileDataSource(baiduLogo));
        //创建附件对象
        AttachmentPart yahooAp =
                message.createAttachmentPart(yahooHandler);
        AttachmentPart baiduAp =
                message.createAttachmentPart(baiduHandler);
        yahooAp.setContentId("yahoo_logo");
        baiduAp.setContentId("baidu_logo");
        //向消息中添加附件对象
        message.addAttachmentPart(yahooAp);
        message.addAttachmentPart(baiduAp);
        message.saveChanges();
        return message;
}
public void send(SOAPMessage message)
        throws SOAPException, IOException {
        //创建 SOAP 连接
        SOAPConnectionFactory scf = SOAPConnectionFactory.newInstance();
        SOAPConnection connection = scf.createConnection();
        //使用 URLEndpoint 构造接收方地址
        URLEndpoint urlEndpoint = new URLEndpoint(serviceurl);
        //发送 SOAP 消息到目的地,并返回一个消息
```

```
                SOAPMessage response = connection.call(message, urlEndpoint);
                if (response != null) {
                        //输出 SOAP 消息到控制台
                        System.out.println("Receive SOAP message from localhost:");
                        response.writeTo(System.out);
                } else {
                        System.err.println("No response received from partner!");
                }
                //关闭连接
                connection.close();
        }
        public static void main(String[] args)
                throws SOAPException, Exception {
                SenderWithAtt sender = new SenderWithAtt();
                SOAPMessage message = sender.getMessage();
                sender.send(message);
        }
}
```

(2) 创建 SOAP 服务器程序(JAXMReceiveServletWithAtt.java)，该 Servlet 将在程序内部迭代处理所有消息附件，并根据预存的"文件类型-扩展名"的对应信息(map)将附件写入到本地磁盘。代码如下：

```
package soap;
import java.io.File;
import java.io.FileOutputStream;
import java.util.HashMap;
import java.util.Iterator;
import javax.activation.DataHandler;
import javax.servlet.ServletConfig;
import javax.servlet.ServletException;
import javax.xml.messaging.JAXMServlet;
import javax.xml.messaging.ReqRespListener;
import javax.xml.soap.AttachmentPart;
import javax.xml.soap.MessageFactory;
import javax.xml.soap.SOAPEnvelope;
import javax.xml.soap.SOAPMessage;
public class JAXMReceiveServletWithAtt extends JAXMServlet implements
                ReqRespListener {
        static MessageFactory mf = null;
        private String dir = "c:\\";
        private HashMap<String, String> map;
```

```java
//初始化 MIME 信息与文件扩展名的对照
public void initMIMEInfo() {
    map = new HashMap<String, String>();
    map.put("image/jpeg", ".jpg");
    map.put("image/gif", ".gif");
}
public void init(ServletConfig sc) throws ServletException {
    super.init(sc);
    //初始化 MIME 信息
    initMIMEInfo();
    //创建一个消息工厂
    try {
        mf = MessageFactory.newInstance();
    } catch (Exception e) {
        e.printStackTrace();
    }
}
//处理传过来的 SOAP 消息，并返回一个 SOAP 消息
public SOAPMessage onMessage(SOAPMessage msg) {
    SOAPMessage resp = null;
    try {
        FileOutputStream fos = null;
        //循环处理附件
        Iterator attIterator = msg.getAttachments();
        while (attIterator.hasNext()) {
            AttachmentPart attPart =
                (AttachmentPart) attIterator.next();
            //获取附件 ID
            String contentId = attPart.getContentId();
            //获取附件类型
            String contentType = attPart.getContentType();
            System.out.println("Content ID :" + contentId);
            System.out.println("Content Type :" + contentType);
            DataHandler handler = attPart.getDataHandler();
            //根据附件 ID、附件类型构建要写入的文件名
            String filename = dir + contentId +
                map.get(contentType);
            //将附件内容写入文件
            fos = new FileOutputStream(new File(filename));
            handler.writeTo(fos);
```

```
                fos.close();
            }
            //写入文件前,移除所有附件
            msg.removeAllAttachments();
            //将 SOAP 请求消息写入指定文件
            fos = new FileOutputStream(
                    new File(dir + "soapmessage.xml"));
            msg.writeTo(fos);
            fos.close();
            //此处省略返回消息处理的业务逻辑,而用硬编码形式创建一个返回消息
            resp = mf.createMessage();
            SOAPEnvelope se = resp.getSOAPPart().getEnvelope();
            se.getBody().addChildElement(se.createName("ResponseMessage"))
                    .addTextNode("Received Message,Thanks");
            return resp;
        } catch (Exception e) {
            e.printStackTrace();
        }
        return resp;
    }
}
```

(3) 修改 web.xml 部署文件以发布该 Servlet,调整后的 web.xml 的内容如下:

```xml
<?xml version="1.0" encoding="UTF-8"?>
<web-app version="2.4" xmlns="http://java.sun.com/xml/ns/j2ee"
    xmlns:xsi="http://www.w3.org/2001/XMLSchema-instance"
    xsi:schemaLocation="http://java.sun.com/xml/ns/j2ee
    http://java.sun.com/xml/ns/j2ee/web-app_2_4.xsd">
    <servlet>
        <servlet-name>StudentInfoServletWithAtt</servlet-name>
        <servlet-class>soap.JAXMReceiveServletWithAtt</servlet-class>
        <load-on-startup>1</load-on-startup>
    </servlet>
    <servlet-mapping>
        <servlet-name>StudentInfoServletWithAtt</servlet-name>
        <url-pattern>/StudentInfoServletWithAtt</url-pattern>
    </servlet-mapping>
</web-app>
```

(4) 部署该 Web 应用,并启动服务器。

(5) 执行客户端程序(SenderWithAtt.java),此时在 Web 服务器的控制台将输出附件的相关信息,如下:

Content ID :yahoo_logo
Content Type :image/jpeg
Content ID :baidu_logo
Content Type :image/gif

(6) 查看 Servlet 指定的存储目录，会发现附件的内容已接收并被存储。

 该服务器 Servlet 在处理完附件后将 SOAP 消息写入到文件，再写入之前务必调用 SOAPMessage 的 removeAllAttachments()方法移除所有附件。

 知识拓展

网络的安全性永远是一个重要的问题，SOAP 消息在网络上传输，其安全性在通信期间的访问控制、加密和数据完整性中扮演着一个重要的角色。一般说来，SOAP 无需具备或定义任何特定的安全机制，但使用 SOAP 消息头可以提供一种方法，以基于 XML 的元数据形式定义和添加一些功能，启用应用程序特定的安全性实现方案。元数据信息可以是将集成了消息安全性与关联的安全算法(如加密和数字签名)的应用程序特定消息。更重要的是，SOAP 支持将各种传输协议用于通信，因此可以为 SOAP 消息集成 SSL/TLS 等传输协议支持的安全机制。

SOAP 规范中定义了三种安全元素标记 <SOAP-SEC:Encryption>、<SOAP-SEC:Signature>和<SOAP-SEC:Authorization>。使用这些安全标记可在 SOAP 消息中实现加密、数字签名和身份验证。

(1) SOAP 加密。

通过在 SOAP 中使用基于 XML 的加密，可对 SOAP 信封中的任何元素进行加密，从而实现安全的通信和访问控制。W3C XML Encryption Work Group(XENC)定义了 SOAP 消息中的 XML 加密。在 SOAP 通信中，加密可以在 SOAP 发送方节点或消息路径中的任何中间方进行。下述的 SOAP 消息使用了 XML 加密来对数据元素进行加密。

```
<SOAP-ENV:Envelope xmlns:SOAP-ENV="http://schemas.xmlsoap.org/soap/envelope">
    <SOAP-ENV:Header>
        <SOAP-SEC:Encryption    xmlns:SOAP-SEC=
            "http://schemas.xmlsoap.org/soap/security/"
            SOAP-ENV:actor="http://some URL"
            SOAP-ENV:mustUnderstand="1">
            <SOAP-SEC:EncryptedData>
                <SOAP-SEC:EncryptedDataReference
                    URI="#encrypted-element" />
            </SOAP-SEC:EncryptedData>
            <xenc:EncryptedKey xmlns:xenc=
                "http://www.w3.org/2001/04/xmlenc#"
                Id="myKey"
                CarriedKeyName="Symmetric Key"
```

```
                    Recipient="Bill Allen">
                    <xenc:EncryptionMethodAlgorithm=
                        "http://www.w3.org/2001/04/xmlenc#rsa-1_5" />
                    <ds:KeyInfo xmlns:ds=
                        "http://www.w3.org/2000/09/xmldsig#">
                        <ds:KeyName>Bill Allen's RSA Key</ds:KeyName>
                    </ds:KeyInfo>
                    <xenc:CipherData>
                        <xenc:CipherValue>ENCRYPTED KEY
                    </xenc:CipherValue>
                    </xenc:CipherData>
                    <xenc:ReferenceList>
                        <xenc:DataReference URI="#encrypted-element" />
                    </xenc:ReferenceList>
                </xenc:EncryptedKey>
            </SOAP-SEC:Encryption>
        </SOAP-ENV:Header>
        <SOAP-ENV:Body>
            ……
        </SOAP-ENV:Body>
</SOAP-ENV:Envelope>
```

上述 SOAP 消息中，使用<SOAP-SEC:Encryption>加密了 SOAP 消息头中引用的数据。使用对称密钥加密了<SOAP-SEC:EncryptedData>元素中引用的主体元素，对称密钥在<xenc:EncryptedKey>元素中定义。在 SOAP 接收方节点中，接收方通过关联 DecryptionInfoURI 来解密各个已加密元素，DecryptionInfoURI 指示<xenc:DecryptionInfo>提供如何加密的信息。

(2) SOAP 数字签名。

在 SOAP 中使用基于 XML 的数字签名可在通信中提供消息身份验证、完整性和数据的不可否认性(non-repudiation)等功能。发出消息的 SOAP 发送方节点在 SOAP 主体中采用基于 XML 的数字签名，接收方节点则验证该签名。下述的 SOAP 消息使用了 SOAP 数字签名。

```
<SOAP-ENV:Envelope xmlns:SOAP-ENV="http://schemas.xmlsoap.org/soap/envelope">
    <SOAP-ENV:Header>
        <SOAP-SEC:Signature xmlns:SOAP-SEC=
            "http://schemas.xmlsoap.org/soap/security/"
        SOAP-ENV:actor=
            "http://some URL" SOAP-ENV:mustUnderstand="1">
        <ds:Signature Id="TestSignature" xmlns:ds=
            "http:www.w3.org/2000/02/xmldsig#">
            <ds:SignedInfo>
```

```
                <ds:CanonicalizationMethod    Algorithm=
            "http://www.w3.org/TR/2000/CR-xml-c14n-20001026" />
                <ds:SignatureMethod Algorithm=
            "http://www.w3.org/2000/09/xmldsig#hmac-sha1" />
                <ds:Reference URI="#Body">
                    <ds:Transforms>
                        <ds:Transform Algorithm=
            "http://www.w3.org/TR/2000/CR-xml-c14n-20001026" />
                    </ds:Transforms>
                    <ds:DigestMethod Algorithm=
            "http://www.w3.org/2000/09/xmldsig#sha1" />
                    <ds:DigestValue>some value</ds:DigestValue>
                </ds:Reference>
            </ds:SignedInfo>
            <ds:SignatureValue>JHJH2374e</ds:SignatureValue>
        </ds:Signature>
    </SOAP-SEC:Signature>
</SOAP-ENV:Header>
<SOAP-ENV:Body>
    ......
</SOAP-ENV:Body>
</SOAP-ENV:Envelope>
```

上述 SOAP 消息中，使用<SOAP-SEC:signature>对 SOAP 消息头中所含的数据应用了基于 XML 的数字签名。它使用<ds:CanonicalizationMethod>、<ds:signatureMethod>和<ds:Reference>元素定义算法方法和签名信息。<ds:CanonicalizationMethod>指用于规范化在签名之前摘取(digest)的<signedInfo>元素的算法。<signatureMethod>则定义将规范化的<signedInfo>转换为<signatureValue>的算法。

(3) SOAP 身份验证。

SOAP 消息中可使用基于 XML 的身份验证，以来自初始 SOAP 发送方节点的证书对 SOAP 消息进行身份验证。SOAP 身份验证将源于独立的身份验证授权机构、基于 XML 的数字证书应用于来自发送方的 SOAP 消息。下述的 SOAP 消息使用了基于 XML 的身份验证。

```
<SOAP-ENV:Envelope xmlns:SOAP-ENV=
    "http://schemas.xmlsoap.org/soap/envelope">
    <SOAP-ENV:Header>
        <SOAP-SEC:Authorization xmlns:SOAP-SEC=
            "http://schemas.xmlsoap.org/soap/security/"
        SOAP-ENV:actor="http://some URL"
        SOAP-ENV:mustUnderstand="1">
            <AttributeCert xmlns=
```

```
                    "http://schemas.xmlsoap.org/soap/security/AttributeCert">
                证书
            </AttributeCert>
        </SOAP-SEC:Authorization>
    </SOAP-ENV:Header>
    <SOAP-ENV:Body>
        ......
    </SOAP-ENV:Body>
</SOAP-ENV:Envelope>
```

上述 SOAP 消息中，使用<SOAP-SEC:Authorization>对 SOAP 消息使用了基于 XML 的身份验证。使用<AttributeCert>元素定义来自独立的授权机构的证书。也可以使用接收方节点或参与方的公钥对其进行加密。在 SOAP 接收节点上，参与方使用其私钥来获取证书。

 拓展练习

针对实践 9.1 中的 SOAP 消息，写出经过 SOAP 加密、数字签名和身份验证后的消息。

附录　常用的 Servlet API

Servlet 规范中常用的接口、类及其方法：

HttpServlet

名　　称	说　　明
void doGet(HttpServletRequest, HttpServletResponse)	处理 HTTP GET 操作，会被 service()方法调用
void doPost(HttpServletRequest, HttpServletResponse)	处理 HTTP POST 操作，会被 service()方法调用
void service(HttpServletRequest, HttpServletResponse)	处理请求的方法，一般不需要重写此方法
void init(ServletConfig)	完成初始化操作，会在实例化后被调用
void destroy()	在容器清除此 servlet 前会调用此方法

HttpServletRequest

名　　称	说　　明
Object getAttribute(String)	返回请求中指定名称的属性值
Enumeration getAttributeNames()	返回请求中所有的属性名称
String getCharacterEncoding()	返回请求中输入内容的字符编码
int getContentLength()	返回请求的内容长度
String getContentType()	返回请求数据体的 MIME 类型
ServletInputStream getInputStream()	返回一个输入流，用来从请求体读取二进制数据；如果在此之前已调用过 getReader()方法，则抛出异常
BufferedReader getReader()	返回一个 BufferedReader，用来从请求体读取字符数据；如果在此之前已调用过 getInputStream ()方法，则抛出异常
String getParameter(String)	返回指定名称的参数值
String[] getParameterValues(String)	返回指定名称的参数值，适用于多个参数使用同一个名称时
Enumeration getParameterNames()	返回所有参数的名称
String getProtocol()	返回请求的协议名称，格式为：协议/主版本号.次版本号
String getRemoteAddr()	返回请求者的 IP
String getRemoteHost()	返回请求者的主机名称
int getServerPort()	返回请求的端口号
Cookie[] getCookies()	返回请求中的所有 Cookie
String getHeader(String)	返回指定名称的请求头信息

续表

名　称	说　明
Enumeration getHeaderNames()	返回所有请求头信息的名称
String getMethod()	返回请求的方法名，如 GET、POST 等
String getQueryString()	返回请求 URL 所包含的查询字符串，即?后的部分
String getRequestedSessionId()	返回请求对应的 Session 的 ID
String getRequestURI()	返回请求的 URL，不包含查询字符串
String getServletPath()	返回请求的 Servlet 的路径
HttpSession getSession(boolean)	返回请求关联的有效的 HttpSession。没有关联的 HttpSession 时，如果参数为 true，会创建一个新的 HttpSession 并返回；如果参数为 false，返回 null
HttpSession getSession()	相当于 getSession(true)
void setAttribute(String, Object)	设置指定名称的属性值
void setCharacterEncoding(String)	设置请求中数据的字符编码

HttpServletResponse

名　称	说　明
ServletOutputStream getOutputStream()	返回响应的输出流，如果已调用过 getWriter()方法，会抛出异常
PrintWriter getWriter()	返回响应的写入器，如果已调用过 getOutputStream ()方法，会抛出异常
void setContentType(String)	设置响应的 content 类型
void setHeader(String, String)	设置响应的指定名称的头信息
addCookie(Cookie)	在响应中增加一个指定的 Cookie
void sendRedirect(String)	重定向到指定的 URL，会向客户端发出一个临时转向的响应

HttpSession

名　称	说　明
long getCreationTime()	返回会话的创建时间
String getId()	返回会话的 ID
long getLastAccessedTime()	返回客户端最后一次发出与这个会话有关的请求的时间，如果这个 session 是新建立的，返回 −1
int getMaxInactiveInterval()	返因客户端在不发出请求时，会话被 Servlet 引擎维持的最长秒数
Object getAttribute(String)	返回指定名称的属性值
Enumeration getAttributeNames()	返回所有的属性名称
void setAttribute(String, Object)	设置指定名称的属性值
void removeAttribute(String)	移除指定名称的属性
int setMaxInactiveInterval(int)	设置客户端在不发出请求时，会话被 Servlet 引擎维持的最长秒数
void invalidate()	设置会话状态为失效

Cookie

名 称	说 明
Cookie(String, String)	构造方法，使用指定的名称和值创建一个 Cookie
int getMaxAge()	返回 Cookie 指定的最长存活时期
String getName()	返回 Cookie 名称
String getValue()	返回 Cookie 的值
void setMaxAge(int)	设置 Cookie 的最长存活时期
void setValue(String)	设置 Cookie 的值

ServletContext

名 称	说 明
Object getAttribute(String)	返回 Servlet 上下文中指定名称的属性值
Enumeration getAttributeNames()	返回 Servlet 上下文中所有属性的名称
String getRealPath(String)	返回 Servlet 上下文的真实路径
RequestDispatcher getRequestDispatcher(String)	返回一个特定 URL 的 RequestDispatcher 对象
void setAttribute(String, Object)	设置指定名称的属性值
void removeAttribute(String)	移除指定名称的属性

ServletConfig

名 称	说 明
String getInitParameter(String)	返回指定名称的初始化参数值
Enumeration getInitParameterNames()	返回所有的初始化参数的名称
ServletContext getServletContext()	返回 Servlet 上下文

RequestDispatcher

名 称	说 明
void forward(ServletRequest, ServletResponse)	向其他资源转发请求，如果已经通过响应返回了一个 ServletOutputStream 对象或 PrintWriter 对象，则抛出异常